U0322368

电磁脉冲袭击对国家重要基础设施的影响

——电磁脉冲袭击对美威胁评估委员会报告

Report of the Commission to Assess the Threat to the United States from Electromagnetic Pulse（EMP）Attack

Critical National Infrastructures

美国电磁脉冲袭击对美威胁评估委员会 编

郑 毅 梁 睿 曹保锋 译

科 学 出 版 社

北 京

内 容 简 介

本报告是电磁脉冲袭击对美威胁评估委员会出版的报告之一，介绍了委员会所做的关于高空电磁脉冲（EMP）对美国关键基础设施的袭击效果评估的结果，并提出了如何减少危害的建议。本报告对高空核爆炸电磁脉冲对于电力、通信、金融、能源、交通、食品、水利、应急服务、空间系统、政府部门等国家基础设施产生的影响以及应对措施给出了较为详细的介绍。报告的结论基于理论分析和实验研究得出，得到了美国国家核安全委员会实验室（劳伦斯利弗莫尔国家实验室、洛斯阿拉莫斯国家实验室、桑迪亚国家实验室）的支持。

本报告的读者不仅包括各高校电机系、电子系的学生、教师、科研工作者，还包括国家重要基础设施的设计者、建造者、维护者，电磁兼容领域的科技人员，以及对核武器效应防护感兴趣的社会各界人士。

图书在版编目(CIP)数据

电磁脉冲袭击对国家重要基础设施的影响：电磁脉冲袭击对美威胁评估委员会报告/美国电磁脉冲袭击对美威胁评估委员会编；郑毅，梁睿，曹保锋译．—北京：科学出版社，2019.2

书名原文：Report of the Commission to Assess the Threat to the United States from Electromagnetic Pulse（EMP）Attack：Critical National Infrastructures

ISBN 978-7-03-059930-8

Ⅰ.①电… Ⅱ.①美… ②郑… ③梁… ④曹… Ⅲ.①电磁脉冲-影响-基础设施-研究 Ⅳ.①TL91 ②F294.9

中国版本图书馆 CIP 数据核字（2018）第 274427 号

责任编辑：周 涵 田轶静/责任校对：邹慧卿

责任印制：吴兆东/封面设计：无极书装

科学出版社 出版

北京东黄城根北街 16 号

邮政编码：100717

http://www.sciencep.com

北京凌奇印刷有限责任公司 印刷

科学出版社发行 各地新华书店经销

*

2019 年 2 月第 一 版 开本：720×1000 B5

2022 年 1 月第四次印刷 印张：13 3/4 插页：2

字数：275 000

定价：98.00 元

（如有印装质量问题，我社负责调换）

电磁脉冲袭击对美威胁评估委员会成员

John S. Foster，Jr. 博士
Earl Gjelde 先生
William R. Graham 博士（主席）
Robert J. Hermann 博士
Henry（Hank）M. Kluepfel 先生
Richard L. Lawson 美国空军将军（退役）
Gordon K. Soper 博士
Lowell L. Wood，Jr. 博士
Joan B. Woodard 博士

前　言

美国的社会架构和实体结构由一个个小系统组成的一个大系统支撑着。这是一个环环相扣、相互依存的复杂的动态基础设施（国家重要基础设施）网络，其和谐运转保证了各种活动、事务和信息流的正常运行，从底层支撑了这个社会的有序运转。“9・11”事件和最近的卡特里娜飓风、丽塔飓风事件，使得这些基础设施在各种威胁（故意的、偶然的、自然的）面前的脆弱性越来越成为当今社会高度关注的焦点。

本报告介绍了电磁脉冲袭击对美威胁评估委员会（以下简称委员会）关于高空电磁脉冲对国家重要基础设施袭击效果的评估结果，并提出了减轻危害的建议。评估报告中的结论基于理论分析和实验研究得出，具体内容将在后面章节详细讨论。在较早的一份执行报告《电磁脉冲（EMP）对美国威胁评估委员会报告》第1卷：执行报告（2004年）中，对这个主题进行了概述。

高空核爆炸产生的电磁脉冲是给我们社会带来灾难性后果的为数不多的威胁之一。日益增多的各种形式的电子设备是最易受到电磁脉冲袭击的对象。电子器件几乎用于美国民用系统的各个方面，如控制、通信、计算、存储、管理和执行等。当发生高空核爆炸时，它产生的电磁脉冲信号将在可视范围内覆盖广阔的地域。[①] 当这种宽频带、高强度的电磁脉冲耦合到敏感电子设备时，极有可能对维持美国社会运转的关键基础设施带来大范围持久的干扰和破坏。

美国社会对电力系统的依赖程度非常高，而电力系统对电磁脉冲袭击非常敏感，对电磁脉冲有特殊的耦合损伤机制，因此电力系统受到电磁脉冲袭击造成的灾难性后果可能是长期的。考虑到核武器及其运载工具扩散程度逐年增加，若有人利用电力系统的这一敏感性进行电磁脉冲袭击，那将是一个严重的威胁。单个电磁脉冲袭击将会瞬间使暴露在电磁脉冲辐射区域内的大部分电网严重破坏或断电。当电力影响从一个区域传到另一个区域时，即使电磁脉冲辐射不到的区域，其电网也有崩溃的可能。

服务完全恢复所需的时间取决于电力设施和其他国家基础设施被干扰和破坏的程度。受灾地区越大，电磁脉冲场强越强，恢复时间越长。一些关键的电

---

① 例如，高度100千米的核爆炸，将在爆点下方地球表面400万平方千米（约150万平方英里）的地域上产生不同强度的电磁脉冲。

力基础设施组件已不在美国制造，通常情况下，它们的采购周期最长会有一年的时间。损坏或缺少这些组件有可能使电力基础设施的关键部分在几个月到一年甚至更长的时间内无法工作。当可供调动、协调、分配的备用工作系统（包括应急电源、电池、燃料供应、通信以及人力资源等）出现短缺或耗竭时，关键基础设施故障时间将持续更久。

电力是其他关键基础设施运行的基础，包括水、食品、燃料的供应分配、通信、交通、金融交易、紧急服务、政府服务以及其他保障国民经济和福利的基础设施等。委员会认为，假如电力基础设施的关键部分长时间失效，其后果很可能是灾难性的，在人口密集的城区和郊外社区，可能有很多人最终会因缺乏基本的生存要素而死亡。事实上，委员会担忧的是，如果不采取实际行动为电力系统的关键部分（尤其是必不可少的服务设施）提供防护，快速恢复供电电力，这种灾难性的后果很有可能在电磁脉冲袭击的情况下发生。目前，单个基础设施的恢复计划都基于这样的假设，对该基础设施恢复至关重要的其他基础设施受到的损坏是有限的。在从电磁脉冲袭击中恢复时，这些计划几乎没有价值，因为电磁脉冲袭击对所有依赖电力电子的设施都有长时间的影响。

从袭击中恢复的能力是备受关注的研究领域。很多公司和机构使用自动化控制系统，可以利用少量人力高效运行。因此，虽然手动控制某些系统是可能的，但是懂得手动操作的技术人员数量有限，能够修复物理损伤的人手也不足。大部分维修人员只负责对高可靠性的设备进行日常维护。当维护超过常规水平时，通常从受影响区域以外抽调人员。然而，由于电磁脉冲同时作用的范围很大，预期的增援可能正忙于自己区域的问题。因此，通常情况下只需几周的维修时间，在遭受电磁脉冲袭击时维修周期会大大延长。

我们应该在能力范围内尽量采取措施预防电磁脉冲袭击带来的影响。对衰落国家或跨国集团这样的潜在对手，确保互相毁灭的冷战式的威慑并不是有效的威胁。做好应对电磁脉冲袭击的准备，包括对发生事件的了解、保持对态势的感知、有适当的恢复计划、演练并改进这些计划，以及降低易损性等，对于减轻袭击可能造成的危害才是最关键的。国家层面的应对方法应该兼顾预防、保护和恢复几个方面。

委员会已从美国多家联邦机构和国家实验室获取了大量信息，包括北美电力可靠性公司（NERC）、总统国家安全电信咨询委员会、美国国家通信系统（后来被美国国土安全部合并）、美联储和美国国土安全部等。在本次评估之前，很明显只有少数现代电子系统和部件完成了电磁脉冲敏感性测试。为了弥补这个不足，委员会资助了对目前系统和基础设施组件的说明性测试。委员会的观点是，目前联邦政府没有足够的能力开展可靠的电磁脉冲后果评估与管理。

美国长期面临这样的挑战，即保持在了解和控制核武器效应（包括电磁脉冲效应）领域的技术竞争力。美国能源部和国家核安全局在过去十年间制订并实施了大规模的核武库管理计划。然而，核武器效应对现代系统的影响研究并未跟上。委员会对目前美国在电磁脉冲效应方面的理解和应对能力得出的结论是，在政府、国家实验室和工业部门需要进行电磁脉冲防护的领域，美国正在迅速失去相关的技术优势。

电磁脉冲对国家民用基础设施的袭击是一个严重的问题，但也是一个可以通过政府与企业合作、集中努力能够应对的问题。委员会认为，利用现有的时间和资源，处理电磁脉冲造成的不利影响是可行的。在国家层面郑重提出电磁脉冲袭击威胁，展现了一种国家姿态，这将有利于显著降低电磁脉冲袭击带来的影响，并让美国一旦面临电磁脉冲袭击便能够及时恢复正常。

致　　谢

委员会对在专业和技术方面为本报告做出贡献的以下工作人员表示感谢：

George Baker 博士

Yvonne Bartoli 博士

Fred Celec 先生

Edward Conrad 博士

Michael Frankel 博士

Ira Kohlberg 博士

Rob Mahoney 博士

Mitch Nikolich 博士

Peter Vincent Pry 博士

James Scouras 博士

James Silk 博士

Shelley Smith 女士

Edward Toton 博士

委员会对在科学和技术方面做出贡献的以下人员表示感谢：William Radasky 博士、Jerry Lubell 博士、Walter Scott 先生、Paul F. Spraggs 先生、Al Costantine 博士、Gerry Gurtman 博士、Vic Van Lint 博士、John Kappenman 博士、Phil Morrison 博士、John Bombardt 先生、Bron Cikotas 先生、David Ambrose 先生、Bill White 博士、Yacov Haimes 博士、Rebecca Edinger 博士、Rachel Balsam 女士和 Chris Baker 先生。委员会还对以下机构和人员的协助表示感谢：Linda Berg 女士、负责核化生事务的前国防部长助理 Dale Klein 博士、国防威胁降低局及其联络员 Joan Pierre 女士、国防威胁降低局高级科学家 Don Linger 博士、达尔格伦海军水面作战中心的 David Stoudt 博士、洛斯阿拉莫斯国家实验室的 Michael Bernardin 博士、劳伦斯利弗莫尔国家实验室的 Tom Thompson 和 Todd Hoover 博士。

感谢情报界（IC）的协助。

委员会还得到了以下合作机构的大力支持：美国国家核安全管理局下属实验室（劳伦斯利弗莫尔国家实验室、洛斯阿拉莫斯国家实验室、桑迪亚国家实验室)，阿贡国家实验室，爱达荷国家实验室，达尔格伦海军水面作战中心，美国国防分析研究所，Jaycor/Titan，Metatech 公司，美国科学应用国际公司，Telcordia 科技，Mission Research Corporation 和弗吉尼亚大学系统风险管理中心。

目 录

第1章　基础设施的共同点

美国的社会架构和实体结构由一个个小系统组成的一个大系统支撑着。这是一个环环相扣、相互依存的复杂的动态基础设施（国家重要基础设施）网络，其和谐运转保证了各种活动、事务和信息流的正常运行，从底层支撑了这个社会的有序运转。“9·11”事件和最近的卡特里娜飓风、丽塔飓风事件，使得这些基础设施在各种威胁（故意的、偶然的、自然的）面前的脆弱性越来越成为当今社会高度关注的焦点。

本报告的重点是阐述美国关键国家基础设施面临电磁脉冲（EMP）袭击时存在的漏洞，为此，本报告用单独的章节描述了电磁脉冲对各种关键基础设施的威胁。然而，想要洞察电磁脉冲效应同一时间对全部基础设施的影响，重要的一点是，必须认识到所有高度联动的关键基础设施这样一个整体的脆弱性，要大于其组成部分的脆弱性的简单相加。整体是一个十分复杂的系统集成，技术发展使得整体处于动态的高度协调状态，当有一个基础设施发生故障时，故障可能不是孤立的，而是会引起其他基础设施连锁故障。

同样重要的是，要明白技术进步不仅使基础设施之间产生了相互依存性和新的敏感性，同时也在不断使这种相互依存性增加。特别是，电磁脉冲袭击对美威胁评估委员会（以下简称委员会）认为有必要单独讨论一种目前在基础设施中常用的技术——现代社会中无所不在的，被称为数据采集与监控系统(SCADA)。

因此，开篇的重点是详细地论述现代基础设施与控制系统及其相互作用这两个方面，这些内容适用于所有基础设施，委员会同时认为这为洞察所有国家基础设施电磁脉冲袭击敏感性来源提供了脉络。

SCADA

引言

悄然进行的工业革命在计算机时代加速发展，SCADA成为其中越来越关键的因素。广泛使用的SCADA及其相关电子产品、数字控制系统（DCS）和可编程逻辑控制器（PLC）也注定成为国家关键基础设施各个方面的关键要素。在21世纪这个不断发展的数字时代，我们的基础设施对这些无所不在的控制系统的日益依赖，带来了经济效益和极大的操作灵活性，也带来了新的脆弱性，如网络安全问题。这些问题在今天仍是受到高度关注和重视的。高空电磁脉冲将我们的注意力转向这些系统的另一个潜在的脆弱性，这个脆弱性问题可能会产生更加广泛的影响。

什么是SCADA?

SCADA是在较大地理区域范围内对基础设施系统进行数据采集和控制的电子控制系统。它们广泛应用于电力传输和分配、水资源管理、石油和天然气管道等关键基础设施。SCADA技术已经发展了几十年，它起源于铁路和航空工业的遥测系统。

> 1999年11月，圣地亚哥水务局和圣地亚哥天然气及电力公司的SCADA无线网络遭受了严重的电磁干扰。这两家公司发现自己无法通过SCADA电子系统的远程控制驱动关键阀门的开关。远程操作失效使得他们必须派遣技术员到现场，手动操作水阀和气阀，才得以避免一场水道系统的“灾难性故障”，这是事后圣地亚哥水务局给联邦通信委员会投诉信里所说的。这次水流量为8.25亿加仑[①]/天的故障，造成的后果是“水管破裂产生的每分钟数千加仑的泄漏，可能造成服务中断、大洪水以及个人和公共财产的相关损失”。事后确定引起SCADA故障的原因是圣地亚哥海岸25英里（1英里=1.609千米）以外的船上雷达的操作。

SCADA的物理形式在各行各业可能会有不同的应用形式，但它们通常都具有某些通用的性质。SCADA物理结构与个人计算机的内部结构很相似。通常情况下，它可能包含常见的电路板、不同种类的芯片，以及连接外部设备的电缆连接器。连接到相应电缆连接器上的各种传感器系统可作为SCADA的眼睛和耳朵，连接的电子控制装置可用于发出系统性能调整的命令，这些设备或许会距离很远。图1-1是一个典型的SCADA控制器。

SCADA的主要功能之一是对物理系统的运行状态进行远程监控。通过系统提供的在线监测参数进行监控，这些参数表征了系统的工作状态，如发电厂内的电压或电流、天然气管道中的流量、区域电气系统产出或消耗的电网净功率，或者监测环境参数，如监测核电站内的温度，当这些参数超出预设的状态时发出警报。

SCADA的监控功能反映了通过调节设备输出主动控制系统运行的能力。例

---

① 1加仑=3.785升。

图 1-1　典型的 SCADA 架构（后附彩图）

如，当发电厂由于关键硬件组件失效而发生故障或发生其他工业事故时，实时监测的 SCADA 将检测到故障向有关当局发出警报，并向其控制下的其他发电厂发出增加功率输出的命令以匹配负载。所有的这些操作都在数秒时间内自动完成，没有任何人为操作参与到这个快速的控制回路中。

电力行业典型的 SCADA 架构包括一台中央计算机——主控终端（MTU），通过许多远程终端设备（RTU）子系统进行通信，如图 1-2 所示。RTU 用于执行远距离无人看管位置的数据采集和控制任务。典型的 RTU 数据采集包括获取热电偶传感器、电压传感器、功率计等传感器的信号，以及开关和断路器等设备的工作状态等。典型的控制操作包括开关电机、控制阀门和断路器等。

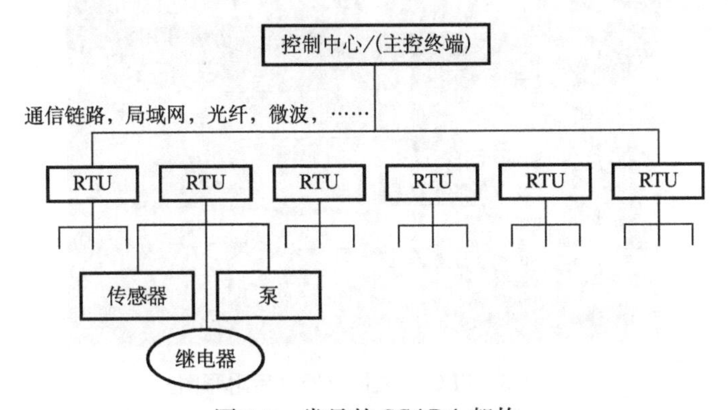

图 1-2　常见的 SCADA 架构

DCS 与 SCADA 由许多相似的功能和硬件组成。DCS 通常被用于单个场所的自动化控制过程，如炼油厂或化工厂。相比之下，SCADA 通常用于设施分散布置的环境下，在这种条件下，从远程实时感知事态是集中控制的关键。大多数 DCS 装置用于控制复杂的动态系统，这些系统如果仅采用手动控制的方式，几乎难以找到安全或经济的控制方式。

为了提高效率、保证安全和保护环境，即使相对简单的生产过程，如使用传统蒸汽循环发电的发电厂，也要拥有非常复杂的系统。例如，蒸汽发生装置的控制系统参数就包括发电机转速、发电机润滑油压力、励磁电流及电压输出、给水压力及锅炉汽包水位、燃烧室压力和燃烧速率等。

这些控制点的混乱有可能造成严重的物理损害。一个典型的例子是锅炉的燃烧端点和循环端点控制问题。通常情况下，控制系统先到达燃烧端点（提供锅炉空气进入和燃油添加的限值），可以避免对锅炉产生任何热损伤。如果控制系统被打乱，它就会在到达燃烧端点前，先到达循环端点（产生蒸汽的最大速率）或结余端点（水不被排出锅炉时的最大速率）。这种情况将会导致锅炉管道的热损伤，或造成汽轮机叶片的物理损伤。

另一种与 SCADA 在物理结构上相似的硬件是 PLC，主要用于控制执行器或传感器，在大型的 SCADA 或 DCS 中非常常见。SCADA、DCS、PLC 在电子特性方面是相同的，因此其固有的电子敏感性也一样。由于 SCADA 倾向于大面积的布设并直接暴露，所以我们随后重点讨论 SCADA。若 PLC 和 DCS 存在裸露或未受保护的电缆连接问题，后面的讨论也同样适用于它们。典型的 PLC 结构见图 1-3。

图 1-3　PLC 开关执行器（后附彩图）

电磁脉冲与 SCADA 相互作用

SCADA 部件通常安装在远距离没有人为干预的位置。虽然它们的关键电子元件通常放置于某些金属盒内，但是其外壳作为保护性法拉第笼的作用是微弱的。这些金属容器主要是为设备提供物理防护和避免化学腐蚀，它们在设计时通常没有考虑高能电磁脉冲的影响，电磁脉冲可能通过空间或天线（电缆连接）耦合，进入电子设备，破坏电子设备的电磁完整性。SCADA 对电磁脉冲的敏感性问题主要集中于电磁脉冲信号的早期部分 E1。这是因为，电磁脉冲后期信号 E3 一般不会与 SCADA 中的长电缆直接耦合，即使是电力行业中的长电缆也不会。

无处不在的 SCADA 控制系统若受到威胁，则可能成为国家关键基础设施的敏感源，为了理解这一点，我们必须首先了解底层硬件组件本身的敏感性。为此，委员会利用国有的电磁脉冲模拟器，资助了一系列 SCADA 常用组件的电磁脉冲敏感性试验（图 1-4）。模拟试验提供了观察设备在工作状态下与电磁能量相互作用的环境。模拟器没有复制威胁级电磁脉冲环境的所有特征，通过模拟试验和真实案例之间的对比分析，可以对真实场景中系统响应进行分析评估。

图 1-4　电磁脉冲模拟器结构和内部电器

委员会通过征求北美电力可靠性协会等相关工业部门专家的意见，以及现场和市场调查，确定了进行测试的典型控制系统，提出的测试矩阵代表了应用于发电、配送电、管网分布、制造工厂的电子控制技术。试验所用的部分被测件如图 1-5 所示。

电磁脉冲模拟测试

本节给出一个照明电子控制系统测试结果的简要总结。详细的模拟测试结果记录在委员会的分报告中。在第 2 章我们将描述完整的试验方法，并讨论如何开展评估电网电磁脉冲敏感性试验。

很多控制系统都是通过以太网电缆连接的。当威胁来临时，瞬变电场与电缆的电磁脉冲耦合将是重要的敏感源。因为系统需要人工修复，所以系统的完

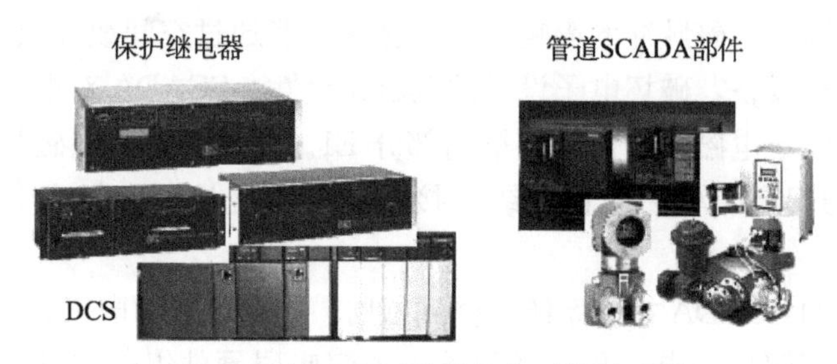

图 1-5 试验所用的部分电子控制系统

全恢复是一个漫长的过程。我们搭建了一个简单的模型，用 4 台个人计算机（PC）通过 4 根以太网电缆连接一个路由器来测定电缆长度的影响，模型的配置如图 1-6 所示。测试分析结果表明，耦合到 200ft（1ft＝0.3048m）长以太网电缆的瞬态值大约是 25ft 长线的 7 倍。典型电子设备的以太网线上可能产生100～700A 的瞬态电流，电磁脉冲测试中产生的值在这个范围的下限。

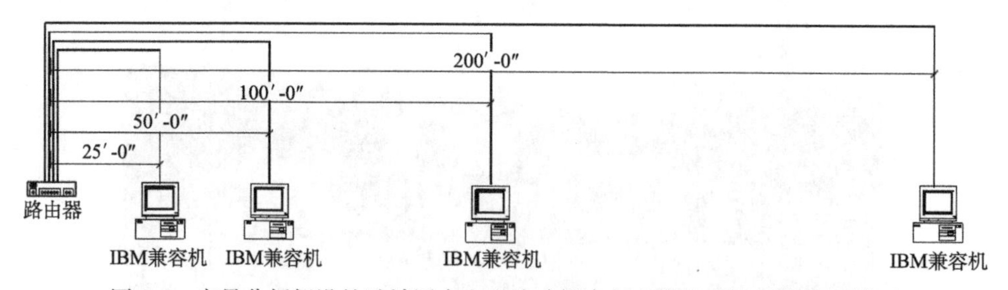

图 1-6 定量分析假设的试域网中电磁脉冲耦合与电缆长度关系的物理模型

试验的一个重要发现是，每个直接暴露在电磁脉冲模拟环境下的被测系统都会出现故障。各个系统的故障现象都不相同，系统内的故障也不同。例如，带有许多输入、输出端口的设备可能会出现这种现象：一个端口性能下降，另一个端口物理性损坏，而第三个端口则没有受到影响。暴露在电磁脉冲环境下的控制单元，其报告的运行参数可能出现偏差，或者无法控制其内部的运行。委员会推断，多重并联控制系统出现的这些故障是导致众多系统崩溃的重要原因。

SCADA 敏感性对关键基础设施的影响：历史回顾

基于前节所述的测试和分析，我们估计，绝大部分受电磁脉冲影响区域内的远程控制系统，都将受到一些影响。北美电力可靠性协会和阿贡国家实验室的行业专家对测试结果进行总结发现，测试中出现的即使很小的效应都有可能极大地影响受试设备的工作进程。对基础设施的复杂过程进行完整分析是极其困难的。对这些影响进行解析分析或建立模型超出了本项目的范围。

为了更清楚地理解电磁脉冲导致的电子系统故障的潜在影响，我们可以回顾历史事件的细节。在这些事件中，相似的（并且不太严重的）系统故障产生的结果非常复杂，使用模拟或分析的方法难以进行预测。

另一个重要的发现是，这些事件极少由单一因素引起，而是由各种未曾预料的事件（在事后能够很容易看出与导致的事件有关）联合所致。鉴于所涉及系统的复杂性，这并不奇怪。在考察历史数据之前，重要的是要记住这一点：虽然它们提供了现代基础设施运行依赖于自动化的眼睛、耳朵和远程控制器的案例，但这些事件并不足以让人们充分了解可能发生的电磁脉冲事件带来的影响。电磁脉冲事件过后，并不是只有这里描述的一个或几个 SCADA 失灵（典型的历史场景），而是大量（成百甚至上千）的系统永远无法操作，除非进行替换或物理修复。

从以下重大历史事件中可以看出控制系统损坏失灵造成的潜在影响：卡特里娜飓风、1996 年西部州停电、2003 年 8 月 14 日（美国）东北地区大停电、1989 年地磁暴、1999 年 6 月 10 日贝灵汉管道事件、2000 年 8 月 19 日卡尔斯巴德管道事件、1994 年 7 月 24 日英国彭布罗克郡炼油厂事件以及荷兰电磁干扰（EMI）事件等。下面讨论了四个与电磁脉冲相关的事件。其他四个事件（卡特里娜飓风、1996 年西部州停电、2003 年 8 月 14 日（美国）东北地区大停电和 1989 年地磁暴）将在第 2 章讨论电力电网电磁脉冲效应时描述。

贝灵汉管道事件 1999 年 6 月 10 日，在华盛顿州贝灵汉的霍特科姆瀑布公园地区，一根输送汽油的奥运管道破裂，约 250000 加仑汽油从管道进入汉纳和霍特科姆县小溪，燃料被点燃，造成 3 人死亡 8 人受伤。超过 1.5 千米的河岸被毁，附近的几座建筑严重受损。事故的原因是减压阀设置不当、检修不及时、SCADA 失效等。当管线正在调整操作时，上述问题集中暴露。除了遭受大范围电磁脉冲干扰外，此次管线事故也与维护不力有关。电磁脉冲对电子设备的干扰可能加快了 SCADA 的损坏以及管道阀门失控。

卡尔斯巴德管道事件 2000 年 8 月 19 日，新墨西哥州卡尔斯巴德附近由 El Paso 天然气公司运营的三条大型天然气管道之一发生爆炸。这些管道用于向亚利桑那州和南加利福尼亚州的用户和发电厂输送天然气。此次爆炸造成 12 人死亡，其中包括 5 名儿童。爆炸还造成一个 86 英尺长的大坑。事件发生后，美国运输部管道安全办公室（OPS）责令关停管线。事故的原因，一方面在于维护不力，另一方面则是未能及时发现管线运行中出现的问题——管线的数据采集系统遭到电磁脉冲的干扰而中断。

彭布罗克郡炼油厂事件 1994年7月24日，英国彭布罗克郡炼油厂遭雷暴袭击。受闪电的影响，炼油厂断电0.4秒，随后电力供应骤降，这导致众多泵和设备上方的散热风扇频繁跳闸，主原油室压力安全阀抬升，包括流体催化裂化（FCC）复合单元在内的其他精炼反应单元也出现了严重故障。

流体催化裂化单元中发生了一起爆炸，并且在流体催化裂化单元、异构化单元、烷化单元等多处，也分别出现了火情。爆炸的原因是一个反应容器的阀门故障，持续注入的液态可燃碳氢化合物在容器内积聚，达到爆炸极限。控制系统中，出口阀显示为开启状态，但实际上却是关闭的。工厂的故障处理系统没有考虑精炼装置中的这个问题。

这次事故导致英国的原油精炼产量下降了10%，经济损失高达7000万美元，炼油厂经过四个半月的检修之后才重新恢复生产。此次事故是由闪电袭击造成的，而电磁脉冲事件同样可以引发类似的事故。

荷兰电磁干扰事件 20世纪80年代，距离荷兰登海尔德港约1英里的一条天然气管线的SCADA出现故障，一条直径约36英寸（1英寸=2.54厘米）的管道损坏，导致天然气大爆炸。

故障是一台雷达发出的电磁波耦合进入了SCADA的线路，导致SCADA依照雷达的扫描频率而周期性地开启、关闭。于是，管道中的阀门也相应地开启和关闭，在管道中形成一股压力波，最终导致管道损坏。此次事故表明，控制系统运转故障会造成管道破坏，而电磁脉冲事件同样可能造成类似的事故。

总结

SCADA很容易遭受电磁脉冲破坏。美国大量的关键基础设施都依赖于SCADA进行操控，在遭受电磁脉冲袭击之后，这些设施极有可能出现大面积损坏。此后，大量设备需要重启、维修、更换，而这些设备的分散分布将大大延长国家从袭击中恢复的时间。

基础设施状况及其相互关系

简介

美国所有的关键基础设施都有一定程度的容错能力。设计工程师与系统管理员都能预料到某些子系统或电子设备可能出现问题，因此在进行系统网络设计时都着力避免出现单个部件损坏导致整个系统失效的情况。然而，实际的网络系统在升级改造的过程中会变得越来越复杂，我们无法完全保证最初系统安全的设计目标仍然能够满足。在系统设计时，我们往往会用多种工程方法来解决单点故障，比如增加冗余度、快速修复、设备更换、操作方案重新布局等。

然而，这些针对单点故障的安全措施，一般来说都要依赖系统其余部分的正常运转。对一个高度可靠的基础设施系统来说，当它发生独立而随机的单点故障时，我们通常假设这个条件可以满足。

相比之下，我们一般不会为多点故障做应急准备，尤其是时间关联性较强的多点故障。我们通常不会考虑基础设施系统中同时出现成百上千个故障点，更不会有人为这样的事件设计应急处理预案，但这却恰恰是电磁脉冲袭击事件中的典型情况。

> “我们现在已经编织了一张极其复杂的技术网络。网络中出现故障在所难免，所以我们为其中的各个部分都设计了安全保护装置，但问题在于，我们根本不可能料想到，一处故障可能在网络中引发怎样的连锁效应，各部分之间又会产生怎样的相互作用——所谓的安全装置，在不可计数的意外情况面前，恐怕是形同虚设。”（Charles Perrow，《正常事故》）

要想预测某个关键设施中故障可能导致的后果，我们必须借助于精确可靠的建模与仿真工具。目前，部分基础设施已有相关的建模工具，可用于前期规划、实时操控、断电或设备维修期间的资源调配与操控等。这些模型在系统正常操作的工作参数范围内可以很好地发挥效用。但我们应该认识到，实际系统非常复杂，现有的建模工具往往很难反映系统所有可能的网络结构和运行状态并提供解决措施。

比如，大约每十年，美国电网中就可能会出现某些无法预料的设备损坏，连锁式地引发一次大规模故障。在2003年8月14日的美国东北部大停电事件之后，专家对这场事故的原因莫衷一是。尽管电网的建模和仿真工具所包含的内容已经很丰富，开发程度也很成熟，并且在实际电网运行中也能够很好地完成操控，但还是无法通过模拟工具来清晰地复现这次停电事件。

一场电磁脉冲袭击事件可能导致大范围的设备故障，包括多个节点故障组合在一起形成的复杂状况，其涉及的系统参数通常不在现有模型的有效参数范围内，因此要想预测基础设施接下来可能发生的变化就非常困难。关键基础设施如何应对电磁脉冲袭击是本报告要探讨的问题之一。需要特别强调的一点就是基础设施之间交互作用（interaction）的建模与仿真。目前，这一方面的研究进展比较缓慢，但它却是系统仿真可信度的关键。当系统中有多点同时发生故障时，原本不相干的几个部分之间可能就会通过某些隐蔽或未知的方式产生相互作用，导致系统中出现正反馈放大机制。这样的故障通常会局限在有限的范围内，但也有可能通过系统网络大范围扩散开来。

Charles Perrow① 对于这一类的故障尤为关注，并将其称为“常态事故”(normal accident)。在高度耦合的系统中，只要系统的复杂度超过了一定的阈值，那么正常事故就是系统的一种固有属性。委员会认为，只要我们对这些问题足够重视，投入充足的时间和资源，那么我们一定可以研发出更高级、更复杂的相关性仿真模型，以此来保护美国的基础设施免受电磁脉冲袭击事件的损坏，同时也有助于引导未来的建设投资更多地用于加强基础设施保护方面。

复杂的相互作用

关于哪些基础设施属于关键设施，目前没有统一的定义。委员会选择将以下领域纳入本报告，并分别进行讨论：电力、通信、银行与金融、石油与天然气、运输、食品、水资源、应急服务、太空、政府机构。这样的划分或许在一定程度上弱化了它们之间的相互关系，但我们应该清楚，在现实中它们互相支持与交叉，如此才有了它们各自的高效运转。

举个简单的例子，通常情况下，通信系统需要电力系统为之供电。如果供电网络受到干扰出现故障，则各个电信分站将首先启用备用电池进行供电，电池耗尽后又会启用应急备用发电机。如果需要启用应急发电机，则必须保证燃料供应，这首先会使用本地储存的燃料，必要时则会通过能量配给设施由中转站从其他地区进行调配，然后再通过金融设施来进行费用结算。如果要维修设备，就需要有交通设施将技术人员送抵现场，并且需要食物与水资源供应。另外，通信系统可以向控制部门提供关于电力设备运转情况的关键信息，以确保在比较大的范围内，电网中的发电量与负载处于动态平衡。在交通运输部门与金融部门，通信也起着十分关键的作用。图 1-7 简要描绘了若干种基础设施之间的相互关系。

> “跨学科交流，需要一个领域内的专家学习其他领域的专业知识，这样才能提出有价值的问题，也能够充分理解对方在表达什么。”（美国科学院，《保卫国家安全：科学技术之于反恐行动》）

当系统中出现普通干扰时，部门之间许多交互关联都可忽略不计。但当出现电磁脉冲事件时，系统中广阔区域内多个设施的电子设备可能同时受到损

① Perrow, Charles, Normal Accidents, Princeton University Press, Princeton, N. J., 1999.

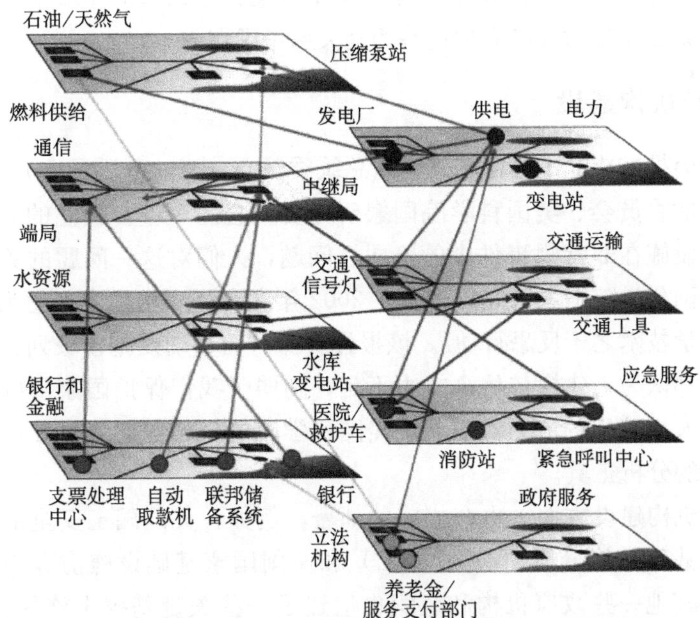

图 1-7　关键基础设施各部门互联关系示意图（后附彩图）
部分关联未画出（图片来自桑迪亚国家实验室）

坏。只有充分认清跨领域系统之间的相互作用，才能判断这个系统的应急恢复能力，这就需要相对复杂的建模和仿真，其中会涉及多个模块，但又不能过于复杂以致无法分析甚至无法做近似处理。时至今日，针对这个问题的研究仍属鲜见。

事实上，系统相关性问题非常复杂，某个领域内的专家也未必能够很好地解决跨领域的问题。因为不同基础设施之间的耦合其实是一个新的学科，而想要清晰准确地描述两类不同基础设施之间的关联，也需要对两个领域都有一定的了解。

历史经验表明，人们往往容易忽略这种相关性所产生的影响，不同基础设施之间的耦合路径也没有得到足够的关注。比如，许多部门的应急方案都默认交通运输会保持畅通，技术人员可以随时乘坐飞机抵达现场进行检修。而实际上，在“9·11”事件发生后的短时间内，美国所有的民航班机都停飞了。1991 年，纽约地区的一条光纤断裂，这一单点故障不仅阻断了进出纽约的 60%的电话通话，还阻断了华盛顿特区与波士顿之间（美国最繁忙的空中走廊）航班所使用的通信渠道，纽约商品交易所也不能正常运营。[①] 不同基础设施之间的相互

① Neumann, Peter, Computer-Related Risks, Addison Wesley, Reading, Mass., 1995.

关联有时并不隐蔽，但我们在制订应急保障方案、考虑如何获取事故的实时数据、建立应急工作站时却没有把这些相互关系考虑在内。

研究进展与机构建设

美国国会批准成立了关键基础设施总统委员会（Marsh 委员会）、电磁脉冲对美威胁评估委员会、美国科学院国家研究委员会三个各自独立的委员会，着力研究基础设施在非常规事件中的脆弱性问题，人们对这一问题的关注度也随之上升。美国科学院国家研究委员会在 2002 年发布了一份报告，题为《保卫国家安全：科学技术之于反恐行动》。该报告所探讨的基础设施领域划分与本报告相同，并且都认为，建模与仿真能力不足，削弱了我们保护国家基础设施免受故障损坏和人为破坏的能力。对此，美国科学院的报告曾建议研发一套基于系统工程原理的分析工具。

在组织机构建设方面，也有相应的部署。例如，美国国土安全部合并重组了美国国家基础设施分析中心（NIAC）和美国国家基础设施仿真与分析中心（NISAC）。其他一些政府机构和组织也组建了一些关键基础设施保护的部门，比如美国能源部的阿贡国家实验室，以及美国国家核安全局的桑迪亚国家实验室和洛斯阿拉莫斯国家实验室，都在美国政府资金的支持下开展国家重要基础设施系统的建模工作。

此外，美国多所综合性大学在一些学者的带动下，也逐步加入关键基础设施系统的学术研究工作中，一些研究中心已组建或分离出完整的研究部门投入这项研究工作。弗吉尼亚大学成立了风险管理中心，专门应用计量经济学的输入输出模型对关键基础设施系统进行分析。位于弗吉尼亚的乔治梅森大学和詹姆斯麦迪逊大学成立了基础设施保护项目中心（CIPP）。圣塔菲系统研究所正着力研究相关理论。此类机构繁多，不再一一列举。

以上提到的进展，以及其他一些相关工作，为我们指明了未来发展的方向。然而我们也深知，目前仍然没有足够的能力在全国范围内完成对所有基础设施的独立建模。再者，国家和社会也尚未充分认识到建立完全交互与耦合的基础设施系统模型的重要性。倘若没有足够的社会支持，这一设想不可能在未来可预见的时间内实现。

委员会推动的建模仿真项目

委员会致力于利用学术界、工业界和政府现有的研究成果、数据、方法等对受到电磁脉冲影响的基础设施进行建模和仿真。为此，委员会发起了以下这些活动。

国家研讨会　为了了解美国的建模能力，并明晰在指定电磁脉冲袭击场景中对其效应所能够挖掘理解的深度，委员会发起了一场以“交互共生基础设施建模仿真”为主题的专题研讨会。大量在美国从事相关研究的专家参加了研讨会。通过本次研讨会，委员会发现了我们在深入认识电磁脉冲影响方面所具备的研究能力，为委员会的报告提供了大量的素材。

合作项目　现有的建模仿真工具无法实现共生基础设施的预测分析。然而，目前的建模能力有助于委员会深入理解电磁脉冲袭击、系统修复和复原所产生的全部影响之间的相互耦合关系。委员会对一些问题进行了研究，比如，耦合的强弱是否会影响基础设施系统修复的时间？哪些参数较为敏感？是否可以找到一些解耦方法来减少故障恢复所需的成本？为了回答这些问题，由 NISAC、弗吉尼亚大学和阿贡国家实验室发起成立的委员会付出了大量的努力，部分研究成果将在后续部分进行介绍。

委员会研究工作　委员会也开发了用于分析基础设施耦合模型稳定和不稳定因素的产品。委员会重点关注了交互式远程通信基础设施功率耦合模型。

本报告对以上所有成果进行了汇总，由委员会编纂成册。

基础设施间耦合的建模与仿真示例

为了说明基础设施耦合所带来的一系列复杂问题，可以考虑仅有两种基础设施相互影响的简单案例，在这里我们选取远程通信和电力网络这两个系统。远程通信网络本身处于快速的变革中，1990 年数据通信仅占日常远程通信总流量的 10%，现如今已经增长到约 50%，预计到 2015 年语音通信业务份额将只占很小一部分。远程通信网络的变化与网络体系结构和相关硬件方面的变革是息息相关的，更多的细节将在本报告第 3 章进行介绍。

未来电网的关键要素之一是公用数据网络（PDN）。在过去，电力网络依赖于自身的通信系统对网络进行监控，因此，电网和远程通信网络之间基本没有相互依存的关系。现如今，电力网络对公用数据网络的依赖达到了其通信需求的 15%，这一数据在不远的将来可能会增长到 50%。图 1-8 说明了电力系统和远程通信系统之间不断增进的相互依存关系。

公用数据网络需要由配电网络供电，反过来，发电和配电网络由 SCADA 控制，而 SCADA 又依赖于远程通信系统进行态势感知并执行对电网的调度。图 1-9 所示为模型仿真的结果。远程通信网络的恢复依赖于商业供电，当二者都处于恢复期时也是如此。电力基础设施的恢复需要看呼叫阻塞的概率，而远程通信网络的恢复则依赖于电力供应。

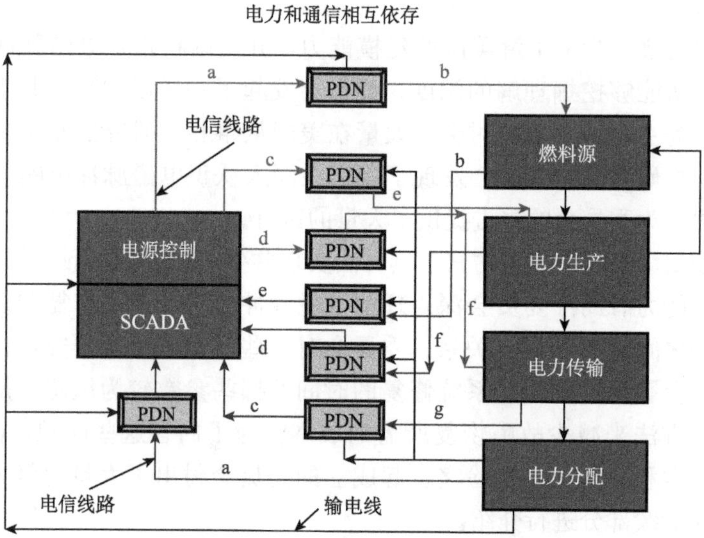

电力和通信相互依存

图 1-8　未来网络之间的依赖关系

电力与电信之间的相互依赖

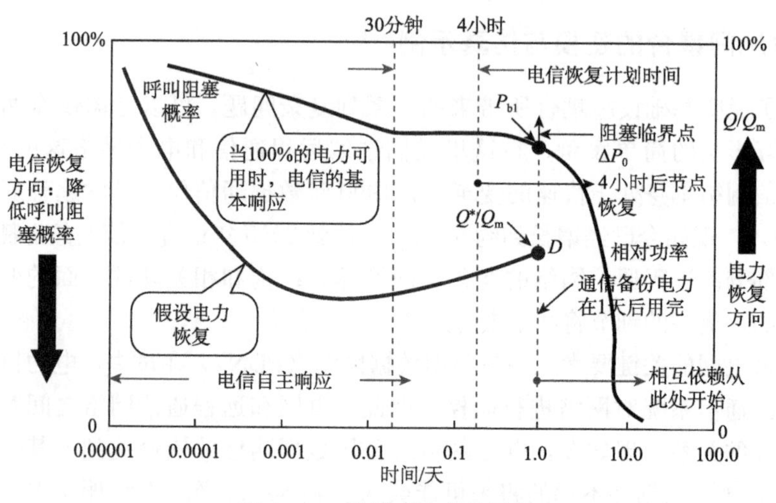

图 1-9　一种模型仿真结果①

从图 1-9 中能清晰地看出恢复过程的四个阶段——早期阶段大约持续半个小时，在这一阶段许多网络元件重新进行初始化，恢复部分服务功能，这时使用

① Kohlberg, Clark, and Morrison, "Theoretical Considerations regarding the Interdependence between Power and Telecommunications," preprint, EMP Commission Staff Paper.

的电源通常是蓄电池组。接下来进入相互依赖的阶段，在这一阶段，通信网络的唯一电源选项是商业供电系统，反过来，商业供电系统依赖于商业公用数据网络。仿真模型能够进行基础设施系统恢复过程的深入观察。根据模型预测，对比单一独立系统，具有相互依赖关系的基础设施系统需要花费更长的时间才能恢复。尽管这一模型说明了系统之间的依赖关系所带来的影响，但并不意味着它可以代表任何真实的系统。

在另一项相关工作中，NISAC 研究了高强度电磁脉冲袭击场景的仿真结果，[①] 电磁脉冲源位于远离加州海岸线的高海拔地区。仿真工作重点研究电磁脉冲袭击对供水系统、电力系统、远程通信系统、天然气、精炼石油系统、运输系统、劳动和经济部门生产力的影响，并试图探究这些已知系统之间的相互作用。仿真模型包括基础设施产品和信息传递、服务和市场的网络模型，以及每一项产品和服务的过程模型。仿真模型的边界条件由委员会提供，为了研究方便，他们将电力系统和远程通信系统的初始状态设定为暴露于电磁脉冲环境瞬间的系统状态。由于这一仿真并未考虑电磁脉冲所带来的对物理系统的一些破坏，这些破坏有可能对系统恢复过程产生阻碍，所以，仿真结果并不真实，但这一仿真结果对于深入研究电磁脉冲干扰对一个系统产生影响后，其他系统随之发生级联事故的可能性有着重要作用。

小　结

现有的建模与仿真工具无法充分模拟相互依赖且依赖关系动态变化的多个关键基础设施同时发生干扰或故障的情况。许多模型仅考虑局部区域的单个系统基础设施。

联邦政府资助了大量的建模仿真项目，希望建立为国家层面的基础设施分析和规划提供支持的关键基础设施仿真模型。然而，这些项目的优先级并不高，提供给这些项目的资金也远远不够。并且，这些项目是分散的，相互之间缺乏协调。但考虑到这项工作的复杂性，独立的研究和开发也并不完全是一件坏事。

最近的研究工作表明，基础设施间不断加剧的相互依存关系可能会导致新的隐患，即使没有电磁脉冲袭击这一导火索，也可能会发生基础设施故障。

---

① Brown and Beyeler, “Infrastructure Interdependency Analysis of EMP Effects and Potential Economic Losses,” EMP Commission Interdependencies Modeling and Simulation Workshop, Washington, D. C., June 2003.

建　议

◆ 为了更好地理解基础设施系统的相互影响和各种电磁脉冲袭击的影响，应该进行更多的相关研究。需要特别指出，研究工作应该包括对系统间相互依赖关系的建模。研究经费可以通过很多途径获取，包括美国国家科学基金会和国土安全部。

◆ 目前，在如何保护 SCADA 这一问题上，研究的主要切入点是假设 SCADA 遭受网络攻击。委员会赞成这一研究方向，同时建议考虑 SCADA 遭受其他形式电子袭击时的脆弱性，例如，电磁脉冲袭击。

第2章 电　　能

引　　言

社会和经济的运行严重依赖于电力供应，美国社会的各个方面都需要依靠电力运转。没有电，就不会有当代美国的架构，更无法为近3亿人口提供基本的生活保障。持续的电力供应对于持续供水和食品、燃料、通信以及经济生活中的每一个产品的生产和分配都是必不可少的。更进一步，可靠的电力供应是美国和大多数发达国家持续存在且不断发展的关键因素。

对大多数美国人来说，在停电期间，商品生产、服务供应和大部分日常活动都会被迫停止。停电期间，人们不仅不能从事日常的家务和工作，还必须花时间处理停电所造成的一系列后果。说得极端点，他们必须将注意力集中在如何让自己活下去。所有人、所有经济体都面临着同样的问题。没有任何其他单一基础设施的崩溃能够造成如此严重的后果。其他所有基础设施都离不开电力供应，如本报告其他章节所述，电力系统也依赖于其他本身容易受到电磁脉冲直接影响的基础设施。在受到足够大的电磁脉冲袭击后，电力系统完全崩溃的可能性比其他任何系统都大。虽然较弱的电磁脉冲袭击可能导致的后果较轻，但这些后果仍足以威胁到国家安全。

电力系统是北美最大的资本密集型单一基础设施。它是一个极其复杂的系统，系统中包括燃料生产、收集和运输系统，电力公司（通常本身就是一个系统），电力输送系统，各种控制系统以及直接与用户侧电源插座相连的配电系统。正是由于大量的系统和部件协同作用，电力系统才能够提供稳定、可靠且充足的电能，并以稳定的频率将电能输送到用户侧。由于电力系统组件的集成和相互依赖性，以及操作、保护和控制系统不断地电子化和微电子化，当电能供应出现重大问题时，国家也将面临极大的危险。

如今，在电力需求高峰期，电气系统越来越多地在其物理容量的可靠性极限上（或极限附近）运行。现代电子、通信、保护、控制和计算机的应用使得电力系统的能力得到了充分利用，且误差越来越小。因此，对系统的一个小小的扰动就可能造成系统功能的崩溃。随着电力系统的复杂性及其组件相互依赖性的增加，当系统发生崩溃或者缺失部分重要组件时，想要恢复系统是十分困难的。在过去的一二十年间，新建造的大容量传输线路非常少，而由于环境、政治和经济的原因，很多大容量的发电厂建在了距离负荷很远的地方，这进一步增加了系统的脆弱性。电力系统的重要组成部分，包括许多发电厂，正在老化（相当一部分的使用年限已超过 50 年），它们的可靠性正在下降，或者因为环境因素而接近退役，更是加重了电力系统的脆弱性。

委员会认为，电力系统无论在何时发生持续时间的停电，都会对社会造成灾难性的后果。机器停止工作，运输和通信受到严重限制，制热、制冷和照明停止，食品和水供应中断，可能造成很多人死亡。“一段时间”是无法量化的，但在一般情况下，如果停电持续了一周或者更久，并且在此期间没有得到充分的来自外界的供应，这就是对社会造成灾难性后果的停电事故。电磁脉冲威胁作用的方式是，将最终不可控的电流和电压耦合到通常运行在极限值附近的电力系统中，导致大部分电力系统发生崩溃。委员会担忧，除非采取措施对电力系统的关键部件进行保护，并提供系统的快速恢复服务，特别是让关键负荷恢复供电，否则电磁脉冲事件的效果是确定的。

电力系统经常会遭到破坏。大多数情况下，破坏的原因是少量的组件故障。虽然偶尔这些故障会迅速蔓延成区域级别的电力损失，但大部分情况下，电力系统对这种故障具有一定的承受能力。目前，从故障中恢复的策略基于两种假定，若故障规模较小，那么假定问题出现在少量部件上，若故障规模较大，则假定受灾区可以从外部获取资源。电磁脉冲袭击可能破坏大面积范围内大量的组件，此时的情况并不符合这两条假设，策略也将不再适用。

委员会认为电磁脉冲是电力系统的几大威胁之一。这些威胁有些是自然事件（如地磁暴），还有一些是人为的，例如，使用信息战对控制系统的攻击。这些威胁所造成的损害有很大的相似之处，在如何采取措施以减少电力系统对这些威胁的敏感性方面也有相似之处。委员会认为，给出的建议既能使电力系统在面临这些威胁时更加稳固，也能够提高国家灾后电力系统恢复的能力。

电磁脉冲事件的幅值与武器类型、设计方法、爆炸当量及爆炸位置有关。委员会的结论是，即便是一种具有特殊性质的相对小型的武器，也可以在相当大的地域内产生破坏性的 E1 电场强度，这些武器的设计与制造工艺可以通过合法的和非法的渠道获得。在此之后是 E2 的影响，在一些情况下，若 E3 足够强大也会对未做防护的一些电气部件造成严重损害（E3 产生破坏性作用需要有足够大的爆炸当量）。事实上，委员会认为，这些武器不仅可以随时制造和交付，而且在过去 25 年间已经进行过非法贩运。这些武器的场强可能远高于委员会用于测试电力系统组件和子系统破坏阈值所用的电场强度水平。

此外，对国外资料分析结果表明，美国科学家计算的核爆炸电磁脉冲强度和频率有可能偏低。虽然这是一个技术性的问题，有待美国科学家进一步验证，但由此增加了我们对当前美国电磁脉冲效应减缓措施充分性的怀疑。

委员会对于国家电力系统暂时性崩溃事件影响的评估重点不仅是那些灾难本身所带来的大规模影响（例如，即便是一两个小当量的核武器，在空中最佳位置爆炸时，其产生的级联效应也几乎一定会造成整个电力系统的崩溃，可能会在一瞬间影响美国70%以上的地区），也包括那些受灾严重使得系统恢复时间延长的事故，恢复时间的延长同样具有潜在的灾难性后果。

高度依赖电能的系统，例如，商业电信和金融系统，通常备有蓄电池。备用电池一方面能够在用电低谷时充电调节电力系统，另一方面能够作为停电时的备用电源。高优先级的负载通常都配有本地现场应急发电机。高优先级的负载包括：医院、冷库、供水系统、机场管制系统、铁路控制系统等。然而，这些系统越来越依赖于电子设备完成系统启动，与大电网隔离，以及控制系统的运转，因此在面对电磁脉冲袭击时十分脆弱。

此外，应急发电机的燃料储备通常只能满足较短的发电时间，一般不会超过72小时。由于消防安全（在“9·11”事件后）和环境污染等，建筑物和城市内部存储的燃料越来越少，在需要备用发电机紧急发电时，他们能够使用的燃料也变得更加有限。通常，蓄电池的使用时间比发电机还要短很多，一般只有几个小时。所有这些用于维持供电的设施，其设计初衷都是在供电恢复前的一小段时间内为负载提供连续的电能。

如果系统能快速恢复或影响范围不大，这种电磁脉冲触发的停电事故虽然后果严重，但不至于引发灾难。以前大规模停电的恢复时间为一到几天。之所以能够做到在这样短的时间内实现恢复供电，是因为电力系统当中至关重要的保护系统和通信系统发挥了作用，并且在灾区附近可以得到很多系统组件的替换件。在这种情况下，相对较小的地理区域上的短暂停电也会造成经济损失。在超过10万亿美元的美国国内生产总值中，约有3%是电力销售。但历史上大的停电事故造成的损失是电力服务本身损失的6倍（对家庭用户）至20倍（对工业用户）。据估计，停电事故对经济的影响占停电区域总产值的18%～60%之多，这一估计还只是针对短时间的停电。短时间停电对国民生存不会造成威胁。

另外，涉及成千上万个部件物理损坏的大范围停电，可能造成长时间地远超出历史上发生过的停电事件，其潜在的影响将是灾难性的。由NISAC委员会资助的模拟研究表明，在停电几天后，少量的社会产值将被易腐品腐烂、贸易瘫痪、金融系统崩溃、劳动力混乱所造成的损失抵消。缺乏食物、供热（或空调）、供水、废物处理服务、医疗服务、警察、消防服务、有效的政府管理等都将对社会本身造成威胁。

委员会获得了社会各界的支持和帮助，包括：北美电力可靠性协会（由联邦能源管理委员会（FERC）管理指导）；具有相关经验（如地磁暴（类似于E3）、超高压电力输送、敏感发电机、特殊故障测试等方面）的公共事务部门；保护、控制和其他相关设备的供应商；制订行业执行标准的组织；公共事务组织、燃料供应商、燃料运输集团；部分学术界、国家和国际上认可的专家，能源部（DOE）国家实验室和相关政府实体。委员会对社会各界积极慷慨的帮助表示诚挚的感谢。

北美电力可靠性协会为我们提供的帮助非常有用，其成立于 1965 年（美国）东北地区大停电事故之后，成立的目的是提高电力系统的可靠性。委员会向北美电力可靠性协会理事会介绍了威胁的性质和潜在的脆弱性，其理事会在其关键基础设施保护咨询小组下成立了一个电磁脉冲工作组，向委员会提供技术咨询。工作组成员的专业知识涵盖了三个北美电力可靠性协会主要部门（东部，美国西部协调委员会（WSCC）和得州电力可靠性委员会（ERCOT））和电力系统的三个主要类别（发电、输电和配电）。

正是因为该工作组的参与，委员会才将重点放在研究电磁脉冲早期脉冲的重要性及其对恢复的影响以及其他造成广泛影响的因素。工作组还提供了技术投入，对于委员会资助的测试计划的实施非常有帮助，测试计划的目标是确定电气系统关键控制和保护组件由于供电中断、数据错误和损坏开始失效的阈值。尽管北美电力可靠性协会工作小组没有直接参与起草报告或给出结论，但报告中讨论的许多技术和实践观点都受到了该工作组的影响。

设 施 描 述

主要组成

电力基础设施主要由三个部分组成：①发电，②输电（高压长距离），③配电。三个部分相互依赖，却又截然不同（图 2-1）。

发电 发电厂将其他形式的能源转化为电能。能量的初始形式可能是机械能（水力、风力或波浪），化学能（氢、煤、石油、垃圾、天然气、石油焦或其他固体燃料），热能（地热或太阳能）及核能。发电厂小到单个太阳能电池，大到大型中心复合发电站。在多数情况下，发电的第一阶段是将原始能源转化为旋转机械能，涡轮机就起到这样的作用，然后，涡轮机驱动发电机发电。

现代发电厂都使用了复杂的保护和控制系统，以最大限度地提高效率保障安全。它们具有共同的电气性能，以便能够适应不同的应用场合。电子设备几乎已经取代了旧发电厂中的所有机电设备，过去一二十年间新建的发电厂完全

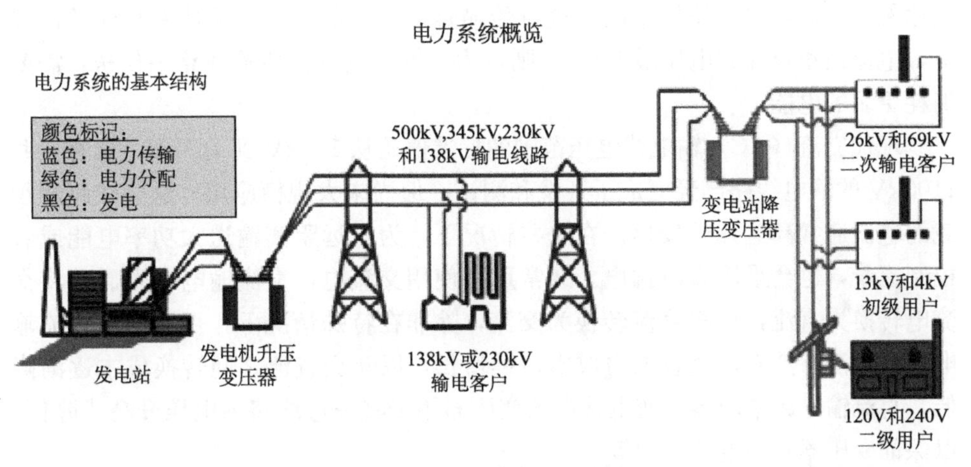

图 2-1 电力系统概览（后附彩图）

使用电子设备。就连发电机励磁器现在也使用微处理器和模数转换器了。由于这些电子设备的应用，发电厂本身会对电磁脉冲袭击非常敏感。即使人员和备件充足，识别和定位由电磁脉冲袭击造成的电子传感器和通信设备损坏并修复系统也将是一个复杂且耗时的过程。

化石燃料提供了国家电力供应的近 75%，而化石燃料（煤、石油、木材和天然气）供应系统在生产和交付环节很大程度上依赖于电子设备。对核电站来说，电磁脉冲对其燃料的供应并没有直接的影响。发电所需的燃料与输送燃料的电工电子设备之间的相互关系对于系统的恢复至关重要。例如，通常天然气需要在使用时及时输送到发电设备，而石油和煤炭则可以在发电厂现场储存。国家电力的剩余部分大部分由核电提供。电磁脉冲袭击不太可能直接影响核电厂燃料的供应。此外，水电、地热、太阳能和风能发电系统都有自己的燃料供应。风能和太阳能存在固有的不确定性，在任何情况下都可能有风和阳光但也可能没有。水和地热能是无穷无尽的，但它们高度依赖于地理环境。

输电 各个发电厂输出的电能需要通过供电线路和变电站传输到用户使用的地区和场所。传输系统通常将电能输送到很远的地方和（或）直接服务于大负载。这一定义阐明了输电与配电系统的区别，详情如下文所述。输电系统包括输电线路（包括塔上的绝缘子串或特殊绝缘容器中的地下绝缘子串）和变电站（几个线路的交点并实现保护和控制功能的节点）。在变电站内有变压器（转换电压）、断路器（类似于大功率开关）、保护装置、仪表、数据传输与控制系统。保护装置保护电气部件免受由多种因素造成的异常干扰。

电力的传输需要介质（如导线），介质存在电阻，因此会造成功率损耗。电功率等于电压和电流的乘积，电阻损耗（限制传输功率的大小）与电流的平方成比例。因此，尽量使用小电流进行传输是最有效的（在传输功率相同的情况下，电流最小意味着电压最大）。否则，为了推动电流在传输线路中传送，需要消耗更多的电能。

现代交流（AC）输电线电压范围的标准值是从 115kV 到 765kV，也有一些 1100kV 的输电线路已经完成了开发和测试，但尚未大规模应用。这些线路所承载的电流通常高达几千安培。在一些情况下，为了远距离输送大功率电能或者控制流量，也会采用直流输电。通常用户使用交流电，直流输电首先需要将交流电转换为直流，再将直流转换为交流，除非在特殊情况下，否则使用直流输电并不经济。然而，随着电力成本持续增长，以及交直流之间转换成本逐渐降低，直流输电越来越多。变电站内的变压器用于将一边线路的电压升高或降低，以保证变压器两侧电功率相等。

配电　负载或电力用户（居民、商业机构乃至大部分工业用户）需要符合用电设备工作电压的电能，这通常意味着低电压小电流。典型房间中的电线和开关能够做到相当小的尺寸，并且成本很低，因为房间中的电功率是有限的，相对较低。电气设备与电子设备类似，只需要很小的功率就能使用。因此，先前描述的传输系统通过变压器将高电压降低（逐步降低），并按照用户的需求进行分配。无功负载平衡设备也是配电系统的一部分，它们是系统稳定所必不可少的。电力系统的稳定性是非常脆弱的。大部分大规模故障都是系统局部异常造成了系统整体不稳定。

输电系统和配电系统的区别有时是模糊的，因为输电与配电的定义取决于负载的大小和需求及其涉及的特定系统。它们的区别与系统本身的管理以及系统的商业目的有关，不同的地区有所不同。传统的配电网的距离在 20 英里以内，电压水平不超过 69.5kV（通常是 13.5kV），但有些地区的配电网电压高达 115kV。配电网和输电网相同，也有变电站，只不过配电网的变电站更小，且无人值守。重要的一点是，本地开关、控制和关键设备很大程度上已经电子化，因此在遭受电磁脉冲袭击时非常脆弱。

与直流电相反，交流电是负载使用电力的普遍形式。电力的生产、输送、配送和使用都要求电能具有精确的频率。因此，在大型电力系统上，保持不同发电厂供给的电能和到达不同用户负载的电能频率和相位精确同步是非常必要的。这种精确的同步依赖于电子时钟和许多其他的电子设备。在故障状态下，难以维持系统频率同步通常是大规模停电的主要原因。例如，当频率偏离所需的固定频率较多时，输电系统内、负载处、发电机处的保护装置通常会报警并自动跳闸。这一系列动作偶尔也会在顺序上发生紊乱，结果不但没有减轻系统问题，反而造成系统的崩溃。

控制和保护系统　以上三个系统（发电、输电和配电）需要共享一个控制和保护系统，该系统控制电能流向需要的地方，维持系统的频率并保护整个电力系统。从商业层面上看，控制系统也是十分必要的。控制系统必须能够保护电网免受诸如闪电之类的瞬态事件的影响，通过接入无功电源或无功负载调整同步误差，隔离电网故障元件，并防止不当补偿或人为错误造成的系统损伤。控制系统还通过跟踪能源商品的产地、渠道和目的地来撤销能源市场的管制。电网监测和协调中心使用的是称为SCADA这类设备。这些设备符合已有的一系列标准，因此可以接入通用通信系统网络。除电力系统外，SCADA设备还广泛应用于其他多个领域。

通信、信息、系统和部件保护以及控制技术的革命已经进入经济体的每一个环节，其对电力行业的重大影响也不例外。基础设施对无处不在的电子控制和保护系统依赖性日益增强，电子控制和保护系统的应用为电力系统经济高效运行、故障快速诊断和实时遥控带来了巨大的好处。但人们很少注意到，电子控制和保护系统的大规模应用同时也为系统带来了新的脆弱性，这种脆弱性很有可能会被敌人所利用，为了避免这样的威胁，相关部门已经做出了一些努力。

电子设备的应用使得电力系统（如发电、输电和配电）以更低的环境成本实现更高的效率和安全性。现如今，向终端用户提供同样的电力供应需要的发电、输电和配电环节更少，生产效率和生活质量大大提高。然而，这样做使得电力系统更接近理论容量运行，造成安全性和可靠性的降低。电子设备提高了电力系统的经济性，降低了向终端用户提供电能的总成本，同时减少了对基本资源的压力并降低了对环境的潜在不利影响。这种对消费者和供应商的好处，归功于电力基础设施高价值组件的低投资率（同时也归功于环境监管）。举例来说，这些部件当前的生产能力限度已经基本能够满足缓慢增长的输电需求了。

电子设备正逐渐替代曾经独占该系统的电动设备，使得系统不再依靠人为的直接干预而是依靠计算机和互联网进行控制，造成了系统对微电子设备更多的依赖，从而导致电力系统对电磁脉冲袭击脆弱性急剧增加。计算机网络使得电力系统存在受到网络攻击或软件故障导致系统崩溃（如2003年8月14日（美国）东北地区大停电）的可能性，同样也为越来越广泛存在的、破坏性越来越大的、灾后越来越难以评估和修复的电磁脉冲袭击提供了机会。开关、继电器，甚至发电机励磁器现在都使用微处理器和模数转换器。除非这些低功耗电子器件受到良好保护，否则我们不能认为它们能够承受电磁脉冲袭击。对器件的保护在器件设计和系统集成两个阶段都需要考虑。即便是一个精心设计的系统，如果通过连接线安装了没有考虑抗电磁脉冲干扰的器件，也同样无法承受电磁脉冲袭击。在受到电磁脉冲袭击后即使发生性能大幅降低的情况，对系统进行手动控制是否能够支撑系统继续运行也是一个需要重点考虑的问题。

电力系统中最脆弱的电子系统包括 SCADA、数字控制系统（DCS）和可编程逻辑控制器（PLC）。SCADA 用于地域分布较广的大型基础设施的数据采集和控制，而 DCS 和 PLC 则在本地应用。这些系统都使用类似的电子部件，其中有代表性的是构成便携式计算机内部物理框架的部件。虽然我们目前用不同的缩略词区分 SCADA、DCS 和 PLC，但电子学已经发展到根据电子设备功能的差异进行分类，而不是根据电子硬件本身的差异进行分类。

在过去不被认为是控制设备的电子控制设备及其创新性应用，正在快速地替代之前的纯机电系统和设备。控制设备的使用在全世界范围内不断增长，且用户随着新功能的开发不断升级设备。仅美国电力行业每年在 SCADA 新设备上的投资就达约 14 亿美元，可能是输电系统中变压器再投资率的 50 倍。每年，25％～30％的保护和控制系统会升级为更复杂的微电子产品，升级之后的每个新组件更易于受电磁脉冲影响。电力系统更多地电子化，更多的计算机和互联网的使用使得对操作人员的需求及培训更少。因此，在没有电子器件和计算机操作的情况下去操控系统的能力正在迅速消失。在遭受电磁脉冲袭击后，这种状况对恢复系统服务肯定是非常不利的。

电力系统架构

美国的综合电力系统和加拿大、墨西哥的综合电力系统均由北美电力可靠性协会主管。目前美国的电网分为三个实际独立的系统：东部电网、西部电网和得克萨斯电网。东部和西部电网在地理上的划分线是蒙大拿州和北达科他州之间的分界线及其向南延长线。三个独立系统中最大的是东部电网，为美国近 70％的人口和负载提供电力服务。三个区域在电力层面上以交流的形式分离，交流电可以通过控制频率的偏差将系统分离。区域之间的这种操作模式称为维持频率独立性。重要的是，这种隔离也能阻止电磁脉冲或其他因素所引起的三个系统之间的级联崩塌。

图 2-2 所示为三个北美电力可靠性协会区域的地图。系统中存在一些非同步连接点，例如，有利于限制功率传输并作为分界线的背靠背直流变电站。地图中各个区域内部标识的子区域仅用于组织、记录和管理。它们的频率不是相互独立的，因此，足够大的电扰动（如电磁脉冲）能够使整个区域的系统发生崩溃，这将严重影响对关键负载的供电，也会阻碍恢复的过程，而崩溃所造成的不利影响将随着恢复时间呈指数形式扩大。

容量储备

安装新型的电子控件为终端用户实现了节能和高效，减少了对新发电量的

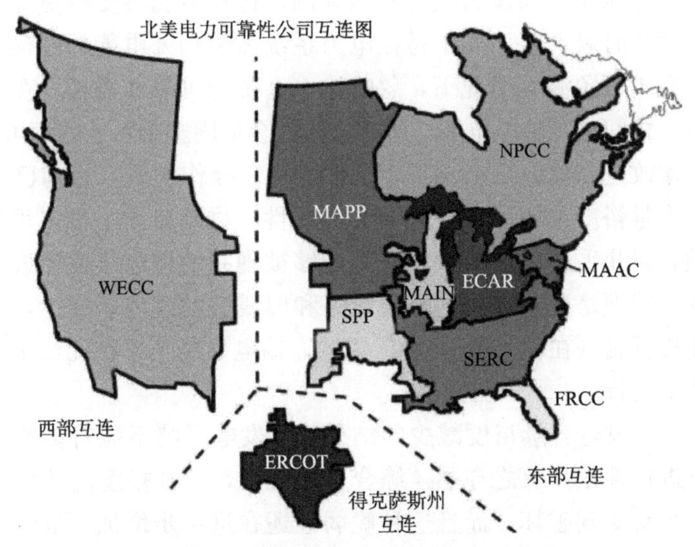

图 2-2 北美电力可靠性协会互连图

需求，但是日益发展的经济和越来越多的免人工操作、省材料装置的应用使得对新发电量的需求进一步提高。此外，由于经济、环境和位置等，老一代发电设备正在逐步被取代。全球市场竞争及自然灾害带来生产成本的增加，以及资本成本的增加，减缓了发电量的增长速度。在很多情况下，受输电系统限制无法保证将电能输向市场也限制了发电量的增加。最后，来自公用事业系统或其上级（包括市政和公共系统）的监管回调和资金竞争压力进一步限制了发电量的增加。上述原因最终造成了发电容量裕量的减小。

监管环境的变化以及发电部门管制的放松进一步促进了新一代发电机容量的增加和老旧发电机的退役。过去的一二十年间，大多数新建发电厂都是天然气发电厂，天然气发电厂能适应市场需求，把握机遇，因为它们比化石能源发电厂更加清洁，比很多其他备选项目建造更快且成本更低。大多数情况下，它们比旧的发电厂或之前计划建造的发电厂距离负载更远，并且由于它们的经济决策通常是由多个分散的负责人决定的，因此它们的运行和组织与过去有很大区别。为了将发电厂和用户连接，输电系统需要进一步扩展。新发电厂的类型和选址对电力系统造成了压力，增加了系统对于包括电磁脉冲在内的各种威胁的脆弱性。

尽管在不同地区存在着较大的差异，但从整体电网来看，输电网（高压线路和变电站系统）的容量裕度（紧急情况下的备用容量或其他计划外的需求）已经从二十年前的大约20%降低到目前的10%左右。容量裕度的减小主要归因于一些新建项目的减少，现有系统效率的提升以及新电厂厂址与负载距离的延长。随着可再生能源（如风力发电）的并网，这种情况将变得更加严重，风电在有风力吹动的时候产生，而不是在电力系统需要额外电能的时候产生。这导致系统需要在不可预测的情况下，忽略输电系统的可靠性需要，在风电厂和其他可控发电厂之间相互转换电能，所有这些都会加剧整个系统的不可预测性。

通过技术改进和输电网络保护、指挥、控制操作实践，目前已经能够在降低输电网络容量裕度的同时保持较高的可靠性。尽管新增了很多用户，新建了很多变电站，但几乎所有的电量增长都能够被现有的输电线路完成。新建的输电线路很少，特别是更长距离的输电线路和旧线路的改造非常少，其原因有很多，包括放松管制（在下一节讨论）。因此，输电系统几乎在无法承受有害电气冲击的状态下运行。

总地来说，发电容量裕度减少的结果是，发电系统不能对传输系统内可能遇到的困难进行补偿，反之亦然。综合起来就是，二者裕度的减少使得电力系统比过去更容易受到破坏，而且这种脆弱性还在进一步增加。虽然大规模的保护和控制体系提高了系统的可靠性，但电力系统仍然承受着超出合理极限的压力。电力系统几乎完全依赖处于近乎完美工作状态的电子系统。可以说控制系统灵活高效的工作保证了整个系统的可靠性。然而（发电与输电系统）裕度的缺乏导致灾难性的级联停电事故更容易发生，一旦电子设备被破坏，电力系统很可能发生大规模崩溃。因此，裕度太低以及对电子系统过度依赖使得电力系统在面对电磁脉冲袭击时显得更加脆弱。

在面对电磁脉冲袭击时，即使 E3 的强度不足以对系统造成损害，E1 也会通过损坏防护设备造成系统中关键设备（大规模电力生产和交付的关键设备以及为关键负载提供服务的关键设备）受损，从而受到电磁脉冲袭击，其中最大的关键设备是变压器。变压器是①发电和输电之间，②输电网络内部，③输电与配电系统之间，④输电网络到负载之间的关键连接环节。

输电系统内部、连接输电系统与发电厂之间以及连接输电系统与配电系统之间的变压器都非常巨大且价格昂贵，而且通常需要定制。输电系统标准化远不如发电厂，在某种程度上，不同的输电系统之间存在差异。目前美国使用的这些大型变压器都是在海外生产，正常情况下，这些设备的交货时间是一至两年。在美国大概有 2000 台这样的额定电压大于等于 345kV 的变压器，每年由于故障或新增设备，大约需要替换 1%。全世界每年生产不到 100 台这样的变压器，这些变压器要进入全球市场，而像中国和印度这样的国家对这种变压器的需求正在急剧增长。算上制造和运输时间，如今订购一台新的大型变压器几乎需要三年时间才能交付。一次事故导致几台这样的变压器损坏意味着变压器交货时间可能会延长到远超过预期，这在时间上对恢复的影响可能是毁灭性的。

考虑到这些变压器的脆弱性，缺乏高压设备的制造能力是我们面对灾难生存和灾后重建时的一个明显弱点。尽管配电网的变压器的交付时间不像高压变压器的那么短，但配网的变压器也面临着相似的困境（虽然美国国内能够生产，但制造能力有限）。

放松管制

十几年之前，电力系统是由垂直整合的公用事业公司拥有和经营。这些实体包括投资者拥有的实体（由股东拥有，通常是私有），政府建设的公用事业部门（联邦政府所有，如田纳西河流域管理局、博纳维尔电力局等），消费者所有的合作社，市政府州政府所有的人民公共事业实体。这些不同的实体在提供服务的过程中被授予了专营权，这些实体连同一些政府实体在内，通过各种机制（包括自我调节）进行调节。在指定服务区域内，本地公用事业部门负责发电、输电和配电，并对电力的充足供应、可靠性和其他方面服务质量负责。

如今，这样的管理模式发生了改变。1996年4月24日，联邦能源管理委员会发布了888和889号命令，鼓励电力批发商竞争，打破了电力行业的垄断局面。命令颁布后，允许任何电力生产和销售商可以直接将电卖给任何电力批发商（这意味电力不再是直接销售给终端用户，而是卖给公共事业部门或负载服务实体）。原先投资者所有的公用事业部门的发电厂大多被迫从公用事业部门剥离。该法规仅适用于投资者拥有的公共事业公司，这样的公司占美国总用电量的一半以上。许多政府或公共实体没有自己的发电厂，有些建设发电厂也是为了适应市场的需求。有些州在零售业进一步放松管制，促进了各种形式的竞争。

输电基础设施仍像以前一样受到监管，为了在批发层面上开放竞争，多数情况下不允许之前的综合系统对其输电线路进行商业控制。由于现有的电力基础设施是在曾经严格监管的条件下建立的，当其运行在开放的市场时将变得更加复杂，因此输电系统的投资需求也变得更加不确定，更加昂贵。联邦能源管理委员会对输电系统的使用和定价进行监管，但并不限制其建设位置。联邦输电监管模式正在向市场化的方向发展，这将为输电设施的发展带来未知的影响，但通常人们认为这种影响是有利的。州政府也在发电和输电监管中起到重要作用，各个州发挥作用的程度不尽相同。随着电力市场（以及市场模型）的变化，目前没有建设输电基础设施的需求。

如果各州和地区不能直接从跨区电力输送中获利，他们就没有动力建设跨区输电设施。当电力流过输电线路时，没有人向输电设施所有者支付任何费用和税金，虽然某些情况下他们能获得少量的实体设施财产税。到现在为止，我们仍然无法对一份给定能量的交流电的流动路径进行跟踪，即使能够，也更多地是利用特定的模型进行计算，而不是实际测量。这是因为交流电在电阻最小的路径上流动，而不是按照合同规定的路径流动。因此，虽然新的互连输电线路可能看起来是根据双方签订的合同输送电力，但是在物理上电力不可能如预想的那样流动。因此，谁应该为新建线路买单是模糊不清的。虽然新的追踪交流电的方法（电子标签法）能够为新线路建设的财务分配措施提供依据，但这种方法尚未得到广泛应用，也没有被充分理解和接受。此外，即使州政府和地区政府有动力、有资金建设新线路，监管方面的问题也会对新建线路造成障碍。总之，从商业角度来看，输电线路是低回报甚至是亏损的投资项目。

最终的监管模式尚未确定，这种不确定性加上建设跨州或跨地区输电线路无利可图，都使得线路传输容量裕度降低。在新的线路建设完成后，其投资能否收回也是不确定的。这种情况可能要持续到市场模式更加清晰并得到实施为止。由于各州政府之间、州政府与联邦政府之间利益竞争关系的复杂性，市场模式最终实施可能还需要几年的时间。市场压力和系统可靠性压力可能会推动这一过程加快速度。如前所述，输电线路容量裕度的降低会显著增加其面对电磁脉冲袭击时的敏感性。

脆弱性

为了评估电磁脉冲对电力系统的影响特性，我们分别分析了电磁脉冲对电力系统的三个主要组成部分（发电、输电和配电系统）可能造成的影响。北美电力可靠性协会电磁脉冲工作组的研究结果表明，电磁脉冲袭击造成停电的恢复时间很大程度上取决于能否避免重要设备（大的电能生产和交付发挥关键作用的设备以及对关键负载供电发挥重要作用的设备）受损并有效识别并替换受损设备。因此，委员会重点关注这些重要设备的识别，并确定它们对电磁脉冲损害的敏感性。这些重要设备的保护设备的合理设计、安装和应用，在电磁脉冲袭击时将会发挥重要的作用。除此之外，为实现灾后的有效恢复，还有很多其他关键举措将在后续进行讨论。

发电部分

发电厂的设计应能保证其在负载瞬时断路、区域互联输电线路或本地输电线路故障、频率偏移超出极限等情况下进行自我保护，并且通常能够在外部电源故障时正常关机。大量的事实表明，如果保护系统正常工作，上述情况都不会对发电厂造成损害，包括 2003 年 8 月 14 日（美国）东北地区的大面积停电造成发电厂出现损伤的情况非常少。然而，发电厂的多个控制组件发生故障的可能性虽不多见，但的确存在。因此，只要电磁脉冲袭击的范围足够广，就能瞬间影响许多发电厂，对一小部分发电厂造成严重损伤。E2、E3 不会对发电系统（升压变压器和断路器除外）产生直接威胁，关键的损害来自于 E1 诱发的工厂控制系统故障。

E1 脉冲轻则会扰乱控制和保护系统，重则会损坏其部件，导致工厂跳闸或紧急控制系统关闭。电流、温度、压力、频率和其他物理参数都由控制系统监测，这些参数的监测是相互独立的，每一个参数不正常都会导致控制失灵、生产紊乱。考虑到保护系统设计的冗余，为了保证发电厂不会保护性关机，电力系统关键路径中的几个保护装置必须停止工作。然而，如果控制系统本身或二级控制节点设备和对关断顺序起关键作用的接收设备发生故障，那么发电厂就很危险了，这种情况在 E1 脉冲袭击时是很有可能出现的。发电厂，特别是新建的发电厂，都是高度复杂且高速运转的机器，非正常停机可能会损坏许多关键部件，甚至造成灾难性事故。核电厂由于其独特的保护机制，不在上述讨论之列。

假如 E1 的电场强度范围给定，通过理论分析和实验测试可以预测造成发电厂系统非正常关闭的阈值。发电厂控制系统的正常运转取决于众多控制器和开关的同步工作。例如，进煤装置和排气涡轮必须同步运行，否则可能发生炉内爆炸或其他爆炸；冷却系统必须能够准确响应温度变化，若冷却系统关闭或存在热梯度，锅炉可能会变形或破裂；为避免轴弯曲后叶片触碰到外壳，涡轮机要有规律地减速；机器停止后若没有及时添加润滑油，轴承可能会失效、冻结或造成轴的损坏。在高温高速下运行的紧密配合的复杂机器都有类似问题。因此，发电厂的安全运行取决于大量的保护系统，它们以多种形式保护发电厂免受损害。

一些损伤的恢复可能需要花费很长时间，至少几个月，甚至是几年。不论发电机功率大小如何，只要受损都有可能造成系统崩溃，也一定会对系统的恢复造成影响。发电厂保护和控制设备制造商对其设备进行了有限的评估，如前所述，保护控制设备的设计安装留有冗余，但越来越多的保护控制设备都是由计算机控制的微电子设备，它们更易受到电磁脉冲干扰。

在设备层面上，发电厂的保护系统比输电网中的相应系统暴露更少。发电厂保护系统根据本地的信息进行动作，通信系统的故障对发电厂保护来说不构成威胁，保护系统在大多数情况下可以全天候地运行，独立地评估电厂状态，独立执行动作。虽然这并不一定意味着它们不会暴露在外，但控制设备、保护系统、传感器和电流变压器通常（但并不总是）在发电厂内部。一般来说发电厂没有外部电缆，所以建筑物本身也是一个电磁脉冲保护层。但发电厂内的电缆长度可能会长达几百米。有些电缆托盘可能会起到一定的保护作用，这取决于其材料和安装形式。敏感性评估需要对整个控制防护系统全局进行系统级实验，而非设备级或部件级。直接对一座现代化的复杂的发电厂进行测试是不可能的，也不是要从数百个发电厂中找到运行和恢复能力受损的电厂。事实上，所有暴露于 E1 电磁脉冲下的发电厂都会（在一个功率周期内）同时受到影响，局面将会非常严重。

系统恢复——发电部分

系统从崩溃中恢复的过程十分复杂，与其说是科学，不如说是艺术，这个过程需要训练有素且经验丰富的调度员进行繁杂的控制操作。通常，在系统独立运行或系统刚开始恢复时，首先要识别负载、发电机并将它们以不受其他负载和发电机干扰的形式逐个互联。这些发电机和负载逐渐匹配，恢复工作。此后，每一个发电机和负载逐渐加入到大的发电和负载系统中。由于负载和发电机的加入，系统的频率会产生波动。如果频率超出限值，发电机和负载将会再次掉线，必须再次将它们接入系统。在大多数导致大停电的系统崩溃中，崩溃区以外的系统仍完好无损，这对系统的恢复有很大的帮助，因为完好的系统有助于在其基础上添加发电机和负载。

就像负载需要电源一样，每一个发电机也需要有一个负载与其匹配。发电机需要有匹配的负载，保证其不发生超载或故障，如果没有与之匹配的负载，发电机将不能正常运行。在大的综合系统中，增加负载和发电机不足以引起频率超限值，就像平常开灯时发电机带起负载一样。当系统在恢复时或者只有很少的负载和发电机时，负载和发电机之间需要严格匹配并进行及时反馈。

大多数发电厂启动时需要使用其他能源来启动泵、风扇、安全系统、燃料输送系统等。如果水电厂和小型柴油机组能够与负载匹配，则可以直接启动或通过蓄电池启动。在遭受电磁脉冲袭击时，若电力系统大范围崩溃，崩溃区周围有可能也不存在完好的系统，此时负载和发电机组再加入系统就会很困难。此外，其他基础设施的损伤程度也会不同程度地影响发电厂的恢复。这种情况下，系统就要进行“黑启动”（在没有外部电源的情况下启动）。燃煤电厂、核电厂、大型燃气和燃油发电厂、地热电厂等发电厂都需要外部电源帮助其重启。通常情况下，核电站不允许重启，除非互联输电网能够提供独立的电源实现核电厂自主关闭。这是一项保护性监管措施，而不是物理上无法实现重启，在紧急情况下政府会临时决定是否允许重启核电厂。

黑启动发电机是指那些不依赖于外部电源就能够启动的发电机组，俗称黑启动。目前大多数黑启动发电设备是水力发电设备、小型天然气调峰单元、小型燃油调峰单元和柴油单元。有时，黑启动机组可以与大型发电厂连接，以便大型发电厂能够依靠黑启动单元重新启动并恢复系统运行。这样，燃料供应就成了发电的唯一难题，比方说，如果电磁脉冲袭击导致燃料输送系统某处发生了故障，那么燃气发电厂将得不到燃料供应。假设黑启动单元没有被电磁脉冲损坏或已被修复，并且假设它们足够大，那么工作人员可以从发电侧开始重新构建系统平衡。E1袭击可能损坏了电厂启动的电子设备，首先需要修复它们。通常黑启动机组的启动不是人工操作而是远程控制，因此，如果无法远程启动，就需要派人去查找问题、定位问题并进行修复，最终使黑启动机组正常运行。如果此时本地没有能够黑启动的机组，则只能等待其他区域恢复供电后再逐渐接入系统。

即使部分保护控制系统成功地保护了关键发电设备，工厂还是需要花很长时间检修控制器、保护器、传感器。在重新启动前必须仔细检查安全防护系统，否则可能发生更大的损失。一旦备用设备用完，熔炉、锅炉、涡轮机、叶片、轴承和其他重型贵重设备以及长供货期设备的维修，会受到生产和运输供应的限制。虽然有时国内或现场会存有备用部件，但大多数情况下，这些备用部件中没有关键设备，因此需要从其他国家或地区获取。从国外或其他地区购进新设备最快需要几周或几个月，如果是单件，可能会长达一年甚至更久。如果有很多个发电厂同时受到影响，再加上其他基础设施损坏的影响，发电厂的恢复无疑会变得遥遥无期。

输电部分

大多数发电厂地处偏远，距离其服务的用户很远。电能通常采用高效率的高压长距离输电方式。输电系统的建造者不同，采用的电压等级和控制方式也不相同。但是电能必须输送到需要的地方，输电线路连接的节点叫作变电站，在变电站内，电能由一个电压等级转换到另一个电压等级，与另一段输电系统相连，并最终将电能输送到配电系统。之后，随着电能越来越接近负载，其电压水平逐步降低，直至到达负载节点。电网中电压水平的每一次降低都需要变压器实现，同时也需要断路器在必要时将变压器隔离。

在发电设备损坏的情况下，功能完好的输电系统可以将其他发电厂的电能输送到受到影响的区域，为负载正常供电。这种情况经常发生，通常发电厂会因为各种各样的原因暂时停止服务。同样，当传输系统的一部分因某种原因失灵时，网络中的其他输电线路会继续为负载输电。所有这些都是系统操作的一部分，能够有条不紊地完成。快速调节各种资源、平衡发电和输电，保证了电力系统的可靠性。如果输电系统受损严重，那么无论发电厂能否运行，电力都无法正常供应。系统中一定数量的发电设备故障也会造成同样的结果。在电磁脉冲袭击的情况下，这两种情况可能会同时发生，由此引发大停电。输电系统对电磁脉冲的袭击是非常敏感的。

与发电系统的设备相比，输电系统中的节点或中心变电站的控制系统更多地暴露在 E1 脉冲下，因为它们通常不在建筑物内。传感器、通信设备、电源连接线都在户外，并且有数百米长的电缆（一定意义上，能够作为电磁脉冲接收天线）或被埋在地下，或沿地表敷设，或架设在空中。控制设备本身，包括保护继电器，可能安装在相距很远的地方，很少安装电磁脉冲防护设备。大多数变电站没有操作员，而是靠调度中心远程控制的，有的变电站与调度中心相距数百米。

控制变电站操作采用多种通信方式，包括电话、微波、电力线、手机、卫星电话、因特网等。通常，不同的通信方式有不同的用途；它们不必提供多重冗余系统，但必须足够稳定。作为电力系统日常系统扰动及其预防的管理者，北美电力可靠性协会仍建议将电话作为首要的通信方式。如果语音通信完全中断，那么变电站很难但仍然有可能成功地继续操作——只要通信系统没有完全崩溃。然而，如果电磁脉冲造成多个通信方式同时中断，变电站将不可能继续操作。如果没有通信，系统恢复也是不可能的。通信在系统恢复的过程中至关重要。

同发电厂一样，输电系统最关键的问题也是防护组件的合理配置，首先是继电器，接着是本地控制系统。这些组件保护高价值设备（如高压断路器和变压器）。高价值设备是那些对系统运行至关重要，需要很长时间才能更换或修理的设备。其他受保护的设备（如电容器和无功发电机）也是高价值设备，几乎与变压器一样重要。E1 容易造成保护继电器损坏，据统计，这样的事件发生过很多次。如果继电器不加保护，遭受 E1 袭击造成损坏或性能降低，那么其他高价值设备可能受到系统崩溃时产生的瞬态电流的损害，同时也会受到 E2 和 E3 的潜在危害。委员会对一些典型的继电器进行测试，发现其所能承受的电磁脉冲强度低于预期，这使得委员会对系统的安全性十分担忧。

高价值传输设备可能受到来自 E3 脉冲的巨大威胁。E3 脉冲不是像 E1 和 E2 那样自由传播的电磁波，而是上层大气核爆炸引起的地磁场畸变的结果。地磁场畸变能够有效地耦合到长距离输电线路中并引入准直流电流分量。这些长距离输电线路中的电流会逐渐累积变得非常大（分钟级别的地面感应电流（GIC），强度可达几十至几千安培），足以破坏电力系统的主要部件。对于可能最难以快速更换的变压器，其初级绕组上的三相都承载了准直流，使得变压器饱和，产生谐波和无功功率。谐波导致变压器外壳发热并致使电容器过电流，有可能导致火灾。如果系统尚未崩溃，多余的无功功率会对电网造成额外的压力。历史事件中，即使保护设备正常运行，地磁暴引起的地面感应电流也会造成变压器和电容器损坏（图 2-3），而 E3 产生的地面感应电流与地磁暴的地面感应电流相似，但强度更高。这种损坏在未加保护的设备或由 E1 造成的保护不充分的设备上更容易发生。

图 2-3 1989 年地磁暴产生的地面感应电流造成变压器损坏

当前输电线路传输裕度很小，这会造成 E3 问题的加剧。变压器越是靠近极限运行状态，导致其故障所需的地面感应电流就越小。此外，由于三相变压器体积大，运输不便，新建的输电变电站越来越多地使用三个单相变压器完成大功率电能的传输。三相系统的三相平衡设计使其更能耐受地面感应电流，而单相变压器则易受到地面感应电流损害。

系统恢复——输电部分

输电系统是连接发电系统和负载之间的桥梁，同时也是联通多个单独负载和电力资源的网络。如前所述，为了恢复整个电力系统的供电，系统中发电机数量的增加需要匹配负载的增加，每一步的增加都必须匹配进行。随着系统中发电机和负载的数量增多，系统容纳波动的能力增加。因此，系统恢复会更容易，速度更快。然而，最初在系统中增加负载和发电机时，发电机和负载之间的传输线路必须断开，以保证其他负载不影响接入的新负载和发电机。这是一个棘手的问题，需要仔细调整变电站中的断路器状态，以保证输电线路安全正确地连接。

当系统中故障元件非常多时，输电网将会分裂成内部发电与耗电相互平衡的岛。这既保障了未发生故障区域的供电服务，又能为发生故障区域重启提供稳定的电源。由于电磁脉冲袭击覆盖范围很大，且会同时造成多层次的破坏，这可能导致电网的孤岛运行模式失效。由于故障地理区域大到可能包括整个北美电力可靠性协会区域甚至更广，因此利用正常运行的外部系统恢复崩溃区域的系统可能根本做不到，即便可能也会花费大量时间。委员会估计在最好情况下也需要数周至数月时间。

配电部分

美国人经历的大部分长时间停电是配电系统的物理损坏——局部损坏造成的。这种损害通常是由天气等自然原因引起的。大风将树枝吹落在邻近的电线上，或线路结冰使电线下垂与火线连接，产生电弧，然后导致配电变压器爆炸。

电磁脉冲对配电系统的损伤不如对输电系统那么严重，但也会造成负载断电。电磁脉冲的主要影响是 E1 会使得电线与杆塔之间的绝缘子（用于隔离木制或金属电线杆与电力线）失效产生电弧。电弧可能损坏绝缘体本身，在一些情况下会导致安装在电线杆上的变压器爆炸。大量绝缘子和杆端变压器的损坏也可能造成替换部件短缺（这些部件在正常条件下可靠性很高），备用元件不足以替换大量损坏的部件。大多数情况下，这些部件的短缺总能得到解决，但相关基础设施的广泛受损可能延缓进度。

重要的一点是，电磁脉冲袭击产生的负载断电是同时发生的。这样，整个电网都会受到干扰，导致系统频率超限，保护继电器跳闸，发电机断开，最终可能会导致整个北美电力可靠性协会区域发生级联故障并停电。类似地，受电磁脉冲的影响而跳闸或受损的用户或工业类电气设备将造成更多负载跳闸，导致系统崩溃。实际上，电磁脉冲的 E1 脉冲几乎同时对电气系统和负载的每个部分产生干扰，因此系统如何崩溃要看哪个部件最先出现什么故障。

E1，E2，E3 的协同效应

电磁脉冲对电力系统的影响从根本上分为早期、中期、后期效应（分别由 E1，E2 和 E3 三部分引起）。对电力网的影响包括在很大地理区域内几乎同时发生的三者协同作用。委员会认为，如果发生这样的袭击，北美电力可靠性协会区域内的电气系统几乎一定会崩溃。这时，北美电力可靠性协会区域中三个完整的、频率独立的供电服务系统将会有一个或多个中断服务。这种损失地域范围广阔，恢复期很可能会超过短期紧急备用发电机和蓄电池的供电时间。任何电磁脉冲袭击范围都比得克萨斯州地区大得多，所以基本上电磁脉冲造成供电瘫痪的地区是否包括东部地区、西部地区和得克萨斯州取决于电磁脉冲武器的位置。电磁脉冲对美国社会的不利影响是短期还是长期取决于电力和其他基础设施恢复服务所需的时间。

早期电磁脉冲，即 E1，是自由传播的场，脉冲上升时间小于一到几纳秒。

E1会损坏或破坏电子设备，如SCADA、DCS、PLC、通信设备和一些外部运输设备（用于物品和工作人员的运输）。这种破坏会干扰控制系统、传感器、通信系统、保护系统、发电机系统、燃料系统、环境保护系统及其相关计算机，也会影响这些系统的修复能力。SCADA组件尤为敏感，它们通常安装在远程环境中，几乎没有人工手动控制。虽然它们的关键电子元件通常被安装在某种金属盒中，但是仅靠外壳作为保护性法拉第笼是不够的。这些金属容器的设计初衷是保护电子元件不受天气和物理破坏的影响。它们并不是为保护电子设备免受高能量电磁脉冲的干扰而设计的，因此电磁脉冲可能会通过自由场或天线（电缆连线）进入，产生电磁干扰。

E1脉冲还会在低电压配电网中引起闪烁，直接导致大范围的负载断电，为恢复系统运行，需要更换线路或绝缘子。

电磁脉冲袭击的中间阶段，即E2，在频率上与闪电类似，虽然强度低于大多数自然界闪电，但是其地理范围广，类似于几千到几百万个雷击同时发生。电力系统现在已经设有针对闪电的保护措施，能足够抵御电磁脉冲的袭击。然而，在极大地域范围，多个闪电般的破坏同时发生所产生的影响，可能会超出保护措施的能力范围。最重要的是，因为E2脉冲跟随在E1脉冲之后，所以系统面临的风险是二者协同作用。因此，如果E1绕过雷电保护对系统造成了损伤，E2可能会直接影响系统主要组件并损坏它们。

后期电磁脉冲，即E3，跟随在E1和E2之后，可以持续一分钟或更长时间。E3脉冲在很多方面类似于由太阳风暴引起的地磁效应。太阳风暴及其对长距离输电线路的影响已经得到完全评估，它会对电气系统主要组件造成严重损害，而其产生的损害远低于E3可能造成的影响。尽管配备了保护系统，这种损坏仍然会发生。假如前面的E1和E2脉冲对保护系统和其他系统组件造成损坏，E3几乎一定会对未保护的系统主要组件造成破坏。

电磁脉冲对电力系统的持续运行和电子器件的可靠运转非常不利。电磁脉冲强度达到威胁级水平时，三种模式的每一种都足以导致互连电力系统的大面积停电或系统崩溃。在每次电磁脉冲袭击中，三个袭击模式（E1，E2和E3）几乎同时发生。委员会的评估结论是，主要受袭击区域内的电力系统几乎一定发生崩溃。此外，一个小型的能够发射E1脉冲的武器也可能会导致广泛的系统崩溃。虽然大范围同时停电具有一定的危害，但危害更大的是它恢复服务所需的时间，而系统能否恢复很大程度上也是不确定的。

系统崩溃场景

北美电力可靠性协会是电磁脉冲影响评估的几个主要顾问之一，但结论是委员会独立提出的。北美电力可靠性协会还告知委员会，目前没有确定模型或统计模型能对同时发生的多个子系统组合故障进行可信的评估。描绘预期的系统崩溃整体场景必须依靠专家的判断。

负载掉线超过10%就达到了电磁脉冲威胁的级别。负载瞬间意外掉线本身就可能导致系统崩溃。这种意外掉线可能只占负载的1%，但也很可能超过10%。发电损失达到相似百分比也可能导致系统崩溃。系统同时损失负载和发电机（通常是因为输电系统故障）导致系统崩溃的情况也曾经发生过。在任何损失水平下，系统都有可能发生崩溃。输电网系统内产生的大地感应电流本身也可能导致系统崩溃。1989年3月在魁北克就发生了这样的事故。如果发生E3袭击，系统发生崩溃的可能性更大且覆盖的地理范围更广。

变电站开关设备失去计算机控制本身可能导致系统崩溃。只有保证通信畅通，且操作人员及时赶到出事变电站的情况下，手动操作才是可能的，这在发生电磁脉冲袭击时不太可能。缺乏受过训练且经验丰富的操作人员是一个严重问题，即使现有的所有操作人员都能够联系上，且他们都能够赶赴现场，人手依然不够。在大规模瞬时性故障发生时，手动操作十分重要，但很有可能处理不够及时或操作人员不充足。如果不能及时对开关设备手动控制，线路和变压器将会很快发生故障和跳闸。几个变电站同时跳闸将导致系统崩溃。

通信故障本身不会导致系统立即崩溃，除非此时需要利用通信手段解决干扰引起的电力系统问题。然而，缺乏遥测控制数据将导致系统操作员无法掌握系统进展，但是如果工作人员能够到达变电站并与系统操作员进行沟通，则可以克服数据缺失的很多问题。保护继电器发生故障时，可能会由于获取信息错误或不正确操作，导致上述几种系统崩溃。

根据以上崩溃机制的分析，可以得出明确的结论：即使是使用场强相对较低的电磁脉冲武器对电力系统进行攻击，北美电力可靠性协会区域也会受到很大的影响，系统崩溃是不可避免的。

系统受损场景

系统受损的程度主要取决于防护设备性能，但和其他因素也有关系。在电磁脉冲事件中，系统几乎瞬间崩溃。作用于系统的瞬态事件规模可能会大于目前防护系统的处理能力，即便不会被电磁脉冲损伤的防护系统也存在这种问题。

尽管在继电器不发生故障时，变压器内部的E1感应电弧也可能损坏变压器，但大型变压器和其他贵重设备的损坏主要与保护继电器故障直接相关。一般来说，由于不需要连续开关，每个继电器保护一台设备是比较合理的。正常工作的继电器能够保护设备，而不正常运行的继电器则可能在一定程度上为系统崩溃埋下伏笔。设备损坏的程度取决于故障形式。委员会资助的测试将关注焦点集中在如何确定损害阈值，电磁脉冲威胁水平预计会超过这些阈值。

测试结果

委员会进行的模拟测试包括自由场注入和电缆电流注入两种。委员会测试的主要目的是通过测试确定系统开始出现大规模崩溃（暂时或永久）的阈值。反过来，这些阈值也可用于估计美国基础设施遭受电磁脉冲袭击损害的严重程度。根据委员会的测试并参考其他美国政府机构的测试，委员会得出结论，一旦达到停电或崩溃的阈值，组件崩溃速度通常随着尖峰电场幅值的增大迅速增加。这种阈值确定试验的基本原理是，仅百分之几的组件（如电力系统继电器）突然同时受损，也将对这些组件所在的系统功能造成严重影响。这非常类似于在高速公路上百分之几的车辆突然抛锚，会对交通产生严重的影响。

一个简化的经验法则是，当尖峰电场幅度加倍时，预期的损伤效应大约增加十倍；确切的比例关系因设备类型不同而有所不同，并且与脉冲的频率成分有很大关系，但委员会在测试中对频率的影响只进行了初步探索。

根据本章关于测试和分析的概述，我们预计，受电磁脉冲影响的地区内相当大比例的控制和保护系统组件都会受到某种影响。测试结果需要向北美电力可靠性协会和阿贡国家实验室行业专家进行汇报，委员会在汇报过程中了解到，即使是测试过程中产生的微弱效应也会对控制过程和设备产生重大影响。

自由场测试

电磁脉冲自由场模拟测试使用有界波模拟器进行（图 2-4）。试验分三个阶段进行。

第一阶段致力于评估各种被测系统所谓的传递响应。这一阶段是测量外部扰动对测试系统的耦合程度，并且这一部分测试可以帮助我们了解电磁脉冲场中有多少能量能够耦合到暴露的电子器件中。为减小暴露在电磁脉冲场中的电气设备的电压力，在模拟器能产生的最低电场水平条件下，对控制系统的所有可测电缆进行瞬变感应电流测试。测试的第二阶段和第三阶段的重点是获得设备对电磁脉冲的敏感性数据，即确定被测设备发生故障或损坏的阈值。一共选择了八个场强等级，逐步增加控制系统上的电压。在测试期间，所有系统都处于运行状态，在每次施加模拟电磁脉冲场结束后对设备进行诊断和检查。

模拟测试提供了观察电磁能量与运行中的设备相互作用的机会。通过对模拟结果与实际案例之间进行差异分析，模拟试验的结果可以应用到现实场景中的系统响应分析。由于模拟测试并不完美——脉冲长度太长，测试设备空间太

图 2-4 电磁脉冲模拟器

小，无法测试现实中的长电缆线耦合效应，所以为了了解真实电磁脉冲事件中SCADA的脆弱性，测试后的分析和工程判断是必须要做的。

任何测试试验都不可能做到涵盖所有SCADA形式。测试系统的选择主要依据前期基础设施现场调查结果，NERC等行业组织的建议，以及对多个市场调查结果的总结。

最终，我们选取四个独立的控制系统进行测试。这些系统分别代表输电系统、配电系统、发电系统和燃油发电厂的油气输运系统。

测试的一个主要发现是，当SCADA、DCS和PLC设备暴露于电磁脉冲模拟阈值水平时，它们会发生各种各样的故障。这些故障包含可以通过重启恢复的轻微的电子设备干扰，也包含严重的需要更换硬件设备的物理损坏。

测试中，不同的控制系统和子系统的响应不同。例如，连接到变化电场或通信设备由多个输入/输出端口（或子系统）组成的单元，在同一模拟事件中，一些端口受到干扰，一些发生物理损坏，还有一些未受影响。

举例来讲，在相对低的电磁应力水平下，一部分DCS过程控制器过程状态指示显示错误。操作界面上显示开关处于打开状态，但实际上这个开关是闭合的；内部电压和温度实际上正常时，DCS报告其超出了正常运行时范围。这些影响是值得关注的，因为这些故障在广泛使用SCADA的控制系统中频繁发生。这些故障必须到达设备位置手动处理。这种处理方法使得地理分布辽阔的配电系统的恢复变得非常复杂。

除传感器的错误读数外，我们还观察到了一些控制组件的直接故障，包括故障压力传送器的故障（包括物理损坏和读数正确显示所需的校准数据的缺失）。

控制系统通常依赖以太网进行人机接口的通信以及分布式系统中控制器之间的通信。在用低电平模拟电磁脉冲照射时，基于类似于计算机网络系统的以太网组件的通信系统发生了明显降级和损坏效应。这些损坏效应值得注意，因为若要恢复系统正常的通信能力，必须将它们修复或进行替换。

前面所提到的许多电磁脉冲效应都是由于电磁场耦合到了互联系统的电线或电缆中。耦合的水平大致与导线的长度成正比。通常，耦合到线路中的瞬态脉冲幅值越大，对电子设备造成的损害越大。因此，有必要考虑分布范围更广的系统遇到这样的电磁脉冲能量干扰时产生的瞬态效应。解决这个问题的办法之一是进行电缆耦合分析。这些工作作为电流注入测试的一部分已经完成，电流注入测试是为了测试电子设备对电磁脉冲威胁的敏感性。

在系统层面上，控制系统有时会100%受到影响。这与系统是否会崩溃以及恢复的范围密切相关。由于每个系统中子系统的绝对数量很多，在子系统层面更加难以对测试结果量化。如果在测试中，控制系统安放在电磁屏蔽结构中，那么对应到现实环境时，一定要对测试结果进行相应调整，因为现实中很少有控制系统能够得到电磁屏蔽保护。

电流注入测试

典型的电流注入测试通过在连接被测设备的电缆上注入瞬态电压波形来完成。加载到被测件上的电流与脉冲发生器和负载相关。电力系统中使用的所有电子器件都是根据美国国家标准协会（ANSI/IEEE）或国际电工委员会（IEC）开发的，依据这些标准，电子器件正常工作期间，施加一系列有代表性的瞬变电磁兼容性（EMC）波形。其中，一个经常用于测试的波形是电快速瞬变脉冲群（EFT），脉冲上升时间5ns，脉冲宽度50ns。由E1耦合出的波形与这种波形非常相似。

该测试的目的是确定各种类型的设备在多大电磁脉冲水平下不再正常工作，并确定为保证设备正常运行，操作者应在何时进行干预。大多数被测设备都连接多个电缆，这些电缆有不同的功能（如电源、信号、通信等）。这些电缆都需要进行测试。

设备发生故障的电压水平确定后，为计算入射E1与各种长度和方向电缆的耦合，我们进行了单独的实验。我们发现，变电站中长度较长且暴露在外的电缆在许多情况下的感应电压高达20kV。

除自由场测试之外，委员会还资助了电流注入测试试验。大多数功能组件的电流注入测试是具有代表性的。由于经费和时间限制，我们通常只测试一两个供应商的产品，并且只测试一两种类型的样品。对测试设备的类型和测试结果的简单描述如下。

机电继电器 这种继电器是不包含集成电路但能够在大功率下使用的老式设备。系统中正在使用的继电器有 50%是这种老式设备，但这一比例正在逐渐下降。与预想的一样，这些设备对电磁脉冲干扰是最不敏感的。

配线绝缘子 早期研究表明这种简单设备是不易受损的。委员会对各种 15kV 级别的悬挂绝缘子和盘型悬式绝缘子所做的测试表明，它们比之前想象的要脆弱。新的带电测试表明，一些绝缘子会被 E1 感应电弧路径中的电流损坏。我们没有对测试结果进行统计，因此我们不清楚这种绝缘子受损的比例。然而很明显，下一步应该进行更多的带电测试，进一步深入了解这种绝缘子的脆弱性。

电子保护继电器 这些设备（图 2-5）是保护贵重传输设备免受地磁暴和其他电网故障崩溃的基本组成部分。幸运的是，这些测试设备是所有被测电子设备中最稳定的。但测试机构的报告指出，当暴露在更高水平的模拟电磁脉冲时，它们的性能可能会退化。我们认为优化电子继电器的结构配置能够改善这些问题。

图 2-5 被测器件：电子保护继电器

可编程逻辑控制器和数字控制系统 这些单元在工业设备中最常见，并且非常广泛地应用于发电厂。它们在受到中等强度的电磁脉冲袭击时就会受到损害（图 2-6）。图示的电路板来自典型的 PLC 单元，在委员会进行电磁脉冲测试时，出现了有害的短路闪络。

通用台式计算机和 SCADA 远程和主终端单元 这些是所有测试设备中最容易损坏或受干扰的设备。与其他类型的测试设备不同，我们测试了几种不同型号和年代的设备，发现 RS-232 端口即使在非常低的电磁脉冲水平下也特别容易受到干扰。

除了 RS-232 端口外，所有被测电子设备都达到制造商声称的电磁兼容水平。这说明制造商确实执行了国际标准。不幸的是，E1 产生的电磁脉冲强度高

图 2-6　注入脉冲实验时观察到的闪络（后附彩图）

于正常操作的标准要求。

测试的最终结果表明，电磁脉冲袭击的 E1 成分对常用的计算机软件系统进行干扰和损坏也会使得电力系统易于崩溃。但这也表明，通过较少的花费对设备的安装和配置方式进行改善，可以大大增强其工作性能。

历史回顾

为了深入了解电磁脉冲引起的电子系统故障的潜在影响，委员会对以前的大型故障事件进行了评估。对一些类似（和不太严重）事件的系统故障分析，即可得到一些结论，而使用模型分析来进行预测则十分复杂，无法求解。

另一个重要结论是，这些事件大多不是由单一因素引起的，而是一些意想不到的事件的组合，往往在事后才能发现它们的关联。考虑到所涉及系统的复杂性、相互依赖性和系统的尺度，这并不奇怪。需要指出的是，历史事件虽然对观察现代基础设施对控制系统的依赖性非常必要，但它们并不能对预期的电磁脉冲场景规模进行预测。在一个电磁脉冲袭击事件中，不是一个或几个 SCADA（典型历史场景）会发生问题，而是广泛分布的数百甚至数千以上都会发生问题，如果不进行修复或替换，它们将永远不会恢复运行。更严重的是，在许多情况下，用于识别和定位损坏组件的系统也已损坏。

2005 年 8 月的卡特里娜飓风　卡特里娜飓风是美国最严重的自然灾害之一，它造成了多个州的大范围停电事故，持续时间长，给灾区带来了灾难性的后果。卡特里娜飓风导致的停电是警务、急救、搜救服务缺失的主要因素，最终造成了 1464 人死亡。停电使加油站停止运行，运输瘫痪，大大阻碍了撤离工作。卡特里娜飓风造成的大停电持续了几个星期，甚至在某些地方持续了几个月，严重阻碍了国家基础设施的恢复，即使在 3 年后的今天，新奥尔良及其附近地区仍未完全恢复。

2003年8月14日（美国）东北地区大停电 以下简称“8·14”大停电。这次停电是由一个控制区域的单线故障引起的。在几个小时内影响到9个控制区，如瀑布般快速蔓延的断电持续了30分钟。由于具体措施、设备、响应策略均不到位，停电的程度加剧。初步回顾，造成大停电可能有三个原因：

◆ 第一能源公司（FEC）对事态感知不充分；

◆ 第一能源公司对其负责的输电线路上的树木生长管理不到位；

◆ 互联电网可靠性组织未能提供有效的诊断支持。

在电磁脉冲测试期间，态势感知不充分和不能提供有效的诊断支持是计算机和网络紊乱或损坏的主要原因。此外，造成“8·14”大停电的新原因（在其他停电事故中不常见）是：电力系统区域间的可视性不足、控制区域SCADA的功能障碍、系统缺乏足够的备用设备。“8·14”大停电所涉及的所有因素都会出现在电磁脉冲袭击事件中，而且会更严重。因此，与“8·14”大停电同样规模的事件可能只是电磁脉冲袭击的最初影响，电磁脉冲袭击所影响的地理范围和系统区域将是“8·14”大停电的几倍。如果这种事件发生在东部和西部互联系统中，则两个互联系统崩溃的可能性都会增加。

西部各州大停电 1996年的西部各州大停电起因是带电的输电线下垂到树上并造成短路。这类事件并不罕见，特别是在树木很多的西部互连地区。大约在同一时间，由于继电保护器的错误动作，第二条线路跳闸（断开）。两条传输线的跳闸，使得其他线路的负载容量过大，而输电线路容量裕度不足导致系统发生级联故障而大范围停电。电磁脉冲袭击事件能够造成更多线路的跳闸，远超该事件中的两条。

地磁暴 发生在1989年3月13日的地磁暴可能是太阳风暴影响最著名最严重的一次。这一天，北美和英国的电网均发生几次重大事故，包括魁北克省水电系统的完全停电，英格兰南部两个400/275kV自耦变压器损坏，新泽西州塞勒姆核电厂，一台1200MV·A、500kV变压器由于热应力而失效，并且无法修复，故障是杂散磁通攻击变压器铁芯引起的。幸运的是，该电厂有一个备用变压器；否则，发电厂将关闭一年，这是大型变压器的正常交货时间。英格兰南部的两个自耦变压器也受到了杂散磁通的损害，其产生的热量造成变压器绝缘油受损放出大量气体。

由于电力线路上的谐波电压增加，7个静态电压-电流无功（VAR）补偿器（SVC）跳闸造成了魁北克省水电系统的大停电。7个SVC的缺失导致系统电压下降和频率升高，使得魁北克电网部分崩溃。不久后，其余电网因为负载和发电机的突然跳闸也发生了崩溃。从第一个SVC跳闸开始到最终大停电，全过程不超过 90 秒。大约 600 万人在几个小时内无电可用，直到 9 个小时后，仍有 100 万人无电可用。

地磁暴的效应与 E3 感应电压效应相似。委员会调查了迄今为止 100 年的超级太阳风暴的影响，目前得出的结论是，地磁暴事件的影响范围可能小于预期电磁脉冲的影响范围，也不如电磁脉冲事件的后果严重。输电线中由地磁暴感应出的电流将使得数百个高压变压器饱和，在电力系统中引入大量的无功负载，造成受影响区域的电压崩溃并导致传输系统的组件损坏。由于后果十分严重，我们无法使用真实的 E3 进行模拟实验，这一历史记录是对 E3 效应的最好模拟。

区　别

如前所述，历史上的停电事件为评估电磁脉冲袭击对电网影响提供了基础。然而电磁脉冲袭击与这些历史事件有几个重要的区别。

◆ 在历史上的大停电事件中，整个系统中只有一个或几个关键器件损坏。例如，发电设备可能因为特定负载的故障引入了浪涌电流而跳闸。但一个器件失效可能会依次引发一系列级联故障导致大部分系统故障（例如，发电机首先跳闸，然后频率下降，之后负载或传输线路跳闸，这又导致频率越限，另一个发电机跳闸，频率继续振荡，直到互联系统断开）。在电磁脉冲袭击情况下，许多关键设施内的器件可能在相对广泛的地域同时受损或失效，几乎一定会导致剩余器件的级联故障。类似地，虽然雷电可能攻击单个发电厂、输电线、大负载导致它们跳闸，但是雷电不能像电磁脉冲一样同时击中系统的多个位置。

◆ 在历史上的大停电事件期间，电信系统和相关控制系统继续运行。这为系统操作者提供了眼睛和耳朵，他们能够了解什么器件发生了故障、故障的位置以及故障的范围。虽然电力系统可能仍然发生崩溃，但此时系统可以采取保护措施使损害和影响最小化，以便系统快速恢复。通信和控制系统在电磁脉冲袭击期间存在很大的崩溃风险。为实现快速响应，隔离不同区域以保持未受损区域继续运行，以及采取必要的措施来恢复电力系统，必须要保持最低限度的通信能力。

◆ 在电磁脉冲袭击的早期阶段，甚至是在感知到干扰或系统崩溃跳闸发生之前，某些本应该保护系统的关键组件设备就已经失效了。结果，大部分电力系统将不能保护自身免受多个同时发生的故障或级联故障的影响。电磁脉冲可能对发电、输电、配电基础设施和设备造成大面积损害。系统的恢复将比少量器件故障恢复复杂且困难得多。

◆ 在遭受电磁脉冲袭击的情况下，控制系统将在一定程度上受损，这与历史上大停电事故中控制系统能正常运行是不同的。控制系统和调度中心也可能受到损害或干扰，这时系统读数将不再完整，在很多情况下，甚至无法提供数据，任何方式的通信都可能会很困难或根本无法使用。用于控制的数据将不再可靠甚至不复存在。即使是调度中心本身，在合理的时间内定位故障并进行修复几乎都是不可能的，更不用说在大电网中的数百万个设备中寻找故障设备了。

◆ 如果在很大的地域范围内发生了多处故障，且都需要检修，那么工作人员的数量显然是不够的。电磁脉冲造成的系统损伤可能影响到70%美国大陆人口和相当大一部分加拿大人口。这个范围实在太大，即使我们能够确定需要检修设备的位置，能够找到足够的熟练工人并将他们在合理的时间内送到指定地点也是十分困难的。在历史大停电事故中经常使用且十分有效的依靠周边地区的帮助可能也不再有效，因为在电磁脉冲袭击下，这些周边系统本身也崩溃了。小型电磁脉冲袭击事件的后果与卡特里娜飓风相似，卡特里娜飓风造成的停电超过了国家迅速恢复电力的能力，这种故障导致灾区恢复缓慢。

◆ 其他基础设施将同样受到电气系统的影响，例如，运输、通信，甚至维持生存的水和食物。除了通信、运输和其他因素之外，缺乏正常运转的金融系统，也会严重阻碍寻找购买备用组件等服务。卡特里娜飓风就曾经造成过类似的问题。

◆ 用于发电的燃料供应将中断。首先，用于输送燃料的SCADA和DCS将受到严重影响。此外，许多燃料供应基础设施的运转依赖电力系统。例如，天然气发电厂（在美国发电中占据很大比例）将无法运行，因为它们不储存燃料。燃煤电厂有燃料的库存，可是只够使用一个星期至一个月。少数燃油发电厂的燃料储存也是有限的。核电厂可能仍然有燃料，但它们如果要继续运行就会违反安全规定。许多可再生燃料发电厂仍然有燃料供应，但是电磁脉冲对控制系统的影响可能导致这些发电厂也不能正常运行。

电力系统的庞大、复杂造成其对电磁脉冲袭击事件的脆弱性和多变性，电磁脉冲袭击事件是无法预测的，在遭受电磁脉冲袭击后，即使是恢复电力系统最小供电能力，其时间也难以精确预测。专家的判断、合理外推模型及预测结果表明，即使是恢复到减少负载能够正常运行的状态可能也需要几个星期，在一些地方可能需要几个月，甚至是一年多。在那种情况下，社会运转将难以继续。受影响的区域越大，攻击强度越强（损害或破坏的程度），恢复的时间就越长。将系统恢复到故障前的电力成本和可靠性程度必定需要很多年，并且会对国家经济带来很大的影响。

策略

必须保护电气系统在一定程度上免受电磁脉冲事件的影响。系统的脆弱性和危害的严重性是电磁脉冲袭击的两大特点。因此，降低系统的脆弱性和减少后果的严重性能够降低受电磁脉冲袭击的可能性。很明显，冷战时期确保相互摧毁的威慑形式如今已不适用，尤其是对中小国家。战略措施是尽可能快地降低电力系统受电磁脉冲袭击产生的不利后果的风险。电力系统风险减缓战略的两个关键要素是保护和恢复。

为了减少不利后果，重点是恢复电力系统整体性能，以满足关键节点（若整体无法满足）的社会需求。重点应放在整个系统上，而不是系统的单个组件上。系统的及时恢复取决于保护，首先是对重要设备的保护，其次是对快速恢复起关键作用的重点负载的保护，最后是对恢复电力服务所需的所有负载的保护。这是一个对性能、进度、时间、成本进行综合考虑后的风险加权的全面的战略措施。这项工作将根据预期的威胁等级有序高效地逐步提高保护等级。如果上述措施能够实现，保护系统将提高系统正常运行的可靠性，从而为整个社会服务。

紧急电源、蓄电池、备用燃料供应、备用部件、劳动力等可以协调和调度的关键物品终有短缺耗尽的一刻，其他所有基础设施及其系统能力的降低，都会导致系统恢复能力的丧失。社会将进入一种恢复所需资源越来越多，社会资源却越来越少的状态。这是所有后果中最严重的，因此系统的恢复能力是至关重要的。

保护

尝试保护整个电力系统或所有重要设备不被电磁脉冲损坏是不切实际的。系统由各种不同类型、不同制造商、不同年代和不同设计的零配件组成。实现全面保护所花费的时间和成本令人望而却步。在电力系统受到电磁脉冲大范围袭击后，即使未保护器件不多，系统发生崩溃也几乎不可避免。因此，保护的重点在于保证关键负载的服务，并实现系统的快速恢复。

保护方法有以下几个原则。这些原则都能减少恢复时间，并最大限度地降低攻击的影响。这些原则是针对威胁全面合理响应的一部分，无论攻击是物理的、电磁的（如电磁脉冲），还是网络的，这些原则在时间上和成本上都是可行的。

（1）通过加固保护重要设备。为确保大型重要设备（如变压器、断路器和发电机）所属保护设备功能的正常运行，并防止 E2 和 E3 造成的后续影响对设备造成损坏，需要将设备进行加固，包括特殊接地等保护方案。对与关键发电厂相连接的天然气输送系统和气体供应系统的关键元件加强保护，是电力系统恢复必须要做的。

（2）确保电力系统调度员有足够的专用通信设施。这样，在电力系统崩溃时能使系统损失最小化；需要人为操作的组件能够得到辨识和定位；关键工作人员能够联系上并被派遣；燃料、备件和其他对电气系统恢复至关重要的商品能够得以分配；负载和发电设备能够进行匹配；最终电力系统能够恢复正常运行。

（3）保护应急电源和燃料供应。重要的是，将它们的连续工作作为保护关键用电设施的一部分。关键用电设施需要由政府确定，也可以由个人申请。特别地：

◆ 增加关键变电站和控制设施的蓄电池和现场发电能力以延长电力系统恢复关键期的时间的方法，成本相对较低并且能够提高系统的可靠性，在任何形式攻击下都能为电力系统提供保护。

◆ 在不同区域内需要有汽、柴油加油站及配电设施，具有现场发电能力，现有燃料罐装满，保证运输及其他用途的燃料充足，包括为邻近区域的应急发电机提供燃料等。

◆ 与上述服务站及配电设施相似，关键的铁路燃料站也要具有现场备用发电能力。

◆ 备用紧急发电机的启动、运行和互联设备应进行电磁脉冲加固或具有手动操作功能。在紧急发电操作期间这些设施与主电力系统要进行隔离，这种隔离开关也需要进行电磁脉冲加固。

◆ 使柴油电气化铁路发动机和大型船舶的互联成为可能并加固这种能力，包括机组的持续运行。

◆ 政府必须立即指定对国家至关重要的战略电力设施，以便在紧急情况下确保其优先供电。

（4）将当前的互联系统，特别是东部地区互连，分隔成若干非同步连接的子区域或电力意义上的“岛”。保护系统通过将东部互联系统这样的系统重组为多个非同步连接的子系统来保证尽可能多的子区域能够正常运行，这样大停电才不会殃及电磁脉冲袭击区之外的地方。总地来说，这种方法可以减少北美电力可靠性协会区域总停电损失，同时保持互连状态现状，保持系统可靠性和商业单元。将系统分解成一个个单独服务的孤岛是最为实际和简单的办法，并且能够大大缩短恢复时间。这种措施无法保护大部分被电磁脉冲袭击的区域，但是能增加受攻击区域外正常运行系统的数量。这种方法效益较高，同时也能提高系统面对电磁脉冲以外其他威胁的可靠性和稳定性。对增强正常运行的电力系统可靠性也有好处。

（5）安装更多的黑启动发电装置，将这些装置与特定的传输线路连接，以便在需要时快速隔离这些发电机来补偿负载的损失。在NERC区域内对可用的黑启动发电装置和可切换燃料的发电机进行了调查。要求所有超过一定规模的发电厂都具有黑启动或能够更换燃料（现场存储的燃料），这样只会增加少量的费用，但在发电中断时却能够带来巨大的好处，包括对付非敌对的干扰。黑启动发电机的启动装置、运行装置、互连装置必须进行电磁脉冲加固，或能够不依赖微电子元器件进行手动操作。发电厂还要具备在紧急发电操作期间将这些设施与主电力系统隔离的能力，因此隔离开关也应针对电磁脉冲进行加固。另外，发电厂必须储备足够的燃料，以延长供电恢复的时间。

（6）提高系统的恢复能力并经常演练。制订应对这类攻击所造成后果的一些方案，包括发现薄弱环节，为工作人员提供培训并制订电磁脉冲应对流程，以及各种活动、组织和工厂的协调。在制订应对计划时，培训和协调是主要目的。

系统恢复

最大限度地减少电力系统崩溃所造成的灾难性影响的关键是系统的快速恢复。委员会阐述的保护策略的主要目的是：受到攻击后系统能够及时恢复，能持续地对关键负载供电，系统能逐步恢复。

系统恢复的第一步是确定系统损坏的程度和性质，之后制订计划派遣训练有素的工作人员使用备件修复损坏的系统。设备损伤定义为需要受过培训的人员对组件采取任何人工操作的事件，包括简单地重启到更换组件内的主要部分。制订发电、输电、配电修复的优先顺序计划是十分必要的，因为如果电磁脉冲影响足够广泛，并且相互依赖的基础设施（如通信、交通、金融和生活服务设施）受到影响，那么所有的资源都将是宝贵的。

正如过去的大停电事故一样，即便是在条件最好的情况下，系统恢复的过程也是非常复杂的。在电磁脉冲袭击情况下，受影响的地理范围和程度都是前所未有的，各类信息缺乏且相关的其他基础设施同样受到了破坏，电力系统修复的过程将变得更为复杂。

制订优先负载的恢复供电计划是重中之重。地理分布广泛的负载、单个负载、小规模负载在大多数情况下无法隔离也无法单独恢复，这是由电网的自然属性决定的。这些负载的供电应该首先由“保护”策略中的紧急备用电源保证。如果在遭到攻击之前，政府已经将某个“岛”判定为优先供电负载，那么这些岛的供电恢复可由与其连接的子区域通过非同步措施解决。否则，需要迅速采取行动，利用物质资源和人力资源，使尽可能多的发电机与负载相互匹配的“岛”投入运行。最开始，系统操作员将识别最容易修复的（通常损坏最少的）

部分，并首先恢复这些部分。当这些部分能够稳定运行时，系统当中将逐渐加入新匹配的发电机和负载，直到最终系统完全恢复运行。在一个正常运行的孤岛中逐渐增加新的部分比一个孤岛的直接黑启动更加可行实用。

先在一个孤立区域实现供电和负载间的平衡，然后再向其中加入新的组件是一个非常复杂且耗时的过程，即使在最好的情况下也是如此。如果电磁脉冲袭击造成了多个系统组件的破坏，以及其他基础设施的崩溃和通信障碍，在这种情况下除非系统在攻击前有所准备，否则系统的恢复过程会花费相当长的时间。

与广泛分布的输电系统相比，发电系统在遭到电磁脉冲袭击时，在保护和恢复方面具备几个优越性。发电厂是一个具备独立 DCS 控制网络的完整单元。在大多数情况下，发电厂是由人工操作的，因此操作人员和维修人员随时都能够投入工作。发电厂的电子操作环境需要进行一定级别的防护，这种防护在遭到电磁脉冲袭击时至少能对发电厂的设备提供最低程度的保护。但是，对关键控制系统进行足够的加固，或至少能够完全进行手动操作，这一点十分重要。在现场准备一些操作控制和安全系统的备用元件非常简单且花费不多，但却可以提高电厂紧急情况下的快速恢复能力。

正如输电系统和发电系统的控制和其他关键组件会受到损坏一样，为发电厂提供燃料的生产、处理、运输系统也会受到破坏。如果燃料处理和运输系统不能首先被恢复，那么电力系统也几乎不可能实现大规模的恢复。

水力发电、风力发电、地热能发电和太阳能发电燃料供应是可再生燃料，不受电磁脉冲的影响。然而，这些发电厂的控制系统目前面对电磁脉冲袭击是脆弱的。此外，只有水力发电和地热发电具有可控的燃料（即这些能源是我们需要时主动获取的，而不像太阳能和风能一样是被动接受自然的馈赠）。实际上，只有一些地区（如太平洋西北地区，俄亥俄州/田纳西河谷，北加利福尼亚州）的水电具有足够的规模和可控性，能够成为高效的可恢复资源。除了可再生资源，煤和木材废料处理厂通常具有大量燃料库存，因此如果铁路和其他输运系统暂停，那么他们的燃料供应足够使用两周甚至一个月。除此之外，其他电厂都需要铁路和卡车运送燃料，其供应时间相对较慢，所以运输过程必须在发电机燃料耗尽之前开始。

运行中的核电站本身不存在缺乏燃料问题，但按照规定，它们不能够在其多个安全关闭电源不可用的情况下单独运行，因此电磁脉冲袭击时核电站通常无法正常运行。但这种情况下，核电厂的运行在原理上是可行且安全的，因为核电站内部备有应急发电装置。如果没有来自外部电网的电力供应，核电厂只要保证其燃料供应充分就可以运行，核能应大力发展以作为后备电源。天然气发电厂在修复中非常重要，因为它们具有固有的灵活性并且通常规模相对较小，但是它们没有燃料存储，并且完全依赖于及时的天然气供应和气体输送系统。因此，天然气输送系统必须首先恢复，才能保证这些发电厂恢复运行。天然气主要利用其自己的燃气轮机设备进行驱动，并沿着管道运输。因此，加强保护、安全和控制装置的抗击电磁脉冲能力是系统快速恢复的关键。

设备制造和交付周期长是输电系统和发电厂恢复的主要阻碍。单个大型变压器的交货时间通常为一至两年，而对系统至关重要的一些非常大的特殊变压器的交货时间甚至更长。目前在输电系统中使用的345kV及以上的变压器大约有2000个，还有更多电压等级稍低、重要性稍低一点的变压器。美国不再生产100kV以上的变压器。目前美国345kV及以上电压等级变压器的更换率为每年10个，而全球每年生产的这种变压器不超过100个。有时，某些地区和系统存有备用变压器，但由于每个变压器有着独特的应用要求，所以变压器没有标准备件。备用变压器也由各个公用事业部门所有，并且在需要时，如果它们已被借出，那么重新获得设备需要很长时间，因此事业部门通常不会外借自己的备用变压器。满足要求的变压器十分昂贵且体积巨大，难以移动。北美电力可靠性协会存有所有备用变压器的记录。

系统恢复还会受到SCADA、DCS、PLC以及继电保护系统的测试和修复速度的限制。如果一个很大的连续区域都受到电磁脉冲影响，那么来自外部的援助、技术人员和备件几乎是没有的。来自电力行业代表的信息能够帮助我们确定测试和维修的时间限值。确定故障电信号的来源或寻找坏掉的微小部件可能需要很长时间。在低压侧，现场继电器技术人员完成一个新的变电站的初步检查通常需要三个星期。简单地替换整个设备要快得多，但是如果这样做，插入新的电子设备并确保整个系统正常工作仍然会耗费很多时间。需要指出的是，变电站通常不配备技术人员，因此在必要情况下，必须首先找到熟练的技术人员并派遣他们到需要的地方去。很多变电站的位置距离工作人员很远。由于电磁脉冲袭击产生的后果不常见，所以我们无法准确地估计这种情况下系统需要多久才能恢复。整个变电站控制系统恢复时间合理估计至少为几天或几周。这是在假设受过训练的技术人员可以到达损坏的位置，并且水、食物、通信、备件和所需的电子诊断设备供应齐全的情况下做出的估计。

与发电系统不同，输电系统的恢复需要场外通信，因为输电系统通常位置偏远，在不同故障点之间的协调是必不可少的。目前用于此目的的通信设备包括专用微波系统和越来越多的移动电话和卫星系统。如果电信基础设施中断时间持续很久，则需要修理专用通信系统或建立新的通信方式。这可能需要一周到几周的时间，将影响电力系统的恢复时间，但不会导致电力系统崩溃数月这么久。

广泛受损的电力系统的恢复是复杂的。从大停电开始，恢复过程需要有足够的通信手段，用于发电厂与负载之间的匹配和协调，这些匹配和协调通常情况下通过几个变电站之间的切换来完成，以使其他负载和电厂不受到影响。若无法通信，电力控制系统也同时失效，将无法获取故障位置信息，这都将使系统恢复变得异常复杂。此外，离开计算机和控制系统的帮助，能够执行恢复任务的操作人员也越来越少了。

如果没有语音或数据通信，我们几乎不可能确定待修复故障的性质和位置，无法调度人力和备用件，不能匹配发电机和负载。运输系统的限制会进一步阻碍物资和人员的流动。金融系统的中断会使服务和备件的获取变得困难。总之，需要采取一定的措施保障复杂艰巨的恢复行动能够在遭到袭击后困难重重的环境中有效开展。

下面我们估计电气系统各个组件的恢复时间。由于这些估计是根据一些专家的经验而得出的平均值，所以非常粗略。这些估计结果仅仅是平均值，实际数值会因受损设备具体情况而不同，与损坏组件数量、预先准备是否充分、培训是否充分都有关系。此外，突发事件和应办之事的积压主要取决于其他设施的受损程度，这基本上是未知的。例如，燃料输送能力就是关键因素之一。系统的每个环节（如发电（包括燃料运输）、输电、配电、负载）都必须进行改造，至少应实现正常工作程序下的手动操作（在训练有素人员的操作下每个部分都应能够互联互通）。因此，以下事件应尽可能并行地进行，但有时，对一个组件进行测试需要另一个组件能够正常运行。充足的备件和训练有素的维修队伍对缩短恢复时间也很关键，他们知道故障的位置并知道如何进行修复。以下给出的恢复时间是以其他基础设施能正常运行为前提的。若其他基础设施不能正常运行，那么恢复时间将大大延长，在遭受电磁脉冲袭击时可能发生这种情况。这些估计都是基于目前的实验条件，如果与委员会给出的评估条件不同，则估计值也会不同。

发电厂

◆ 更换损坏的炉子、锅炉、涡轮机或发电机：1 年，外加生产积压时间和运输积压时间。如果保护机制受到干扰或损坏，这些元件是否受损以及受损程度是不确定的。

◆ 如果现场有备件，可以维修设备，但修理时间取决于受攻击电厂的类型和技术人员：通常是 2 天至 2 周，再加上现场的服务延迟或训练有素的技术人员从其他电厂到达该电厂的时间。

◆ 修理并测试受损的 SCADA、DCS、计算机控制系统：3 个月。

◆ 如果主要设备未受损，那么将修理好的设备和未损坏设备重新投入运行。①核电厂：只要有足够的核燃料和独立的电源（紧急情况下现场都会配备），只需要 3 天。②煤电发电厂：2 天外加黑启动设备供电时间或独立电厂供电时间。③天然气电厂：2 小时至 2 天，取决于燃料供应和黑启动设备供电时间。④水电厂：可以立即重启，最多 1 天。⑤地热电厂：1～2 天。⑥风电厂：可以立即重启，最多 1 天，如果每个涡轮机都需要检查，每天可检查 1～2 个涡轮机。

◆ 所有上述情况还取决于燃料的供给情况。我们对现场燃料储量的建议：煤：10～30 天；天然气：取决于输气管道是否可以运行；核燃料：5 天至数周；水力：取决于连续可用的水库容量。

输电系统和相关变电站

◆ 更换不可修复的大型变压器：1～2 年，加上生产积压时间，运输时间、运输延迟时间（这些变压器非常大，需要特殊的运输设备，在特殊情况下不一定有可用的运输设备）。

◆ 修理受损的大型变压器：1 个月加上服务积压时间。

◆ 修理手动控制系统：如果有足够的技术人员，需要 1 个月。

◆ 建立临时通信站：1 天至 2 周。

◆ 修理检测受损的保护系统：3 个月。

◆ 变电站的维修和重启也取决于当地电力的供应。所有变电站都有蓄电池提供连续供电，一般能够使用 8 小时，较少（约 5%）变电站有现场应急发电机。许多公用事业公司在 2000 年过渡期前租用应急发电机，现在几乎都没有了。一旦本地电源耗尽，通常必须将其他应急电源运送到变电站。

◆ 有人值守的直流终端站：恢复时间取决于损坏程度，一般为 1 个星期到 1 个月。

配电系统和相关的变电站

◆ 更换发生闪络的绝缘子：一般 2～5 天，如果发生了大面积故障，需要几周。

◆ 更换变压器：一般 2～5 天，如果发生了大面积故障，需要几周。

◆ 修复时间取决于备件的数量、可用的维修人员和设备。

◆ 需要注意的是配电网终端的一些负载也可能受损并需要维修。

完全崩溃的系统恢复需要采取以下两种方式之一：①崩溃区域周围有一个发电负载平衡、频率正常的系统在运行，并且这个系统可以连接到崩溃系统的周边设备。新接入的部分，也就是需要被恢复的部分必须能够有序地（同时或逐步增加）接入负载和发电机，以保证由新、旧部分形成的更大的电力系统能够以正常频率稳定运行。接下来，新增的发电机负载组合继续接入系统。随着稳定运行的部分越来越大，能够继续加入的发电机和负载也越来越多，系统越大其吸收能力越强，稳定性越高。这种方式是历史上大停电的主要启动方式。②需要恢复的系统中存在黑启动发电机。黑启动发电机可以在不依靠外界电源的情况下自行启动，水电机组或柴油发电机组都能够黑启动。为实现黑启动，发电机组必须同步运行，并且需要同时在系统中接入与其功率相匹配的负载。这要求发电机和负载之间的输电线路投入使用，这条输电线路必须与系统其他部分隔离，否则负载太大。两种方式都需要发电设备和负载能够正常运行，且需要在发电机和负载以及它们之间的输电线路和变电站之间建立通信。重要的是，系统的恢复需要训练有素的人员进行人工操作。

为满足负载的电力需求，发电机必须有足够的燃料。水力发电所需的水资源可能是有限的，柴油发电机组所需的柴油也是有限的。因此，启动过程必须十分小心，因为如果黑启动过程发生了问题，那么燃料和备用电池可能已经耗尽，系统将无法重新进行黑启动。通常情况下，柴油机组和小型水电机组黑启动所发的电主要用于启动可为更多负载供电的大型发电厂。这些大型发电厂必须有足够的燃料，而其充足的燃料供应也是十分复杂的过程，这一点已在本章其他部分讨论过。

在放松管制的情况下，美国电力业务中输电系统从发电系统中分离出来（商业意义上），为黑启动恢复带来了新的问题。恢复发电厂运行所需的修理成本存在问题。即便每一方都愿意合作，但谁应该向谁付钱，谁应该听谁的指挥是一个很难解决的问题。在曾经的垄断模式下，发电和输电资产有共同的所有者，这些问题在同一个组织内部解决。现如今，除非政府行使紧急权利，明确指出电力生产商和所有者应如何承担费用和责任，否则他们之间的协调几乎是不可能的。因此，政府需要在一定程度上协调、评估并接受财产损失和经济损失的风险。

以过去停电事故的情况来看，如果停电区域较小，那么利用临近的周边系统进行系统恢复是非常快的。在电磁脉冲袭击的情况下，停电范围可能非常大，以至于系统周边区域也无法正常供电，这时系统就无法利用周边区域进行电力恢复，这时部分系统恢复所需时间就需要几周到几个月。如果无法进行通信，那么系统的恢复会耗费更长时间。

减轻危害

保护系统关键设备，使用非同步互连的连接方式将系统周边所能提供的服务最大化，增加黑启动机组和系统应急电力供应，为关键负载建立全面的供电恢复计划，对工作人员进行充分的培训，这些措施都能将受灾后的不良后果大幅度减轻。不良后果减轻计划必须由联邦政府和电力行业联合制订，并应用到系统中，在实践中时刻保持良好的应急响应能力。计划还需要各种互相依赖的基础设施所有者和生产者之间的充分协调。

如果能够按照可接受的优先级提出可行的技术决策，那么电力系统的持续改进和扩展是提高系统安全性和可靠性的经济上可行的方式。除电磁脉冲之外，还有各种各样的潜在威胁必须解决，这些威胁可能对电气系统造成潜在的灾难性影响。必须找到解决应对这些威胁的尽可能多的解决方案。例如，委员会在其工作过程中分析了近 100 年的太阳风暴（类似于电磁脉冲的 E3）的影响，发现它对电网的影响比较大。减轻 E3 威胁的举措也同时会减轻这种自然灾害的威胁。大多数应对电磁脉冲的保护和恢复预防措施也适用于网络和物理攻击。委员会提出这些解决方案并不是在批评现在运行很好的电网，而是认为应该尽可能地提高目前电网的性能。

是采取行动的时候了。系统所面临的威胁越来越大，基础设施的再投资也越来越多，这为优化电网提供了机会。政府必须承担起提高安全性的责任。一般来说，提高系统安全性是政府的责任，当然某些改进也会增强系统可靠性。举例来说，提供充足的备用设备、更多的黑启动机组、更多的紧急备用电源、非同步互连以及对更多的工作人员培训，都能达到提高系统可靠性的目的。但针对电磁脉冲加固的组件不会提高系统运行的可靠性。相反地，提高可靠性也不一定会提高安全性，但如果以合适的方式提高可靠性，安全性也会提高。例如，增加更多的电子控制设备不会提高系统对电磁脉冲的安全性，但电子备件和更多的熟练技术人员将有助于提高系统的安全性和可靠性。在公用事业部门或独立发电企业的服务和财政责任与政府的安全责任之间，尽快找到适当的平衡是至关重要的，这种平衡必须随着技术和系统结构的变化（几乎连续）周期性地重新调整。

建 议

电磁脉冲袭击对电力系统的危害是一个非常严重的问题，但是通过工业部门和政府部门的共同努力可以将其危害水平降低，不至于引起全国范围的大灾难。工业部门负责保证系统的可靠性、效率、成本效益，为付费用户提供满足要求的服务。政府负责保护社会和基础设施（包括电力系统）。只有政府有权利在攻击尚未发生之前设置安全屏障。也只有政府才能为民用部门设计合适的防护标准，预防电磁脉冲引起的灾难性破坏。政府还需要对改进后的系统性能进行检验，资助相关部件的安全性研究，以及其他相关研究。

必须指出的是，绝大多数情况下可靠性和安全性是相互影响的。电力系统是一个由很多单独实体（政府、受监管的投资方、私人），监管机构，不同设计者、不同类型和不同年代的设备（有些部件已经超过了一百年，有些还是崭新的）组成的复杂混合体。因此，对结构和方法进行更改时，不仅需要考虑急剧增加的电磁脉冲威胁和其他形式的攻击，还需要对现有的结构进行改进。例如，在对输电系统操作裕度进行改进时，投资方还须同时考虑系统的安全性和可靠性。

委员会总结得出，从时间和资源两方面考虑，降低电磁脉冲对电气系统的多数影响是合理可行的。后面的具体建议中回顾了众多实体在这方面的责任。回顾对一些概念术语进行了总结，考虑了多个方面的提议，但正式建议是委员会独自提出的。减轻发电厂燃料供应不利影响的相关措施在本报告“建议采取的措施”一节进行讨论。

责任

美国国土安全部（DHS）成立之后，获得处理民事事务的法律许可，考虑到恶意电磁脉冲的特性，联邦政府授权国土安全部部长承担美国社会连续运转的责任和权力，确保国家在经历电磁脉冲袭击等针对电网基础设施及其相关系统大规模严重破坏事件时，仍然保持良好的社会秩序。

美国国土安全部应该尽早明确其在应对电磁脉冲袭击事件时的权力和责任，并且划分各个政府部门和私有部门对不同电力系统的职责，明确其相互关系。私人企业和个人有必要按规定采取必要的保护措施，理清责任和经济义务。国土安全部尤其需要与联邦能源管理委员会、北美电力可靠性协会、各州监管部门、其他政府机构以及工业界进行沟通，针对私有设施和政府设施（如独立的发电厂），明确其职责和经济义务，比如在国家需要时应该贡献出多少容量来缓解社会需求，同时又在最大程度上维持正常的市场秩序。

美国国土安全部在执行这项任务时，必须建立起一套信息获取机制，以便能够连续不断地获知关于基础设施的状态、拓扑图、关键组件情况等信息。还应该尽早制订测试标准和可衡量的改进指标，并及时更新。

北美电力可靠性协会和电力研究所已经做好准备，为美国国土安全部履行其职责提供所需的大部分支持。爱迪生电力研究所、美国公共能源协会、北美乡村地区电力联合协会也是合作行动中的重要成员。独立的发电厂以及其他的工业集团通常会参与到这些集团当中，或者组建自己的集团。发电、输电、配电组件的生产商是工业部门另一个重要部分，也应当参与其中。美国国土安全部应该与工业部门和各个研究所紧密合作，确保自己在电磁脉冲袭击事件中能够掌控全局，尽可能将损坏程度降到最低，并快速有效地恢复系统运转。

多种益处

这里提出的许多措施，并非只是在电磁脉冲和其他攻击事件中提供保护、缓解危机，还有更多的用处。这些措施可以应对直接破坏电力系统关键设备的其他物理攻击，还能够缓解飓风等大规模自然灾害带来的破坏。许多措施都能够增强电力供应的可靠性、效率和质量，对用电单位以及美国经济都有直接益处。

电磁脉冲袭击事件解决方案的制订，应该在最大程度上帮助解决更多的安全和可靠性问题。例如，黑启动所需的资源可以用于应对多种电网威胁。如果在日常升级换代的过程中，同时增强控制系统的网络安全性，并提升其抵御电磁脉冲的能力，显然会比把两件事分开做要更加高效、更加节省。

建议采取的措施

美国国土安全部、能源部、工业部门和其他政府机构必须采取以下措施，这些措施能够获得最高效费比，并且比其他任何措施都更加迅捷。在许多情况下，这些措施都是对已有的流程和北美电力可靠性协会现有系统的扩展与延伸。

● 增进对系统与网络层次脆弱点的理解，包括级联效应。为了更好地理解系统对电磁脉冲的响应和恢复过程，应该深入开展针对系统脆弱性的研究和开发，目的是找到经济有效的方式来进行必要的改进，从而提升系统的整体表现。政府应该资助相关的研究和开发项目。

● 评估并实施快速修理。首先要看已有的商业产品是否能够经济有效地修复电力系统，在短时间内为昂贵的发电、输电设备、应急发电设备、黑启动设备提供有效的保护。安装或调整设备，也可能是改变操作方法，都是能够快速实施且成本低廉的措施。

● 制订全国和区域性系统恢复方案。方案应该优先考虑修复重点地区的电力系统，为政府指定的关键负载供电。方案应该考虑为这些关键负载提供应急供电。应该充分考虑大范围断电、多个设备故障、通信能力受限、孤岛运行体系失效等情况。政府和工业部门职责必须清晰明确。必须要考虑赔偿措施，确保工业企业乐于执行政府的优先任务，以及应对可能存在的环境和电气危害，以确保系统能够快速恢复。方案除了要考虑如何在紧急情况下将系统恢复到正常状态以外，还要考虑如何恢复到能够满足基本需求的最小容量状态。受威胁状况下的电力供应优先级可能与正常状态下的优先级不同，制订基本容量恢复方案应该基于必须连接的最小负载，制订发电方案应该基于燃料供应受限、用电负荷减少的情况，其目的是能够在有限电力供应下维持社会整体的运转。国家警卫队以及其他相关资源也要考虑在内。

● 确保备用配件充足。用于更换受损部件的立等可用的电子器件和大型部件备件数量一定要充足，并且存放的位置也要便于在电磁脉冲袭击后通信、交通不畅的紧急情况下运送。北美电力可靠性协会已经建立了大型备件数据库，包括变压器、断路器等，该数据库还在不断扩充，增加设备可被投递的能力数据。应该针对电磁脉冲环境对此数据库进行适当的修改。在确定应当调用何处备件运送到关键位置时，美国国土安全部应该与北美电力可靠性协会、工业企业合作，确认备件运输需求和运输能力，例如，关键物资、战略石油储备、类似的战略储备等。关键是要分清，哪些储备用于维持系统可靠性，哪些储备用于维护国家安全。此外，还必须保持备用设备的良好状态。另外，战略性生产和修复设备可能拥有紧急发电装置，以减小储备量。这对于工业部门有益，也能够增强系统安全性。相关研究正在进行并且应该继续深入，研制出多用途的应急备用变压器、断路器、控制器等关键设备。这些设备应该在贸易效率、模块化、运输便捷性、经济性之间找到平衡，这些设备不是为了在正常情况下使用。备用设备的运输、储存、保护必须由国家警卫队等相关部门共同参与。

● 确保关键通信渠道畅通。在全系统范围，确保有足够的能在电磁脉冲袭击后可用的局域和系统范围备份通信系统，为电力系统恢复指挥控制提供服务。最关键的通信渠道要用于保证系统恢复，而不是正常运转。制订规划时应当假定，计算机控制系统在遭受电磁脉冲袭击后将不能继续工作。因此，最关键的通信设备应当是公司内部保证人工操作和系统诊断的设备，其次是调度通信设备。协调黑启动的通信设备同样至关重要。北美电力可靠性协会应该对操作程序和现有控制中心、重要变电站和发电厂之间信息交流进行检查、升级，在现有系统、程序和数据库基础上，尽可能有效识别并处理电磁脉冲事件。如果可能，当地应急和 911 通信中心，国民警卫队和其他通信中心，以及其冗余通信能力都应调用起来。

● 应急电力供应扩展和延伸。增加备用独立电源和应急电力供应的数量，如柴油发电机、长寿命蓄电池等，这可以最低的成本保护关键服务设施。从目前的情况看，应急电源主要使用储存在现场的燃料，只能维持比较短的时间，不足以支撑到外部供电恢复，从而可能造成灾难性的后果。美国国土安全部和工业企业应给出应急电源维持供电的时间建议，这些应急电源都是私人拥有的，它们分布在医院、金融机构、电信设施等处。具体建议如下：

■ 增加关键变电站和控制设施处的蓄电池数量和现场发电能力，延长系统恢复可用的关键期时间。这一措施成本较低，并且对于防御其他类型的攻击也是有益的。

■ 在不同的区域应当配备汽、柴油加油站及液态燃料配送设备和现场发电设备，现场储存的燃料还可用于交通运输和其他服务设施的燃料供应，例如，附近地区应急发电装置的燃料补给。

■ 铁路系统也应配备如上所述的汽、柴油加油站及液态燃料配送设备和备用发电装置。

■ 应急发电机的启动、运转、连接机制应当进行抗电磁脉冲加固，或者能够手动操作。这些设备还要能够在紧急情况下从主电网系统中分离出来，并且这种分离装置应当进行抗电磁脉冲加固。

■ 参数处在安全区间时，可以通过增加燃料储备或供给（配有紧急供电设备），延长应急发电的持续时间。只要情况允许，关键设施的燃料供应时间应该延长到至少一周。这一措施可能需要相邻的燃料储备站及应急发电站的配合。

■ 定期检查应急设备的运行状况。如果政府加强现有的规章制度，许多有应急发电设备的公共基础设施都需要定期检测，以免设备失效。

■ 为区域铁路配备移动柴油电力复合发电装置，装置的开关和控制系统应当能够抗电磁脉冲毁伤。主要港口的大型船只也应该配备同样设备。

● 增强黑启动能力。为了使孤岛更小，运行得更好，系统修复速度更快，必须保证全系统范围的黑启动能力，所以有必要安装更多的黑启动发电单元、双燃料单元（例如，可以用本地储存的 2 号油运转的天然气单元），特殊的传输线（系统修复需要时可以随时隔离以平衡负载）。必须保证充足的燃料供应，以延长修复过程的关键时间（比如在反复尝试启动时）。北美电力可靠性协会的部门目前正在普查可用的黑启动发电设备和可变燃料发电设备。如果要求达到一定规模的发电厂都配备黑启动设备和可变燃料设备，只需要增加少量的支出，而在面对各种各样的扰动时都可以在很大程度上提升系统的安全性。这一措施对工业生产和国家安全都是有益的。这些启动、运转、控制系统应该能够抗电磁脉冲干扰，考虑到大多数大型电厂都有人员值班，也可以手动操作。

● 优先保护关键节点。美国国土安全部、能源部等政府机构必须指明哪些关键负载需要维持运转，哪些应该在电磁脉冲发生几小时内优先修复。这其中可能包括用于各种应急响应和恢复工作的关键设备。必须包括那些用于避免金融系统、关键通信系统、民事领域内的政府指令和控制系统、电力修复系统等失效和快速恢复的关键设施，而那些用于电力系统快速恢复的设备尤为重要。制订优先级时，应该首先保证最关键的设施快速修复，然后在资源允许的情况下尽可能多地添加次优先级的负载。上述对于增加应急电源的建议是最直接、最经济有效的方式。转移到非同步的互联孤岛则是次优的选择，但这需要花费更多时间，也更耗财力。对大型负载提供这种小型到中型孤岛，可以在最大程度上确保电力供应不间断，修复速度也会更快。

● 扩展和确保智能孤岛运行能力。指导电力系统扩大容量，分割成负载与发电匹配的孤岛，增强现有孤岛的性能，从而将电磁脉冲的影响最小化，提升大范围快速修复能力。子区域之间应该建立起非同步互联。这可以用目前已有的背靠背直流变压器完成，辅助完成能量输送的同时保持了分区之间的屏障。这种工作模式常被称为维持频率独立。将东部互联系统重新部署为多个这样的非同步连接区域，可以消除大量的服务干扰，同时还保持着当前互联的状态。应该优先建立一些频率互相独立的较小的孤岛，确保功率输送到政府指定的优先负载，如金融中心、通信中心等，这些关键负载对常规的应急电源来说太大，带不动。在研究中可能出现一些新的思路来实现从高压交流输电到高压直流输电的转变，从而将输电容量进一步提高。还有一些新的思路，例如，可以去掉换流变压器，从而大大降低成本。非同步连接是一个用于描述这一广阔领域的术语。用于实现这一功能的保护和控制系统必须加固。这不是对设备进行改型，只是原始设计和流程中的一部分，因此电磁脉冲防护的成本很低。需要注意的是，直流或其他用于非同步连接的接口并非针对整个孤岛内的总体功率容量而设计，这些非同步连接仅能满足可靠性和商业用途，需要的功率容量往往要小得多。设计接口的容量大小主要由北美电力可靠性协会和联邦能源委员会完成，但也需要联邦政府的协调。将大型电网系统分割成负载与发电匹配的孤岛子系统将会增强现有系统抗冲击能力，减少发生大范围系统崩溃的概率，也将使系统更快地恢复正常。这个措施对于提高系统应对常规扰动的可靠性，以及自然灾害导致的规模较小的停电事件也是有用的。可以说，这个措施对于电力系统面对包括电磁脉冲在内的任何冲击时的保护和恢复都是至关重要的。不过，要实现电力网络孤岛化，需要长时间的系统设计和建设。

● 确保昂贵的发电设备受到保护。能够提高发电厂在电磁脉冲袭击导致的系统崩溃之后的存活能力。北美电力可靠性协会、电力研究所、设备和控制系统供应商和用户应当对哪些设备容易受到电磁脉冲袭击及其相应后果主动进行评估和验证。发电厂在发生大型电力故障时，如果没有保护装置将会受到严重损坏。当负载突然断开时，如果保护性关闭系统失效，发电厂也可能会受到损害。发电设施中的控制系统比输电设施中的控制系统更脆弱，因此更容易受到电磁脉冲影响。发电设施自动化程度很高，更加重了电磁脉冲对它的影响。不过，发电厂中有训练有素的工作人员在场，经过培训就可以开展系统修复工作。系统级别的保护更复杂，因为需要系统不同部分之间按照合适的顺序运转。发电设备的供货周期甚至比主要输电设备时间更长。现有的燃煤电厂几乎占美国总发电量的一半，但它们的控制系统稳定性最好，许多机电控制系统仍然可以运转。天然气燃烧涡轮及其二级蒸汽系统代表了最新的发电技术，采用的几乎都是基于计算机和其他电子设备的现代化的控制和保护系统，对电磁脉冲十分敏感，其燃料系统不在本地，因而也会受到电磁脉冲的影响。核电站有很多冗余的安全系统，但也严重依赖于电子控制。核电站不同之处在于其操作人员训练有素，有很强的人工操作能力，因而相比其他发电厂更可靠。水力发电是另一种可靠的发电厂，其稳定性最好，但其中老旧的机械和电磁控制装置正在快速更新。黑启动发电通常十分安全，但启动和频率控制装置需要进行抗电磁脉冲防护。优先级最高的发电设备是黑启动发电设备，不过所有的发电设备对恢复过程都很关键。

● 确保昂贵的输电设备受到保护。必须在系统级别上考虑抗电磁脉冲的能力。优先级最高的是高电压、高功率的长距离输电线。更换这些输电线所需的时间最长，并且在没有常规保护的情况下最容易受到 E1 的破坏，但同时它又是承载功率最高的线路。保护大型变压器、断路器等重要设备的保护设备也要有备份，防止 E2 和 E3 对这些设备造成破坏。从工业角度看，E3 产生的地面感应电流影响非常巨大，这种影响超越了 E3 本身，与百年一遇的超大太阳风暴地磁场扰动风险相当。为减小 E3 引起的电流，可以在大型变压器的中性线上安装永久或可切换电阻。这种保护措施也可以在太阳风暴或其他大强度的电磁脉冲袭击时起到作用。这种保护方式既不会对正常操作产生影响，又十分简单方便。由于电网的互联特性以及恢复系统对互连的需要，大部分受攻击区域的持续几年的停电对于这些重要设备非常有害。系统通过非同步互连实现孤岛运行，可以降低长传输线上的耦合，从而减轻 E2 和 E3 的影响。

● 保证足够的训练有素的恢复人员——加大人力资源的投入和培训。因为正常运行的电力系统高度依赖计算机，这类人员十分短缺。工业界和政府应该共同努力提高系统恢复能力。

● 对恢复计划进行模拟、训练、演习和测试——建立两三个专门用来模拟电磁脉冲及其他主要系统级威胁的中心。制订应对这类攻击影响的程序，以查明薄弱环节，为人员提供培训，制订电磁脉冲响应训练程序，以及协调所有活动、相关机构和工业部门。虽然制订响应计划、培训、协调是主要目的，但通过“红队”练习识别系统薄弱环节也很重要，有助于确定、挑选和改善薄弱环节。这些中心将分别对应三个主要综合电网中的一个——东部电网、西部电网、得克萨斯电网。这些中心可以利用诸如田纳西河流域管理局（TVA）燃料舱和邦纳维尔电力局（BPA）控制中心的设施，以节省资源并加快建造速度。美国能源部设施和其他不再使用的设施也应进行检查。通过模拟器对事件模拟并制订类似于航空业的恢复程序。黑启动演练将需要电力供应商的保障。

● 发展并部署系统测试标准和设备——对多个系统组件进行测试和评估，以确保系统对电磁脉冲的脆弱性得以识别，确保减轻不良后果和保护工作是有效的。目前的设备级标准和测试设施适用于正常的电源线干扰（电磁兼容性标准），但是系统级保护是更为重要的目标。在大多数情况下，系统级改进（如隔离器、线路保护和接地改进）而不是单个组件设备的更换才是最实用、最经济的方式。

● 建立安装标准——必须建立、实施更稳健的安装标准，例如，短屏蔽电缆、环向接地、避雷器引线、电涌保护器和类似设备安装标准。建立的安装标准应包括更稳定的系统标准，例如，在受保护设备周围，执行主要任务起关键作用的计算机不能是普通商业机。有时，这些标准在早期可能作为附加条款和替代条款进行描述。政府应完成委员会发起的测试和评价工作，制订严格的保护电力系统的标准。政府应当为工业界提供实施系统加固方案所需的财政援助。

各项措施的成本与资金来源

影响上述措施成本的因素有很多，包括各种设备、安装技术、电力系统设计、建筑物内外各种设备分系统控制器的使用寿命、控制系统所处的环境等。美国国土安全部内部和其他政府性开支假设可以内部解决。升级改造工作所需的劳动力大部分已经就位。通常，改造工作将是一个更大的维修、更换、现代化工作中的一部分，独立于减轻电磁脉冲危害计划。增加非同步连接能力，需要现场工作人员深入了解控制系统接口。上述因素都会影响成本评估，对应的成本变化范围比较大。在此，我们只列出了大型设备或系统级活动的开销（采用 2007 年时的美元报价）。

● 输电网络中有上千台大型变压器和其他贵重设备。这些设备用到的继电保护装置和传感器比上述设备的数目要多，但少于其两倍。持续进行的抗电磁脉冲加固设备更新升级工程将会逐渐降低设备成本。安装所需的劳动力可以使用现有的工人。估计更换电磁脉冲加固设备、电磁脉冲防护设计的成本在2.5 亿～5 亿美元。

● 约有 5000 座重要的发电厂需要增加电磁脉冲防护装置，尤其是控制系统。有些电厂加固花费不多，有些则需要进行设备换代，预计总的花费在1 亿～2.5 亿美元。

● 增加非同步界面来建造区域孤岛系统的成本无法准确估计，推测大约是每个孤岛1亿～1.5亿美元。建造孤岛系统的规划和优先级将由美国国土安全部协同北美电力可靠性协会、联邦能源委员会制订。我们可以合理假定短期内将要建造不少于6个孤岛系统。每个孤岛系统一年的运营费用是500万美元。

● 预计需要建造3座仿真和训练中心，每个互联电网一个。总计成本1亿～2.5亿美元，外加每年的运行成本约2500万美元。

● 应急电源控制系统的防护装置应该不太贵，因为许多应急电源已有连接可靠的手动启动装置，这基本上已经足够。更进一步，测试、调整、认证工作将由应急电源的所有方完成，这是应急电源日常维护的内容。改造涉及一些保护性装置的安装，如滤波器，其成本大约是每台新式电子控制型发电机3万美元。加固其他设备供电系统连线时，需要备用发电机内部配电系统装有保护系统。

● 用于贵重变压器的带开关接地电阻预计成本在7500万～1.5亿美元。

● 新增加的黑启动发电机（含系统集成、控制系统保护费用）预计每台花费1200万美元。全美和加拿大各省需要这类装置的数量估计在150台以内。为天然气发电装置增加双燃料系统，对于设备拥有者来讲是有利的，它的价值与增加一台黑启动发电机相当。为已有的黑启动装置增加燃料储备所需的成本相对较低，大约每台100万美元。

● 为燃料站、运输站等增设应急发电装置的花费是每台200万～500万美元。

● 连续监测电力基础设施的状态，包括其拓扑结构、关键设备、电磁脉冲敏感性评估、缓解与保护效果的确认、日常维护、系统数据监视等，其开销难以估计，因为这与很多已有的政府资助活动有关。总地来说，这部分的花销应该较少。

● 研发工作的开销取决于投入程度，这将由美国国土安全部决定。现有资助项目的重新定向也有可能。

● 对上述各项建议措施的资助，应该由工业企业和政府分摊。政府负责与维持美国社会在电磁脉冲事件中正常运转直接相关或唯一相关的项目，或广泛地针对物理系统或信息系统的攻击。工业企业则负责所有其他的项目，包括与可靠性、效率、商业利益等相关的项目。工业企业可以针对如何经济高效地落实上述建议措施提出好的建议。

第3章 电　信

引　言

电信可以将各社会要素连接到一起，在社会的民用、商业、政府等各部门的日常工作中发挥不可或缺的重要作用。电信是推动金融基础设施运作的关键因素，每天都有数万亿美元的交易通过电信完成。电信保证了地方、州、联邦政府机构履行其职责。美国拥有超过1亿手机用户，通过电信，人们可以在旅途中保持联系，几乎不受任何时间、地点的约束。在危机情况下，电信提供了应急响应人员之间联络的至关重要的途径。随着互联网与技术的进步，电信已经改变了商业与社会的一般运作方式。例如，人们如今常常利用互联网下载音乐和视频，替代了实体店消费；利用手机获取交互式的导航信息，替代了纸质地图；通过通信网络，利用远程传感器与视频流为中央站点提供安全信息，便于其采取适当的调度，替代了现场的安全警卫。

电信可以被认为是：

◆用于发起和接收语音、数据和视频消息的设备的组合体（如手机和个人计算机）。

◆传输消息的相关媒介（如光纤和铜）和设备（如多路复用器）。

◆在目的地之间路由消息的设备（基于互联网协议的路由器）。

◆通信运营商（如AT&T公司、Verizon无线公司和Comcast公司）提供的基本服务和增强服务。

◆识别、缓解和修复可能影响服务性能问题的监控和管理支持系统。

◆用于计费等功能的管理支持系统。

本章讨论民用电信。在评估电磁脉冲对民用电信网络的影响时，需要考虑这些电信网络在未来15年的主要发展趋势，其中包括：

◆无线网络数量与无线服务使用量的急剧增长。

◆伴随着光纤网络大规模部署，在技术与可靠性方面的改进（通常认为，光纤在抵御电磁脉冲影响方面有积极意义）。

◆减少在电信网络管理中劳动力的使用，在执行网络维护、故障隔离、恢复及其他影响网络性能的操作时更加依赖于自动化与软件“智能诊断”。

◆ 电信网络架构逐渐趋于融合，即趋于在同一网络中传输语音、数据与视频流量。

在美国的电信网络中，一些设备从20世纪90年代起一直使用至今。要想完全实现上述的电信网络融合，大部分旧设备都会被替换掉。因此，这一融合过程为强化电信网络设备抵挡电磁脉冲袭击能力提供了机遇。

从电信业务提供商的声明来看，利用融合后的电信网络同时传输语音、数据和视频已经成为战略方向的基础之一。业务提供商指出，以前嵌入式（embedded）技术中的数据流量将会向新的融合式电信网络转移，但该过程也会受到财政与管理等因素的限制。[①] 尽管这一融合过程已经开始，但预计还将持续十年以上。

回顾美国电信网络的历史因素，有助于我们更好地理解为何该融合过程需要这么长的时间。几个因素导致了不同流量由不同的网络传输，其中包括：语音、数据和视频的流量特性不同；语音流量相对高于数据与视频流量；运营商网络设备的技术状态限制。

在流量特性方面：

◆ 通常语音通信的特点是实时交互，典型持续时间为几分钟。

◆ 数据通信往往以爆发的形式传输，每次爆发都可能会占用大量带宽。数据通信用户通常会保持长达几个小时的网络访问时间。

◆ 视频流量的典型特征为高带宽、长持续时间、单向传输。例如，在服务商向用户播送有线电视内容时，用户反馈给服务提供商的流量仅占用较低的带宽，用于实现节目点播等功能。

在流量组合体方面：

◆ 20世纪90年代起，数据流量开始飞速增长，其中大部分流量源于互联网的使用。另一方面，尽管数据通信量高速持续增长，语音通信则保持在相对平稳的水平。据估计，从2000年前后开始，数据流量已经超越了语音流量。

◆ 数据通信流量的增长使得人们开始寻找更具财政吸引力的解决方案，避免同时维护语音与数据网络所产生的费用。

在技术演变方面：

◆ 过去十年里，语音通信主要由基于数字电路开关的载波设备处理。每个数字电路开关都需要为数千个用户提供服务，但工程师在设计之初就基于统计上的使用情况，假设用户们是不会同时使用这些设备的。另外，尽管工程师们布置了数以千计的数字电路开关，但这些开关在设计之初并未有效兼顾数据和视

① Wegleitner, Mark, Verizon, Senior Vice President, Broadband Packet Evolution, Technology, 2005.

频通信的流量特性。

◆ 路由技术飞速发展。改进后的协议支持为不同流量组合体分配服务能力，也提高了路由的处理速度与容量，为在同一组设备中处理语音、数据、视频流量提供了解决方案。

◆ 业务提供商实施新技术的速度缓慢。考虑到所涉及网络的复杂性，再加上需要验证技术、微调网络管理程序，服务商在大规模部署新技术时非常谨慎。

紧急情况下的电信支持

政府和产业界的最高层认识到，电信不仅对社会日常运转十分重要，而且在人为灾害或自然灾害发生时，在恢复社会功能，缓解社会、金融和物质性基础设施损失等各方面都发挥着关键作用。因此，政府和产业界共同编制了处理程序、组织架构与服务项目来应对这些灾害，其中包括美国国家通信系统（NCS），以及一系列国家安全与应急准备（NS/EP）服务。

美国国家通信系统是根据美国总统第12472号行政命令《国家安全和应急准备电信职能分配》（*Assignment of National Security and Emergency Preparedness Telecommunications Functions*）[①]建立的。这些职能包括：管理国家电信协调中心（NCC），以便在危机和紧急情况下启动、协调、恢复、重组NS/EP电信服务或设施；发展并确保计划与方案的实施，以保证电信基础设施的抗破坏性、冗余性、移动性、连通性与安全性；担任联络点的职责，为政府与产业界之间、机构与机构之间联合的NS/EP规划与伙伴关系提供服务。

关于NS/EP电信服务，下面这组应对紧急情况的能力需要逐步提高：

◆ 在呼叫量过大且设施性能下降的时间段内，有线网络与无线网络中的优先电话呼叫服务。

◆ 优先恢复受损的或性能下降的紧急服务和基本服务。

◆ 迅速完成新的电信连接。

◆ 在危机发生期间，保持运营商与政府之间的沟通，以及运营商与运营商之间的沟通。

与NS/EP相关的名词定义如下：

NS/EP电信服务（NS/EP telecommunication services）：用于保持国家对危机（地方、国家、国际）与事件的准备就绪状态，以及用于应对与控制危

---

① Executive Order 12472，April 3，1984.

机与事件的电信服务，其中的危机与事件包括造成或可能造成人员伤害、财产贬值或损失，以及致使或可能致使国家NS/EP受到削弱或威胁的危机或事件。

NS/EP要求：维持国家对危机（地方、国家、国际）与事件的准备就绪状态的所需特征，以及应对与控制危机与事件的所需特征，其中的危机与事件包括造成或可能造成人员伤害、财产贬值或损失，以及致使或可能致使国家NS/EP形势受到削弱或威胁的危机或事件。(Federal Standard 1037C)

紧急NS/EP与基本NS/EP：紧急NS/EP电信服务是指，“非常关键的、需要在第一时间提供的、不计算成本的”新服务，例如，联邦政府为响应总统宣布的灾难或紧急情况所采取的行动；基本NS/EP服务是指，那些只要中断“几分钟到一天”，就会使支持NS/EP职能的后续运转受到严重影响的电信服务。(Federal Register/Vol. 67，No. 236，December 9，2002/Notices)

美国国家通信系统与NS/EP服务正是处理电磁脉冲事件时所需的能力，它们将随着美国电信网络的发展而进一步发展。例如，在2004年美国参议院拨款委员会上Frank Libutti（美国国土安全部信息分析和基础设施保护分部副部长）的声明再次强调了发展这些服务的重要性。

美国国家通信系统正在继续进行一系列不同的项目，这些成熟的项目仍在不断地发展、进步，保证NS/EP用户在国家危机期间对电信服务的优先使用。一些较成熟的服务在应对“9·11”事件时发挥了作用，其中包括政府应急电信服务（GETS）和电信业务优先（TSP）。2005财年的财政支持进一步推动了这些项目，而且还支持了新增的无线优先服务（WPS）项目的发展，以及特殊布线服务（SRAS）的升级。具体来说，优先服务项目包括：①政府紧急电信服务，在紧急或危机情况下提供全国优先语音和低速数据服务；②无线优先服务，向关键的NS/EP用户提供全国优先的移动服务，包括联邦、州和地方政府以及私营部门；③电信业务优先，提供了优先供给与恢复关键NS/EP电信服务的管理与操作框架。电信业务优先启动于20世纪80年代中期，目前已经为超过50000个电路提供了保护，其中包括与电力、电信、金融服务等关键基础设施相关的电路；④特殊布线服务，它是政府紧急电信服务的一种变体，用于支持政府持续运作（COG）计划，包括在AT&T网络中重新设计特殊布线服务，并在媒体控制接口（MCI）和Sprint网络中开发特殊布线服务功能；⑤警报和协调网络（ACN），这是一个美国国家通信系统项目，在选定的关键政府机构与电信行业运营中心之间提供专用通信。[①]

---

① http：//www.globalsecurity.org/security/library/congress/2004_h/040302-libutti.htm.

电磁脉冲对电信的影响

为了帮助读者理解电磁脉冲对电信的影响，图 3-1 给出了电信网络的简化图。

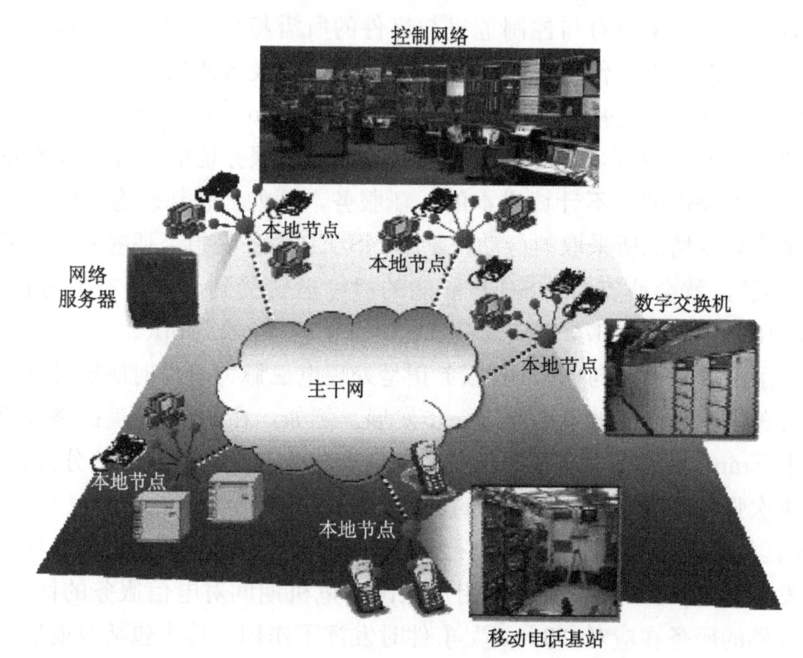

图 3-1　电信网络的一般架构

用户的通信是通过本地节点来实现的。例如，移动用户通过由基站控制的移动信号发射塔进行通信。在与其他本地节点上的另一用户通信时，通信流量可以经主干网路由传递至其他远距离的本地节点，以便传输给目标用户。主干网连接着数千个本地节点，因而在通信装置之间的语音、数据、视频流量交换中扮演着传输与路由功能。主干网是由在本地节点之间提供高速连接的设备组成的。在实际网络中，如果两个本地节点之间存在足够的流量，则它们可以通过光纤链路等传输介质直接连接。图 3-1 展示了一些网络设备，如数字交换机和网络路由器。控制网络从本地节点和主干网的设备中收集统计信息，帮助管理网络的性能。目前，主干网是产业界在部署融合网络组件方面的主要焦点，要想实现融合网络，主干网是最困难的一关。

在分析评估电磁脉冲对电信的影响时，我们采用了下述的一级假设：

◆ 在危机发生时，语音服务将被视作关键，因而这里采用呼叫成功百分比来作为关键衡量指标。

◆ 如图 3-1 所示，主干网是新设备部署最多的地方，由光纤连接，都是新式的、昂贵的、高端的传输与路由设备。因此，这里假设主干网的设备都能很好地抵御高强度电磁脉冲 E1 的影响，或者是仅受到短暂的影响，但该假设仍须进一步测试验证。

◆ 本地节点设备将被支持网络融合的设备取代，但是，该取代过程的持续时间超过委员会研究所涉及的时间范围。委员会资助的测试提供了这些支持网络融合新设备的相关性能情况。目前，本地节点设备主要由数字交换机等设备构成。20 世纪 90 年代初，在另一份有关电磁脉冲 E1 对电信影响的评估中，这些设备的性能就已经得到了测试与分析，在过去的这份评估中，电路交换机制造商表示，他们将不断改进设备，以解决产品测试中暴露出来的大部分问题，增强其抵御电磁脉冲 E1 的能力。① 在本章中，委员会假设这一说法与实际情况一致。

考虑到这些因素，委员会将分析工作的重点放在客户端设备（CPE）、本地节点及其设备的需求水平所受到的后续影响，以及随后完成呼叫的能力上（假设主干网未受影响）。

从需求方面来讲，拥有呼叫发起功能的电子设备有可能会受到电磁脉冲的影响，发生中断或损坏。本次评估的一个关键问题就在于电磁脉冲是否会影响有线电话、无线电话与计算机系统（诸如图 3-1 中所示的设备）操作，进一步地，由于信息在发送方与接收方之间的传递需要经过主干网与本地节点，对主干网与本地节点的需求是否会因为这种影响而减少。

民用电信网络主要由电子系统组成，包括电路板、集成电路芯片，以及在网络用户之间交换与传输通话内容等信息的路由器。与上述在网络中产生需求的设备类似，电子系统中的这些设备也很容易受到电磁脉冲的威胁。交换传输设备是主干网与本地节点（图 3-1）的一部分，这些关键设备大多被安置在中央办公室（CO）中。通常来说，中央办公室是无窗混凝土建筑物。向终端用户提供服务的设备有时也会放置在受控环境室中。受控环境室是一种较小的建筑，可以提供类似中央办公室的环境控制，支持移动通信的无线基站就是安置在类似于受控环境室的建筑中。最后，有一些设备可以安装在没有环境控制的小机柜和机壳中，例如，用于提供高速互联网服务的设备。

无论安装位置如何，电信设备及包含电信设备的设施都要遵循严格的规定和要求，以避免自然的或无意的电磁干扰（electromagnetic disturbances），如闪电、电磁干扰（electromagnetic interference）、静电放电以及电力对电信电缆的影响等。典型的保护技术包括接地、搭接、屏蔽以及使用浪涌保护器等。可是，电磁脉冲袭击具有独特的特性，例如，随时间快速上升的瞬时变化，现有的保

① For example，Network Level EMP Effects Evaluation of the Primary PSN Toll-Level Networks，Office of the Manager：NCS，January 1994.

护措施并不是专门针对这些特性的，也没有经过相关抗电磁脉冲的测试。

鉴于这些网络特性，下面列出了一些有助于减轻电磁脉冲对电信影响的因素：

◆ 覆盖全业界的团体，可以系统性地分享最佳实践经验或共同吸取教训，以提高网络可靠性，如网络可靠性和兼容性委员会（NRIC）。

◆ 电信职能的 NS/EP 有效性。

◆ 电信设备的数量增长、地理位置多样性、冗余部署等因素，以及有线、无线、卫星、无线电等多种替代通信手段的应用。

◆ 在电信运营网络中使用光纤技术。

◆ 对运营网络中部署的电信设备采用标准的搭接和接地方法。

◆ 地面载波网络在电磁事件（如闪电、地磁暴）中的历史表现。

委员会资助的测试和分析得出的结论是，暴露在电磁脉冲影响到的地区内，电磁脉冲袭击将破坏或损害国家民用电信系统中相当大一部分电子电路，影响电信系统的功能。与有线通信网络相比，移动网络更容易受到电磁脉冲的影响，其原因主要在于两方面：移动网络设备更为敏感；相比有线网络的设备站点，移动网络站点的备用电源容量更为有限。

分析表明，不管遭受高强度还是低强度的电磁脉冲 E1 袭击，有线电话、无线电话或是其他通信设备受到的损害都不足以使民用电信网络上过高的呼叫量降低。因此，在电磁脉冲袭击后的一段时间内，仍在保持运营的电信网络将会承受非常高的试呼量，进而电信服务的质量将会出现下降。政府或非政府的关键人员需要优先使用公共网络资源，以协调和支持地方、区域、国家的恢复工作，然而在严重的网络拥堵期间，优先使用这些资源尤为困难。因此，在呼叫需求很高的时期，政府紧急电信服务等服务至关重要。

委员会预期，低强度电磁脉冲 E1 对地面有线通信网络的影响，主要在于无法处理通话流量的激增，这是因为相关设备受到的影响预计非常短暂（几分钟到几小时），恢复正常运转所需要的人工操作非常少。相比之下，移动网络设备受到的影响要更大（几分钟到几天），其原因主要是恢复这些设备所需的人工操作更多、移动站点备用电源的容量更加有限、移动基站的数量更多（这些基站是移动信号塔与移动电话之间通信的关键控制环节）。对移动基站有限的测试结果表明，移动基站抗电磁脉冲的能力有待进一步检验。

正如这份委员会报告中的电力部分所述，即使是程度相对较低的电磁脉冲袭击，也很有可能会造成电网的部分损失。从较长期来看，公共电信网络及其相关 NS/EP 服务的性能将取决于备用电源的容量以及主要电力供给的恢复速度。为了补偿电力的损失，电信站点目前混合使用电池、移动发电机和固定发电机。通常，这些手段能够为现场提供 4～72 小时的可用备用电源，是否能够维持更长的时间，就取决于电力公司是否能够恢复电力供给、燃料是否能够递送到站点等因素。由于存在备用电源系统以及维持这些关键系统的实践经验，电网短期断电（少于几天）不会造成电信服务的重大损失。

在高强度电磁脉冲E1影响下，呼叫流量会出现激增，网络设备也会受到瞬时影响或损坏，需要人工修复。在这种情况下，在数天至数周的时间里，有线与无线通信的质量都会下降。与低强度E1的情况类似，电力中断所造成的较长期影响可能会使通信质量下降的情况更加严重、时间进一步延长。

委员会关于电磁脉冲效应分析的普遍性结果得到了美国国家通信系统的认同，如下所述。

参议院声明（2005年3月）

在2005年3月美国参议院小组委员会（恐怖主义与电磁脉冲对国土安全的威胁，恐怖主义、技术和国土安全小组委员会，2005年3月8日）的声明中，美国国家通信系统代理主任指出："就在去年，美国国家通信系统还积极参与了国会特许建立的'电磁脉冲袭击对美威胁评估委员会'（即2004年的电磁脉冲委员会）。该委员会检验、评估了当前电磁脉冲威胁的形势，并展望了未来可预见的15年间的情况。去年7月，委员会发布报告，并宣布结论：相比于国家电网，电信受电磁脉冲的直接威胁较小，但是在电磁脉冲袭击的区域（可能会包括美国的大部分地区），电磁脉冲仍会破坏或损害国家电信系统中相当大一部分电子电路，影响电信系统的功能。美国国家通信系统同意这一评估结论。"

分析方法

为了预估电磁脉冲袭击对民用电信网络的影响，委员会完成了以下主要任务：

◆ 回顾过往研究，从中获取与电信网络的依赖性和敏感性相关的重要经验，这些过往研究包括一些重大灾害以及千禧危机（Y2K）等事件。

◆ 参观电信设施来获取"地面实况"，以便了解电信系统中易受电磁脉冲威胁的部分，并获取相关数据（如设备布局）以支撑对电信设备的说明性测试。

◆ 回顾过往的测试数据，对有线与无线网络设备进行说明性测试，这些设备包括移动电话、网络设备（如网络路由器）等，通过这些测试来确定设备对电磁脉冲的敏感性。

◆ 通过行业领域专家的判断、说明性的测试数据、现有模型的扩展等手段，针对电话网络的恢复过程、不同程度电磁脉冲场景下的网络呼叫处理过程，建立相关模型，以预估电信网络质量下降的程度。生成呼叫完成水平等网络统计信息，预估网络质量的下降程度（假设这些用户并未使用政府紧急电信服务等NS/EP服务）。

分析方法——经验教训

通过访谈与回顾，委员会从过去的电力中断事件中汲取了经验教训，并确定了以下问题，这些问题有助于委员会提出最后的建议，同时也为后续的测试与建模提供信息：

◆ 从Y2K应急计划和过去的电力中断事件（如卡特里娜飓风导致的停电）来看，在紧急情况下，各关键基础设施的恢复工作都离不开语音通信网络的运转。例如，在电网的管理方面，与Y2K预备工作相关的参考材料指出："主要策略就是用人力来传递最低限度的关键信息……电力系统必须提供足够的冗余，以处理关键设备、处理与邻近系统和区域中心之间的接口，从而保证一定区域范围内的语音通信。"①

◆ 电力中断多日的情况仍然是电信提供商的主要关注点。长时间的电力中断将会导致修复任务加重、燃料短缺，最终导致电信网络脱机。卡特里娜飓风与2003年8月的（美国）东北部停电事件加剧了这一担忧。其中，东北部停电事件是2003年8月27日网络可靠性和互操作性委员会会议的一个重要议题。

◆ 在电磁脉冲袭击来临时，有线和无线网络上的试呼量都会提升至很高的水平，因而在一段时间内，语音通信的效率会出现下降。此时，这些电信网络承受的流量至少会是正常通话流量的4倍。在以往的灾害事件中，高水平的试呼量通常会持续4～8小时，并在事件发生后的12～24小时内逐渐升高。呼叫量的激增使得呼叫者们无法成功完成通话。此外，呼叫者们可能会遇到延迟拨号音或是"所有线路正在繁忙"的提示音等情况。例如，2001年9月11日那天，华盛顿特区与纽约市的呼叫者们就体验到了堵塞非常严重的移动网络，当时的试呼量增长到了正常水平的12倍（图3-2）。②

◆ 如前所述，关键人员在灾难中通过公共电信网络拨打电话的能力非常重要，这也是美国国家通信系统领导发展电信服务的原因之一。政府紧急电信服务和无线优先服务主要针对紧急情况下的服务，即便在有线和无线网络承受非常重的呼叫负担时，它们也要能提升关键人员完成呼叫的概率。在电磁脉冲发生时，这些服务将发挥作用，但如果本地设备需要人工维修才能恢复运转，那

① http：//www.y2k.gov/docs/infrastructure.htm.

② Aduskevicz，P.，J. Condello，Capt. K. Burton，Review of Power Blackout on Telecom，NRIC，August 27，2003，quarterly meeting.

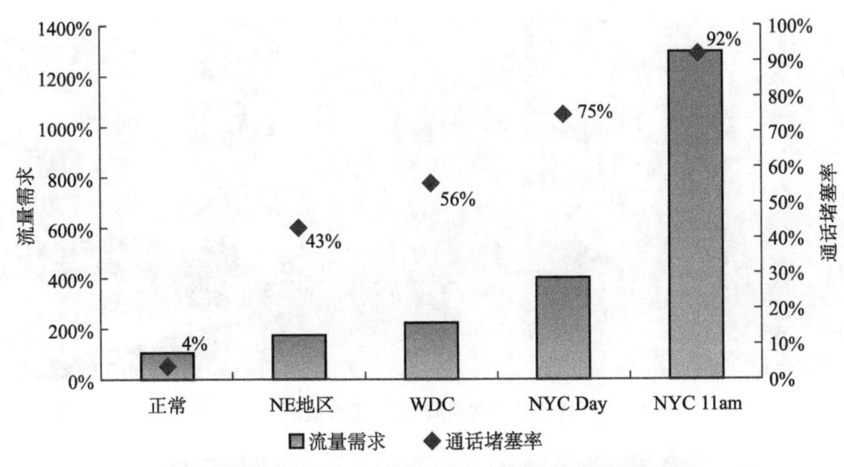

图 3-2　2001 年 9 月 11 日的通话堵塞率（移动网络）

么这些服务的优势就会被削弱。基于测试结果，移动基站对此类人工恢复的需求受到了特别关注。

◆ 维护与控制功能对于恢复工作来讲至关重要，电信运营商可以通过这些功能缓解过载的情况，识别网络中的损坏区域，以加速恢复工作。对于无法使用 NS/EP 服务的大众来讲，如果大量试呼占用了网络资源，那么能够拨出的线路将会非常之少，这就可能会使大众获取 911 服务的能力受到影响。为了缓解这种情况，网络管理中心（图 3-3）的工作人员通过个人计算机上的快速按键，就能向运营网络发出“呼叫分隔”的指令。通过该指令，部分呼叫在始发交换机上就会被终止，这样一来，拨出电话所需的资源就会被释放出来。在上文引用过的美国国家通信系统资助的评估报告中，有测试结果表明，即便在非常短暂的、低强度的电磁脉冲影响下，连接到这些网络管理设备上的电路开关元件也有可能发生物理损坏。由于此类损坏，完全恢复系统的工作能力变得更加困难，对电磁脉冲导致的网络问题的远程管理能力也会受到影响。

分析方法——收集“地面实况”

在对设备测试之前，委员会参观访问了运营设备，以验证在测试配置中关于设备布局的假设。委员会参观访问了有线网络交换与传输设备站点、移动网络交换与传输设备站点，以及网络管理中心设备站点。在参观访问期间，委员会探讨了诸如电缆长度、搭接与接地等的实践方法以及储存备件等方面的政策问题。此外，委员会还与相关人员进行了讨论，内容涉及参与电信设备安装、电磁效应防护的技术开发要求以及网络监测和控制，对设备测试与建模过程中的假设进行验证。图 3-4 是某次访问期间拍摄的移动网络基站设备。

图 3-3 网络管理设施的范例

图 3-4 移动网络基站设备

图 3-5 是路由器设备的照片，路由器设备用于从运营商设备收集性能信息，并将其传输到网络管理中心，如图 3-3 所示。

基于收集到的数据，考虑到在电磁脉冲事件中可能会受到影响的各类资产，委员会开发出了一套网络恢复程序。该程序经参与过大型恢复工作的专家审查，其中包括负责开发软件系统以加快网络恢复的人员，这些审查有助于加快完成该恢复过程的模型。该程序用于在建模和仿真过程中生成恢复时间表。

分析方法——测试电磁脉冲对电信网络的影响

根据前面描述的经验教训和地面真实数据，委员会制订了一个测试计划，主要针对电磁脉冲对语音通信的影响、相关维护以及用以支持恢复和存储工作

图 3-5　汇集网络管理数据的路由器设备

的控制网络。与该计划相一致，测试一方面集中在通信设备、交换机和路由设备上，这些设备在支持未来的语音通信上将发挥关键作用；另一方面，测试还集中于支持数据收集的计算设备，这些设备用于网络流量的管理。按照上文的假设，在运营电信网络的远距离传输线中，光纤已经取代了铜线，那么可以认为，E1 是电磁脉冲对运营设备影响的主要来源。我们还注意到，家庭与商业场所附近所使用的光纤也越来越多。根据这些假设，通信运营网络设备测试集中在本地节点上，参见图 3-1。

委员会回顾了以往的数字交换机、路由器、计算机等相关设备的测试数据。例如，20 世纪 80 年代与 90 年代初，美国国家通信系统资助了对主要电信交换设备和传输设备的测试。作为代表委员会进行的测试，旨在补充过往讨论过的美国国家通信系统技术报告及其他数据源的数据。测试数据提供了有关特定设备工作情况的信息，后续可用于模拟电磁脉冲危害对电信网络基础设施的影响，也可用于模拟受影响后的恢复过程。因为公共电信网络的流量水平会受到客户端设备抗电磁脉冲能力的影响，所以除了网络设备，测试团队还测试了固定电话与移动电话等客户端设备。表 3-1 列出了在各政府设施和商业设施中被测试的电信设备，还列出了选取这些设备的理由。测试中混合使用了连续波浸没（CWI）、脉冲电流注入（PCI）和自由场照射等测试手段。图 3-6 描绘了在爱达荷国家实验室（INL）对移动基站进行的测试。除移动网络运营交换设备（图 3-6）外，表 3-1 中列出的每个项目中都有设备进行了自由场照射测试，选取的设备包括软交换设备、无绳电话、移动电话、计算服务器、以太网交换机与路由器。

测试期间，在能够观察到影响的情况下，这些影响有些很短暂，例如，软交换设备的自动重启，有些则会导致永久性设备损坏，需要通过更换部件的人工恢复（如以太网卡替换）以解决性能下降的问题。

表 3-1　被测试的电信设备

项目	重要性
有绳电话、无绳电话、移动电话	用于语音通信的关键设备。设备运行状态将影响公共电信网络上的需求水平
计算服务器、安全访问设备	这些计算机装有对网络恢复工作至关重要的软件，这些软件支持密钥管理与控制功能（网络故障和流量管理）。由于在紧急情况下有可能必须通过远程访问才能进入这些系统，因此，需要使用能够生成密码的安全访问设备来进行访问
路由器、以太网交换机	关键设备，支持在网络元件、设施及管理这些元件与设施的计算机系统之间路由网络控制与状态信息
软交换机、网关	集成在公共网络中的主要设备，支持基于 IP 技术的语音、数据和视频的传输。此类设备正在取代图 3-1 本地节点中的数字交换机
移动交换中心、基站、基站控制器	用于发送移动电话呼叫的移动网络中的主要操作组件
电缆调制解调器终端系统(CMTS)，电缆调制解调器	电缆公司正在积极地进入电信行业，客户大量使用电缆调制解调器来访问电缆网络以进行通信。电缆调制解调器终端系统将数据信号从电缆调制解调器转换为互联网协议。今后的趋势是：越来越多地使用路由器、以太网交换机、软交换机和网关来路由通信流量

图 3-6　在爱达荷国家实验室进行的移动网络测试

图 3-7 NOTES设备测试

图 3-8 展示了在 NOTES 进行测试的一些小型设备的例子。

图 3-8 安全访问卡和移动电话

分析方法——电磁脉冲效应的建模和模拟

为了研究由电磁脉冲袭击导致的系统性效应，在建模和仿真中使用了系统方法。这项分析采用了上述委员会赞助的测试结果以及过往的设备测试结果。最初，基于有线与无线网络性能下降的假设，分析团队为美国大陆开发出了一种能够生成呼叫完成水平的电信网络性能建模方法。该建模方法的主要假设是，本地节点是电信运营网络性能下降的主要区域（对有线与移动网络都是如此）。如图 3-1 所示，本地节点设备为呼叫者提供了进入有线与移动电信网络的入口，这些设备包括数字交换机和移动电话基站等设备。对本地节点的影响有可能会抑制本地呼叫，也有可能会阻断本地节点与主干网的连接，使各个分散的地理位置之间无法通信。路由选择不断趋于多样，再加上大量的光纤部署，主干网抵御电磁脉冲的能力越来越强，这也就表明，按一阶影响来讲，把分析重点放在本地节点上的假设是合理的。

遵循这个逻辑，建模步骤包括：

(1) 进行模拟武器爆炸场景的案例研究。在美国特定的地理区域上模拟爆炸产生的电磁场水平，并根据电磁脉冲事件初期可能造成的网络干扰程度，模拟出网络性能受到的影响（如呼叫完成水平）。我们将短期影响或可以自行恢复的影响，与需要人工操作才能恢复的影响均纳入了考虑范围。该模型结合了美国国家通信系统过往的测试结果与表 3-1 所列设备的新的测试结果，并对受影响区域内部署的设备种类与设备配置进行了假设。假设设备类型选择的出发点是电信网络行业典型设备的数据库，接着，行业专家讨论后又选择性地增补了一些设备类型。

(2) 采用前述网络恢复过程中的通用方法和程序，生成网络设备的恢复时间。该步骤的输入信息包含多个工程假设，其中有设备损坏程度、维修人员的可用性、网络管理与控制功能的可用性、电力的可用性以及其他因素。

(3) 通过恢复时间来对设备重新投入使用的过程建模，通过网络性能模型来迭代估算网络性能水平随时间的变化。

以下是在委员会关注的相关场景下得到的图示结果，图 3-9～图 3-11 显示了美国东部在电磁脉冲事件之后，有线与无线呼叫的平均试呼完成率。这些图表中涉及的时间包括电磁脉冲事件刚发生时、4 小时之后，以及 48 小时之后。结果显示，移动设备的恢复时间更长，部分原因在于移动设备需要更高水平的人工修复。图 3-12 显示了受电磁脉冲袭击后 10 天内的恢复曲线。该估算考虑的是，电信网络恢复到受影响前性能所需的时间，并没有考虑电信网络与其他基础设施之间的相互依赖性，例如，这里没有考虑长时间电力中断的影响。阴影圆圈表示由武器造成的电磁脉冲场的等值线。比如，在图 3-9 中，受影响最大的地理区域的呼叫完成率据估计只有 4%左右，而直接影响范围之外的区域呼叫完成率估计可达 73%。

直接影响范围之外的区域呼叫完成率达到 73%的原因在于，直接影响范围之内的设备中断、网络堵塞以及高重拨水平，范围之外的呼叫者无法拨入该直接影响范围内。

图 3-12 的图示结果强调了可运转的紧急电信服务和无线优先服务功能的价值。在紧急情况下的关键早期阶段，图 3-12 给出的呼叫完成水平不适于 NS/EP 功能的发挥。作为委员会的工作，该分析并未明确检查 NS/EP 服务在电磁脉冲事件中的性能。在该分析所涉及的场景中，图 3-12 中的呼叫完成水平可以视作这类服务的下限值。

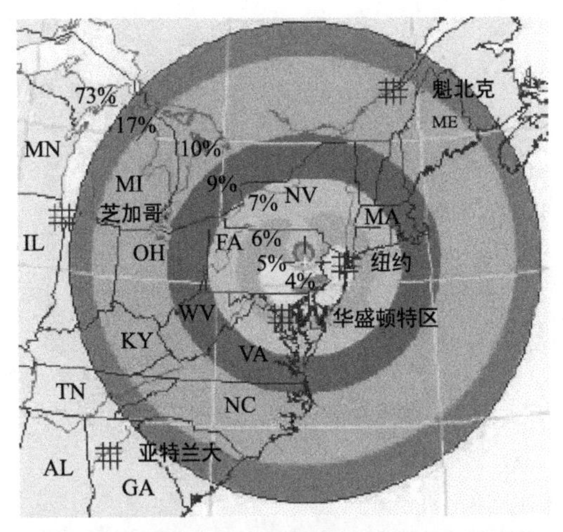

图 3-9　电磁脉冲事件刚发生后的呼叫完成率

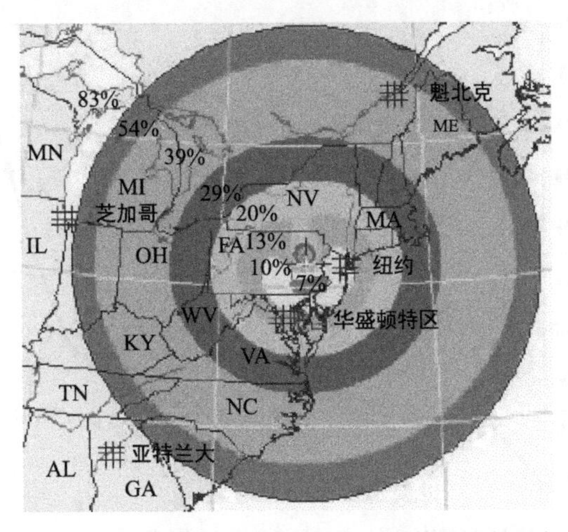

图 3-10　电磁脉冲事件发生 4 小时后呼叫完成率

在所涉及的情况中，即便在设备损坏最小的情况下，NS/EP 电信服务在处理电磁脉冲事件后的呼叫流量激增中也是至关重要的。此时，流量往往会超过可用的电信网络容量，并导致网络性能下降。目前，虽然已有支持 NS/EP 服务的技术和运行经验，但是有必要确保在引入新技术（如软交换设备）后，NS/EP 服务仍能有效运行。在应急的超负荷运行条件下，检验并保证这类设备正常运转非常重要。软交换设备等互联网协议相关技术可以用于支持美国政府应急电信服务（GET）与无线优先服务，这些技术在建设本地办公场所的最初阶段就已经部署了。因此，在这些技术大量部署之前，必须进行严格分析，以检查其抵御电磁脉冲事件的能力。

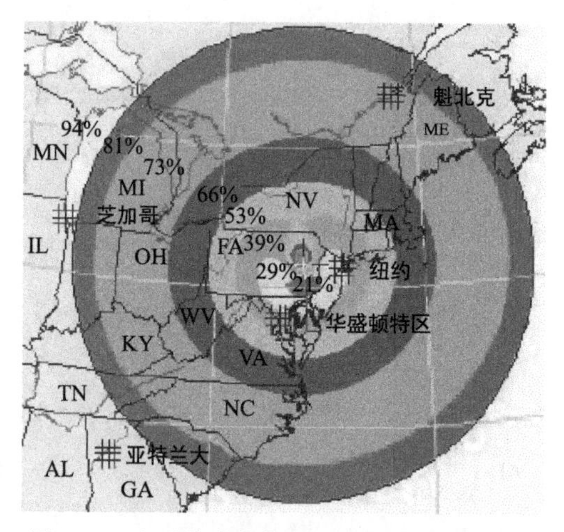

图 3-11　电磁脉冲事件发生 2 天后呼叫完成率

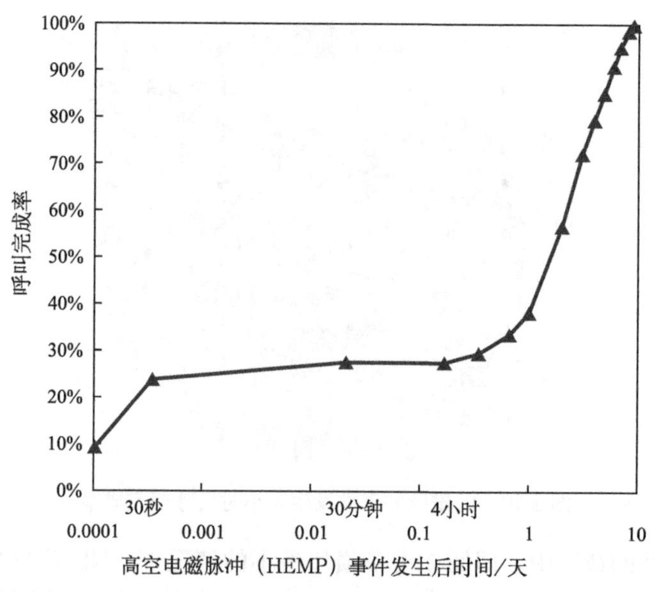

图 3-12　在时间 T 时的呼叫成功率（对数时间轴）（在电磁脉冲影响范围内）

进行灵敏度分析时，在检测移动基站损伤水平的替代性指标过程中，委员会找到了移动网络系统的另一关注点。具体来说，就是电磁脉冲会对关键数据库造成影响，而这一影响会导致电信网络性能下降，这里提到的关键数据库包括归属位置寄存器（HLR）。归属位置寄存器中存储了与移动用户相关的重要用户信息，如账户状态与位置。无线行业综合了多种部署方法以实现归属位置寄存器的物理与地理多样性。委员会的研究并未对归属位置寄存器的电磁脉冲敏感水平进行测试，不过，通过对电路交换设备的替代性测试数据，委员会间接判断，由于归属位置寄存器设备在电磁脉冲事件中会出现性能下降，大量地区的移动网络呼叫可能会无法呼出。除电磁脉冲敏感性测试外，未来的检测项目应该包括工程政策以及对这些元件进行的特定电磁脉冲加固。

如“电能”一章所述，即使面对程度较轻的电磁脉冲袭击，电网也很可能会遭受部分损失。我们的分析表明，在程度较轻的电磁脉冲袭击中，公共电信网络所受的直接影响，很可能主要来源于无法处理袭击过后激增的呼叫流量。在此类情况下，设备所受的直接影响本身非常短暂（几分钟到几小时），设备恢复所需的人工操作量也非常少。然而，如果主要电力供应出现中断，那么电信网络及其相关的NS/EP等服务维持运转的能力，就取决于备用电源的容量与主要电力供应的恢复速度了。在主要电力供应中断后，大多数公用电信设备会综合使用电池、移动发电机、固定发电机等备用电源。如今，就算维持大多数电信网络的电力供应发生短时间中断，电信服务也不会出现大量停止运转的现象。其原因就在于，备用电源系统以及支撑这些关键系统的最佳操作，能够在短期的电力中断期间继续维持电信服务。

如果电力中断持续时间长、波及范围广，那么情况就会变得更为严重了。在这种情况下，主要电信设施可能会停止正常运转，使NS/EP服务变得非常困难。目前，大多数住宅电话依赖于当地的电话总局办公室，一旦这些办公场所的备用电源耗尽，这些住宅电话也就无法使用。其他的住宅电话也需要依靠商用电源才能工作。因此，在长时间断电时，公众向911呼叫中心寻求帮助的能力成了一个主要问题。

2005年8月，卡特里娜飓风破坏了手机信号发射塔和无线电天线，在卡特里娜飓风的影响下，长时间的停电也耗尽了保证紧急通信所需的备用发电机燃料。因此，紧急报警、紧急服务、救援工作都无法继续进行。值得注意的是，这些在紧急通信中非常重要的节点（手机信号发射塔、无线电天线）同样很容易被电磁脉冲破坏，电磁脉冲导致的长时间停电也会耗尽应急发电机的燃料。这些都与卡特里娜飓风期间的情况类似。

公共电信网络可以成功地应对局部停电或短期停电，如2003年8月14日（美国）东北地区大停电。然而，持续时间在几周或几个月的停电却是个大问题。电磁脉冲事件诱发的大范围电网崩溃可能会产生级联效应，对相互依赖的各类基础设施都造成影响，就像在卡特里娜飓风停电期间发生的情况一样。这也很可能会导致停电区域外发生大范围的、长时间的电信网络停滞，进而级联效应又会导致其他依赖电信网络的重要基础设施瘫痪。因此，电信网络的恢复能力将在很大程度上受益于电网及备用电源的可靠性提高与可用时间的延长。

电信网络管理人员表示，在任何停电事件中，实时监控网络健康状况的能力很重要，这种能力保证了对已发现问题的快速处理。考虑到电信网络自动化水平的提高以及工作人员的减少，在电磁脉冲事件发生时，保持电信网络运行与控制功能的正常运转非常重要。在电磁脉冲事件恢复的过程中，电信运营商借助硬件与软件系统，以隔离问题区域，实施命令来启动补救工作。计算机服务器、个人计算机、路由器等相关设备都是网络管理中心的关键组成部分。运营商通常在地理位置上分散部署中心设备，每个中心都可以用作其他中心的备份。当中心之间的分散距离大于电磁脉冲的影响范围时，电磁脉冲对这些中心的影响就会相应减弱。

建　议

基于委员会所做的分析，建议采取以下步骤改善电磁脉冲事件发生时及其之后的电信性能：

◆ 发展关键的 NS/EP 电信服务，将嵌入电信网络中的新技术融入其中。

◆ 提高电信服务在主要电力供应中断时长时间运转的能力。

◆ 在应急规划中充分考虑基础设施相互依赖性的影响。

◆ 确定在电磁脉冲事件发生时必须正常运转的关键应用，解决支持这些应用的电信网络中的所有不足。

接下来的几节将更详细地讨论这些建议。

防止新技术导致的大范围电信中断

电磁脉冲只是给电信网络带来压力的因素之一，了解关于互联网协议技术的 NS/EP 服务性能也将对电磁脉冲袭击之外的其他事件恢复受益。这与美国政府跨部门协调工作组（CWG）的调查结果相一致，[①] 该调查结果指出：“在测试电路与分组交换网络之间的互操作性时，联邦通信委员会（FCC）应该委托网络可靠性和互操作性委员会来评估测试的充分性……以尽量降低特征交互风险、降低引入附加漏洞的可能性，这些附加漏洞可能会对电信服务的可靠性、可用性与安全性造成不利影响，妨碍电信服务为 NS/EP 用户提供的支持。”

新技术的引入而导致的网络故障引起了人们的高度关注。此类网络故障的

---

① Convergence Working Group's final report，Impact of Network Convergence on NS/EP Telecommunications：Findings and Recommendations，February 2002.

经验教训说明了一个重要问题，即大范围部署前测试的不充分。[①] 因此，这些经验教训也提醒了我们，在大范围部署新技术之前，需要对这些支持 NS/EP 服务的新技术进行测试。分组交换技术为政府紧急电信服务与无线优先服务提供了支持，这一技术往往在部署的最初阶段就使用了。在大范围部署之前，需要进行严格的测试。通过早期的测试认可，特定的系统电磁脉冲漏洞可以在大范围部署之前得到解决。

以下是解决技术引入问题的具体步骤：

◆ 根据美国国家通信系统[②]发展与维护 NS/EP 服务，从逻辑上来讲，美国国家通信系统是适合于解决上述问题的组织。美国国家通信系统应与其他合适的组织开展合作，通过以下方式确定电磁脉冲对不同类型的电信设备、设施和运营的影响：

（1）针对支持 NS/EP 服务的电信网络中的新技术，在大规模引入公共网络之前对其进行测试与分析。互联网协议相关设备是此类测试与分析设备的重点。分析应包括在预防与缓解方面相关标准的应用情况。

（2）未来，随着非传统运营商语音电信网络的增长与无线通信的增长，可能会发生相关的网络中断事故，应从这些事故中及时获取经验教训。应以一种系统化的、财政谨慎的方式吸取这些经验教训，这一点非常重要。

历史上，联邦通信委员会掌握的关于重大故障的数据具有重要价值，这些数据能够用于识别、纠正已部署系统中出现的问题。同样，这与委员会的理念相一致，即预防“偷袭”带来的灾难性后果。

减少停电对电信基础设施的影响

在断电期间，电信运营商通常依赖于电池供电，可以维持 4～8 小时。有时候，也会采用固定发电机与移动发电机，通过燃烧燃料，这些发电机可以维持 72 小时。关键问题在于，大范围、长时间的停电事件可能会持续几周，在这几周里，大量电信设备都会失去主要电力供应。在这类事件中，关心的主要问题有：

◆ 在长期的、大规模的停电中，大部分电信设施可能不会优先获得长期燃料供应。

◆ 长期依赖备用发电机运行的设施最后都需要进行维护。

---

① AT&T (Albert Lewis) correspondence with FCC, May 13, 1998; MCI (Bradley Stillman) correspondence with FCC, December 8, 1999.

② 47 CFR Part 215 designated the Executive Agent, NCS, as the focal point within the Federal Government for all EMP technical data and studies concerning telecommunications.

在 2005 年 8 月卡特里娜飓风袭击中，这些担心都被证实是有预见性的。卡特里娜飓风导致了长时间的停电，正是上述燃料供应与应急发电机维护的问题，造成了电信网络的停滞。

在 2003 年 8 月（美国）东北地区停电后，网络可靠性和互操作性委员会提出了一些建议，以解决此类依赖于电力的问题。2003 年 8 月 27 日，在对 2003 年（美国）东北停电事件的经验教训介绍时，网络可靠性和互操作性委员会讨论了与电信相关的内容，提及要重新评估电信电力服务优先（TESP）计划："运营商正在从战略的角度审查电力管理与恢复工作，可能需要修改电信电力服务优先计划以减轻额外的风险。我们需要发展适用于移动网络的电信电力服务优先计划，以解决重要移动通信设施的优先恢复问题。"[①] 在自愿的基础上，电信电力服务优先推动电力服务提供商将重要电信设施纳入他们的优先恢复计划中。[②]

从卡特里娜飓风中获得的经验教训以及关于 2003 年（美国）东北停电的网络可靠性和互操作性委员会评估，共同构成了委员会提出建议的基础，具体建议如下。

◆ 提高电信承受持续性公用电力损失的能力：

(1) 要求美国国家通信系统和北美电力可靠性协会或其后继者，每年至少提供两次关于电力公司对选定电信站点优先恢复电力的需求与是否满足情况的报告。

(2) 要求美国能源部探索财政激励措施，刺激替代性电源的分析，以提供成本合理、可行性好、可用于电信网络的替代性电源。例如，运营商正在探索燃料电池等新技术，以支持办公区域的供电。

在应急计划中充分解决相互依赖的影响

所有恢复计划都必须考虑其他相互依赖关系的可能影响，并优先考虑 NS/EP 服务。例如，在应急计划中应当提出这样的设想：关键人员能够获取交通工具到达运营中心站点，或者能够对相关设备进行远程访问。考虑到这点，美国国家通信系统是解决这一国家重要基础设施领域问题的合适的组织。具体来说，委员会提出了如下建议：

◆ 在美国联邦法规（CFR）第 215 部分（联邦对电磁脉冲信息的关注点）中

---

① Aduskevicz, P., J. Condello, Capt. K. Burton, Review of Power Blackout on Telecom, NRIC, August 27, 2003, quarterly meeting.

② Homeland Security Physical Security Recommendations for Council Approval, Letter to Richard C. Notebaert, March 5, 2003.

阐明美国国家通信系统的作用，以解决与 NS/EP 电信服务相关的基础设施相互依赖的问题。

支持这一建议是执行“国家应对框架”的需要，以确定该计划如何解决多个基础设施性能同时下降的问题。产业界人士向委员会提出建议，上述问题的解决方案可以放到桌面上讨论、推演，这样的做法非常有用。电磁脉冲袭击应对方案的发展应当考虑这些讨论结果，以使其列入美国国土安全部（DHS）的国家规划方案。这样做有助于理解电信网络停滞对其他基础设施的影响，反之亦然。其中，在电力与天然气领域，电信网络停滞对于 SCADA 的影响尤其值得注意。

具体来说，委员会建议如下：

◆ 要求美国国土安全部展开讨论，制订额外的国家规划方案，在大范围电磁脉冲事件中，将各类基础设施性能的大规模下降都考虑在内。

保护关键性设施、开展漏洞评估，以提高电信网络支持国家级关键应用系统承受电磁脉冲的能力

委员会建议如下：

◆ 要求美国国家通信系统识别电信网络的关键设施，这些关键设施的性能下降会导致一大批用户无法使用电信网络。这些设施包括下一代的路由与传输设备和无线网络设备，如归属位置寄存器和访问位置寄存器（VLR）。移动网络基站也应作为此类分析的一部分。

◆ 要求美国国家通信系统在保证与美国联法规中“电信电磁干扰效应”（TEDE）条款（影响 NS/EP 电信服务的条款）相一致的情况下，通过美国国土安全部，同政府机构与各行业开展合作，以确定是否需要高可靠性的电信服务，以及是否需要那些支持任务关键型应用的服务。如果需要，应考虑为此类服务提供部分联邦资助。上述的政府机构与各行业包括美国联邦储备委员会与后台智能传输服务（BITS）［金融服务］、联邦能源管理委员会［FERC］和北美电力可靠性协会［电力］以及美国国土安全部与应急队伍［民用恢复］等。

◆ 建立由美国联邦通信委员会、美国国家通信系统与电信行业共同发起的报告流程，用于向美国联邦通信委员会报告无线网络、数据通信与互联网运营中出现的重大中断事故，以从这些事故中吸取教训，这与有线运营商的做法类似。

第4章　银行和金融系统

引　言

金融服务行业是由各种处理货币价值的组织及其辅助系统组成的一个网络，金融交易形式包括保证金、资金转移、储蓄、贷款及其他金融交易。美国和其他发达国家的几乎所有经济活动都依赖于金融服务行业的正常运行。国家财富是所有经济价值的总和，能够通过现存资本和金融交易来部分反映。简单来说，金融服务行业负责国家、组织和个人财富交易和存储的媒介和记录存储。

今天，大部分重要金融交易都是电子化的操作和记录。然而，完成这些交易高度依赖于国家基础设施的其他要素。根据美国国家安全电信咨询委员会（NSTAC）的说法，“金融服务行业已经发展到了这样一个节点：没有高效的信息技术和网络则系统无法运行。”①

金融服务行业的自动化，大大增加了每日可处理的交易数量，刺激了财富的增长。例如，“在20世纪70年代初，纽约证券交易所（NYSE）每周三关闭以清理积压的交易，平均每日积压1100万股。”①如今，证券产业自动化公司（SIAC）外汇交易不会中断，平均每日处理超过30亿股的交易量。②

“证券产业自动化公司负责提供最高质量、最可靠、最高效费比的系统，为纽约证券交易所等机构当前和未来的商业需求提供支持。”③“仅证券产业自动化公司的共享数据中心就通过一千条以上的通信线路与担保行业连接，这些线路平均每天传输超过700亿字节的数据量。”③证券产业自动化公司的安全金融交易基础设施，“提高了金融行业数据通信连接的整体快速恢复能力……并为公司的交易、清算结算、市场数据分布及其他服务提供了可靠的途径。”④

---

① United States，The President's National Security Telecommunications Advisory Committee，Financial Services Risk Assessment Report（Washington，1997），4.

② “Firsts and Records，” NYSE Euronext，New York Stock Exchange Euronext，http：//www.nyse.com/about/history/1022221392987.html.

③ Network General Corporation，Securities Industry Automation Corporation—SIAC：Sniffer Distributed，San Jose，2005，1.

④ Boston Options Exchange，Telecom Connections，August 3，2003，http：//www.bostonoptions.com/conn/tel.php.

技术革命并不仅仅发生在大公司。在美国，个人消费者见证了快速增长的便捷即时转账：自助存取款机（ATM）从1979年不足14000台[①]增长到2003年超过371000台[②]。

美国金融基础设施的发展趋势是更加精细而强大的电子系统，能够处理增长速度越来越快、数量越来越多的交易。美国越来越依赖于电子经济，这有益于管理和创造财富，但也增加了美国面对电磁脉冲袭击的脆弱性。例如，2001年9月11日的恐怖袭击，暴露了国家关键基础设施之间严重的相互依赖导致的脆弱性问题。这次袭击中断了纽约市内所有的关键基础设施，包括电力、交通运输、通信，导致关键金融市场的业务操作也被中断，增加了美国金融系统的流动性风险。[③]

美国通货监理署（OCC），美国联邦储备委员会（FRB，以下简称美联储）和美国证券交易委员会（SEC）共同发布了一篇跨部门的论文，指出清算和结算系统是金融市场中最关键的高风险交易活动。[④] 因为金融交易是高度相互依赖的，所以大范围核心清算和结算系统的毁坏将对重要金融交易造成直接的系统效应。[⑤] 而且，2002年12月，美联储修订了美国国家通信系统（NCS）负责的国家安全和应急通信计划政策和程序，以确保那些维持国家资产流动性的联邦储备安全体系正常运转。[⑥] 如果出现“几分钟到一天”的通信中断，美联储服务范围将会扩展到那些会严重影响连续金融业务操作的程序。[⑥]以下列出的这些程序，“需要当日恢复，它们对于银行的运转和流动性以及金融市场的稳定性至关

---

① United States, The President's National Security Telecommunications Advisory Committee, Financial Services Risk Assessment Report (Washington, 1997), 47.

② ATM & Debit News, September 10, 2003, ATM & Debit News Survey Data Offers Insight into Debit Card and Network Trends in Its 2004 EFT Data Book, press release, http://www.sourcemedia.com/pressreleases/20030910ATM.html.

③ MacAndrews, James J., and Simon M. Potter, "Liquidity Effects of the Events of September 11, 2001," Federal Reserve Bank of New York Economic Policy Review, November 2002.

④ The Federal Reserve Board, the Office of the Comptroller of the Currency, and the Securities and Exchange Commission, Interagency Paper on Sound Practices to Strengthen the Resilience of the U.S. Financial System (Washington: GPO, 2002), 5.

⑤ 系统性风险包括传送系统或金融市场中的某一个参与者如果不能履行其义务，则会导致其他参与者无法按时履行其义务，从而导致严重的流动性问题或信用问题，威胁金融市场的稳定性。本报告中“系统性风险”一词的使用基于支付清算系统中系统性风险的国际定义，该定义来自于2001年国际结算银行支付清算体系委员会的“支付清算术语表”。

⑥ "Federal Reserve Board Sponsorship for Priority Telecommunications Services of Organizations That Are Important to National Security/Emergency," Federal Register, 67: 236 (December 9, 2002), 72958.

重要”：[①]

- 大额的银行间资金往来，证券交易，或相关付款业务；
- 自动清算所（ACH）系统相关业务；
- 关键清算和结算公共事业；
- 财政部自动化拍卖和处理系统；
- 这些系统和公共事业中的大额美元参与者。[①]

美国对于电子经济的依赖程度日益增加，同时也增加了电磁脉冲袭击可能带来的不利影响。电子技术是金融基础设施的基础，容易受到电磁脉冲的袭击。这些系统也容易受到电磁脉冲袭击其他关键基础设施（如电网和通信）带来的间接影响。

金融服务行业

美国国家安全电信咨询委员会于1997年12月发布的《金融服务风险评估报告》中，将金融服务行业分成四个部分。这个定义在目前美国政府报告、规章制度和立法中都有使用，金融服务行业由以下四部分组成：

- 银行和其他储蓄金融机构；
- 相关的投资公司；
- 工业设施；
- 第三方数据处理和其他服务。

银行和其他储蓄机构 2004年美国银行拥有超过9万亿美元的国内金融资产[②]，投资公司和其他私人机构拥有大约17万亿美元的国家资产。[③] 银行和其他储蓄性金融机构，包括储蓄银行、信用合作社和储蓄信贷协会，对国家经济运行至关重要。这些机构通过提供储蓄、贷款、转账等业务增加存款以促进经济增长。

商业银行是大部分储蓄机构金融资产的储藏室。商业银行传播金融信息，在证券买卖中扮演代理商的角色，在企业或个人转账、存款、贷款时担任托管

---

① “Federal Reserve Board Sponsorship for Priority Telecommunications Services of Organizations That Are Important to National Security/Emergency,” Federal Register，67：236（December 9，2002），72958.

② United States，Federal Reserve Board，Federal Reserve Bulletin Statistical Supplement（Washington：GPO，2004），15.

③ Investment Company Institute，2005 Investment Company Factbook，2005，http：//www.ici.org/factbook.

人。美国前 10 大商业银行控制了近半数银行业总资产。[①]

信用合作社、储蓄与信贷协会、储蓄银行通常被认为是“其他储蓄性金融机构”。这些机构通常为家庭而非企业服务。信用合作社在这些机构中经济地位最高。到 2004 年末，信用合作社已经有超过 8500 万成员，管理着超过 6680 亿美元的资产。[②]

单个银行机构地位最高的是美联储。美联储 1913 年由美国国会建立，是美国的中央银行。美联储并不直接参与普通交易，只参与其他银行之间的交易。本质上来说，它是商业银行的国家银行。

美联储的主要目的是维持金融系统的稳定性、安全性和灵活性，控制金融市场可能出现的系统风险。美联储完成其使命的手段包括建立货币政策，为金融机构和其他政府机构服务，对银行进行监督管理。

作为美国的中央银行，美联储向商业银行提供紧急信贷，控制利率、外汇交易和货币供给。美联储还执行支票结算与审核、金融机构间的政府证券与资金转移。

美联储银行由总统任命并由参议院批准的人员组成的董事会进行管理。然而，美联储银行属于私有银行。出于行政目的，美国分为 12 个联邦储备区域，每个行政区有一个联邦储备银行。12 个联邦储备银行分别位于纽约、波士顿、费城、里士满、亚特兰大、克利夫兰、芝加哥、圣路易斯、堪萨斯、达拉斯、明尼阿波里斯和旧金山。

相关投资公司　与商业银行不同，保险公司、券商、共同基金并不是储蓄机构。这些机构向机构和个人投资者提供服务。它们为大量客户的联合投资和市场交易提供中间服务。

投资银行和保险公司承销商通过股票和债券为政府和商业企业进行投资。投资银行业也开展公司并购。目前，最大的 50 家公司占有 90％的市场份额。[③]

券商作为代理或中介机构帮助投资者购入大宗商品和进入证券市场。券商给客户提供建议，开展研究，并完成交易。美国证券经纪业包括不到 400 家公司，年收入超过 1000 亿美元。前 50 家公司占有超过 80％的市场份额。[③]

共同基金将许多个人和机构的钱筹集起来，然后用于投资股票、债券或其

---

① Klee，Elizabeth C.，and Fabio M. Natalluci，“Profits and Balance Sheet Developments at U. S. Commercial Banks in 2004，” Federal Reserve Bulletin，Spring 2005：144.

② United States Credit Union Statistics，Credit Union National Association，2004，http：//advice. cuna. org/download/us _ totals. pdf.

③ “Industry Overview：Investment Banking，” Hovers，Inc.，http：//www. hoovers. com/investment-banking-/--ID _ _ 209--/free-ind-fr-profile-basic. xhtml.

他有价证券。共同基金雇佣投资管理人来实现它的金融目标，比如提供投资收入的稳定来源或使长期回报最大化。共同基金市场由 25 家公司控制，最大的 5 家公司控制了 1/3 的市场。共同基金行业控制 8.1 万亿美元的资产。①

工业设施 包括美联储在内的银行和相关投资公司，例如，投资银行、券商和共同基金，都依赖于工业设施来完成交易。金融服务设施是为资金转移，基金、证券和其他金融工具清算结算，交换金融信息提供通用方式的机构。

在金融业，电子手段已经在很大程度上取代了纸质交易。国家经济中，支票和现金交易仍是数量最大的金融交易。然而，通过电汇、银行间支付系统、自动清算所、证券和其他投资产品的清算结算系统完成的电子交易总额已经远远超过了纸质交易额。

现代金融服务设施已将国民经济从纸质系统转变为电子系统。一些关键设施包括：美联储网（FEDNET)、联邦结算系统（Fedwire)、自动清算所系统(ACH)、纽约清算所银行同业支付系统（CHIPS)、环球银行间金融电信协会(SWIFT)，美国全国证券交易商协会自动报价系统（纳斯达克，NASDAQ)、纽约证交所（NYSE)、纽约商业交易所（NYMEX)、存款信托及结算机构(DTCC)。

美联储网连接着全国 12 家联邦储备银行和金融服务机构。美联储网在银行和其他存款机构之间进行实时转账，实时销售政府证券并记录交易，并充当自动清算所系统的角色。

联邦结算系统是银行间资金转移的主要国家网络，该系统目前大约为 7500 家机构服务，联邦结算系统的无纸证券交易允许银行和其他存款机构交易美国政府证券，该网络已经使美联储的政府证券在很大程度上被电子记账代替。在联邦结算系统上进行转让均不可撤销而且立即生效。联邦结算系统一笔资金交易平均为 390 万美元。② 2005 年，联邦结算系统平均每天处理约 528000 笔交易，每日平均交易额约 2.1 万亿美元。②

自动清算所系统在 20 世纪 70 年代开始发展，替代传统纸质清算检查系统。自动清算所系统电子交易包括工资、养老金、奖金、股息等直接存款以及票据直接支付。美联储每年处理约 367 亿笔自动清算所系统支付，总金额达到 39.9 万亿美元。③

---

① Investment Company Institute, 2005 Investment Company Factbook, 2005, 59, http://www.ici.org/factbook/pdf/05_fb_table01.pdf.

② Federal Reserve Board, http://www.federalreserve.gov/paymentsystems/coreprinciples/default.htm#fn12.

③ United States, Federal Reserve System, Analysis of Noncash Payments Trends in the United States: 2000—2003 (Washington: 2004), 5.

纽约清算所银行同业支付系统是用于银行间转账结算的电子系统，也是外汇交易的主要结算系统。“平均每天处理超过 285000 笔支付，总金额超过 1.4 万亿美元。”占到了所有国际美元支付的 95%。[①]

环球银行间金融电信协会为股票交易所、银行、经纪公司和其他机构提供了一个经济高效、安全的国际支付信息系统。这些信息用于指导银行和其他机构间的支付和转让，而不是内部支付。环球银行间金融电信协会每天大约传送 800 万条信息。[②]

纳斯达克和纽约证交所是最大的证券交易市场。纳斯达克是一个电子通信网络，整合了多个交易者的报价，实时显示并进行电子交易。纽约证交所提供相似的电子服务。2004 年，纳斯达克完成了 9.579 亿笔交易，总价值超过 3.7 万亿美元，纽约证交所交易额则略逊一筹。[③]

纽约商业交易所进行的期货交易有无铅汽油、取暖用油、原油、天然气和白金。纽约商业交易所进行的原油交易通常达到全世界的日总产量。

存款信托及结算机构致力于银行间的证券交易，是世界上最大的证券登记结算系统。2004 年，该公司在证券交易中完成了超过 1000 万亿的财务结算。该机构采用电子化方式保存证券记录并进行交易。每年，存款信托及结算机构的参与者提供总值约 4.5 万亿美元的证券，所有权均为电子记录。[④]

第三方数据处理和其他服务　第三方数据处理公司是为金融机构提供电子加工服务的科技公司。银行和其他金融机构可以通过将电子交易承包给第三方来减少开销。由于技术的不断变化，相关技术外包十分有吸引力。新技术的高成本和复杂性促使许多银行与电子金融领域的第三方专家建立合作关系。通常由第三方数据处理机构提供的服务包括数据中心管理、网络管理、应用程序开发、结算和审核，共同基金账户处理和电子资金转账。

面对电磁脉冲时的敏感性

从前面的讨论中可以清楚地看到，金融基础设施高度依赖电子系统。几乎

---

① SWIFT，2005 Annual Report：Alternative Connectivity for CHIPS Reinforces Resilience，http：//www.swift.com/index.cfm？item_id=59677.

② SWIFT，2004 Annual Report：SWIFTnet Now the Benefits Really Begin，http：//www.swift.com/index.cfm？item_id=56868.

③ NASDAQ，NASDAQ Announces Market Year-end Statistics for 2004，http：//ir.nasdaq.com/releasedetail.cfm？ReleaseID=177077.

④ DTCC，2004 Annual Report：What is a Quadrillion？3，http：//www.dtcc.com/downloads/annuals/2004/2004_report.pdf.

所有涉及银行和其他金融机构的交易都是电子化进行的，几乎所有金融交易记录都是电子化存储的，如同纸币取代以前的贵金属，电子化经济现在已经取代纸质经济。金融基础设施是一个包含从简单到复杂电子设备的网络，电子设备涵盖了从电话到中央处理机、从自动取款机到海量数据存储系统。

电子技术是金融基础设施的基础，容易受到电磁脉冲危害。金融系统也可能通过其他关键基础设施，如电网和电信系统，受到电磁脉冲间接危害。

金融服务业安全问题专家认为该行业能够抵御各种各样的威胁。例如，美国国家安全电信咨询委员会注意到重要的金融机构通过多层防护来保证系统的稳定性和恢复能力：

> 业务数据中心设计之初就以高生存能力为准则。一些建筑采用厚的混凝土墙进行加固，安全防护措施与军事指挥所相当。大多数都有不间断电源、发电机和足够设备独立运行几个小时到一个多月的现场燃料储存。对外通信联系有多种渠道，有多个大厦访问节点和连接节点，尽量对应多个中央办公室。数据中心内的操作程序尽可能地降低人为错误造成的中断，大多数或所有数据文件都有备份并且存储在异地的磁盘或磁带中。①

美国国家安全电信咨询委员会还观察到，“许多自然和人为灾害……促使金融机构测试并提高他们的灾后恢复能力。”①金融服务业对其他基础设施的依赖性已经在真实事件中暴露无遗。例如，1988 年，伊利诺伊州欣斯代尔的亚美达科中央办公室发生了大火，芝加哥贸易委员会和其他主要机构间的长途通信中断。1990 年 8 月爱迪生联合办公室发生的电气火灾，使得华尔街瘫痪了近一星期。1992 年 4 月，芝加哥的地下洪水造成持续的电信和电力中断。1996 年夏季（美国）西部地区和 2003 年夏季（美国）东北部地区，金融机构遭受大面积停电。

此外，根据美国国家安全电信咨询委员会报道，“金融行业经受住了一起近年来最严重的恐怖袭击”：

> 1993 年 2 月 26 日的世贸中心爆炸案，袭击了金融行业的中心，影响了纽约商交所和许多证券交易商，扰乱了整个华尔街的交易活动。设施、系统、程序，工作人员遇到了许多问题，公司为恢复系统忙个不停，一些证券公司的业务被暂时关闭。然而，最关键的金融服务没有受到任何影响，事故造成的经济影响很小。①

① United States, The President's National Security Telecommunications Advisory Committee, Financial Services Risk Assessment Report (Washington, 1997), 40.

金融服务业也经受住了 2001 年 9 月 11 日恐怖分子摧毁世贸中心这样更加毁灭性的恐怖袭击。美国国家安全电信咨询委员会发现，这类事件“提高了金融服务基础设施的可靠性”。

美国国家安全电信咨询委员会判断金融服务业在面对各种威胁时都具有强大的生存能力，这一判断得到美国科学院（NAS）研究报告《使国家更安全：科学和技术在打击恐怖主义中的作用》（2002 年）的支持。根据美国科学院报告，美国的金融基础设施高度安全是因为其电子系统有足够的冗余：“虽然物理定律不能证明所有备份数据和各地备份设施不会被同时摧毁，但是这种袭击非常复杂，难以实施，因此是不太可能发生的。”①

然而，美国国家安全电信咨询委员会和美国科学院的研究主要考虑网络恐怖分子使用计算机攻击金融服务业带来的威胁。这些研究并未评估电磁脉冲袭击的威胁。

电磁脉冲袭击会造成美国科学院认为网络恐怖分子难以执行且几乎不可能发生的针对金融行业的袭击。电磁脉冲袭击是同时发生的、大范围的。电磁脉冲以光速传播，能够覆盖广泛的地理区域。这种袭击可能达到美国科学院制定的金融基础设施灾难的标准：“同时破坏所有备份数据和所有地点的备份设备。”①

电磁脉冲可能不会抹掉存储在磁带上的数据。然而，通过关闭电网和损坏或破坏数据检索系统，电磁脉冲能够造成存储在磁带和光盘上的重要记录无法访问。此外，因为电磁脉冲从物理上破坏电子系统，这也是美国国家安全电信咨询委员会得出的结论中比网络恐怖主义更令人担忧的威胁：“物理攻击仍是该行业比较大的风险”。

绝大多数用于金融基础设施的电子系统从未进行过测试，更不用说针对电磁脉冲进行加固。金融服务行业对电子基础设施的数据容量、速度、精度有极高要求，几乎不允许有错误发生。金融业务不能容忍电磁脉冲袭击可能带来的中断或大规模系统性破坏。

例如，纽约清算所银行同业支付系统每日处理银行间交易涉及 1.4 万亿美元，或每小时 1820 亿美元。② 纽约清算所银行同业支付系统和美国联邦结算系统在高峰期经常每秒接收 5～10 项资金转账信息。②期权结算公司平均每日完成

---

① National Academies of Science，Making the Nation Safer：The Role of Science and Technology in Countering Terrorism（Washington：National Academies Press，2002），137.

② SWIFT，2005 Annual Report：Alternative Connectivity for CHIPS Reinforces Resilience，http：//www.swift.com/index.cfm？item_id=59677.

10.5 亿美元的费用结算。[1] 2004 年圣诞前夕，一家信用卡协会每秒处理超过 5000 笔交易。[2] 金融行业还必须存储大量数据，TB 级容量组合是目前最常用的，一些数据库超过 1PB（1000TB）。这些巨大的数据库必须在每个工作日结束后进行数据更新。

美国国家安全电信咨询委员会认为“处理如此多的数据，工业设施承受不起任何服务中断”。电磁脉冲袭击可能造成通信中断几天、几周甚至几个月，还有可能破坏或更改数据库，这都将使金融基础设施处于危险的境地。

尽管金融服务业从以前的自然与人为灾害中幸存下来，并从中吸收很多教训，但这些灾害也暴露了该行业存在被电磁脉冲袭击的漏洞。根据美联储人事部主任称，9 月 11 日世贸中心的恐怖袭击暴露了金融行业的通信和集中的关键设施是该行业的严重问题。由于通信问题，股票交易关闭了 4 天，直到 9 月 15 日才得以恢复。关键的中央办公室受到损害，不能继续运行，导致纽约证券交易所不能重新开业。据这位政府高级官员说，如果电信被扰乱，联邦结算系统、纽约清算所银行同业支付系统、环球银行间金融电信协会都将停止运转。他进一步指出，自动清算所系统、自动取款机，以及信用卡和借记卡系统都依赖于电信系统。这些系统的中断迫使消费者重新使用现金交易。[3]

2003 年 8 月（美国）东北地区电力中断后金融行业的响应，已被描述为“9 · 11”事件之后金融服务产业安全措施生效的典范，但这不是完整的情景。一些分析家观察到停电发生在有利于金融行业恢复的近于理想环境。停电发生在星期四下午 4:10，而下午 4:00 是金融市场的闭市时间，在星期五上午 9:00 之前大部分金融业务已经结束。业务量和往常 8 月一样接近于最低点。

即便如此，从 2003 年 8 月（美国）东北地区停电事件中恢复，仍需要许多金融业人员通宵工作。美国的股票交易所没有开门，因为空调无法工作。很多交易者不能在周五上班，因为交通系统瘫痪了。一些公司不能通过电话联系纳斯达克进行电子交易。很多自动提款机无法工作。由于持续停电，在纽约城的 1667 家银行中，很多都在周五关门。有备用发电机的许多行业，如克利夫兰的科凯集团，对停电措手不及，几个小时后才找到柴油燃料。

2003 年 8 月（美国）东北地区大停电发生在幸运的时刻且持续时间短，对

① One Chicago (April 30, 2002), ONECHICAGO, Options Clearing Corporation and Chicago Mercantile Exchange, Inc., Sign Clearinghouse Agreements, press release, http: //www.onechicago.com/060000_press_news/press_news_2002/04302002.html.

② "Digital Transactions News," Digital Transactions, January 6, 2005, MasterCard Worldwide, Digital Transactions, http: //www.digitaltransactions.net/newsstory.cfm? newsid=466.

③ Malphrus, Steve, Staff Director for Management, Federal Reserve Board, personal communication.

金融业带来的影响时间相对短暂。尽管如此，银行不得不从美联储借款 7.85 亿美元以弥补财政不平衡。这是它们前一周所借款项的 100 倍，而且是“9・11”事件后最大数额的借款。[①] 大多数经济学家都承认这次停电对美国第三季度的经济增长有一些明显的影响。

这些事件资料说明，如果电磁脉冲袭击扰乱金融业不是几小时而是数天、数周或数月，那么其对经济的影响将是灾难性的。2005 年 8 月卡特里娜飓风造成的长时间停电比 2003 年 8 月（美国）东北地区大停电更能反映电磁脉冲对金融基础设施的影响。卡特里娜飓风停电，相当于一个小的电磁脉冲袭击，扰乱了正常的商业生活，时间长达几个月，对国民经济造成了惊人的损失，时至今日影响仍未完全消除。

金融网络的正常运行高度依赖于电力和通信。大面积的电力中断将使网络关闭，在供电恢复前所有的金融活动都将停止，就像卡特里娜飓风期间发生的一样。即使电源未受影响或能够在短期内恢复，还需要电信系统完全恢复才能重新启用金融网络。如果电信基础设施中的关键部分受到电磁脉冲袭击影响(如总开关和本地开关)，金融网络将受到一定程度的影响，系统的恢复将取决于电信系统的恢复。

电磁脉冲袭击对网络造成的损坏也会制约金融网络重新恢复运转的时间。

金融基础设施故障的后果

尽管美国金融基础设施对很多威胁具有鲁棒性，但他们的设计并不能抵抗电磁脉冲的袭击。事实上，美国现代化金融设施使用的高精尖电子技术，是最容易受到电磁脉冲损害的。

电磁脉冲袭击扰乱金融服务业的后果，是美国经济停止运行，创造财富和就业机会的交易将无法开展，无法为企业资本和私人用途（如购买房屋和汽车）提供贷款。以电子记账记录在银行数据库的财富，可能在一夜之间变得不能使用，信用卡、借记卡和 ATM 卡都将无法使用。此时若想退回到现金经济时代都很难实现，因为电子记录无法读取，而电子记录是从银行提取现金的基础。大多数人将财富存储在银行，家中只有少量现金。替代混乱的电子经济的方法可能不是 19 世纪的现金经济，而是更早时期的以物易物交易。

电磁脉冲袭击的直接后果是，银行将难以运转，难以为市民提供生存所需

---

① Jackson, William D., Homeland Security: Banking and Financial Infrastructure Continuity, U.S. Congress, March16, 2004, Congressional Research Service (Washington, 2004), 6, http://www.law.umaryland.edu/marshall/crsreports/crsdocuments/RL3187303162004.pdf.

的金融流动性，即购买食物、水、汽油或其他生活必需品和各种服务。现代银行业几乎完全依赖于电子数据和检索系统来记录并完成账户交易。电磁脉冲袭击会损坏电网或电子数据检索系统，使得银行交易几乎不可能完成。

在不依靠电子记录信息的情况下，用纸和手写交易来操作银行系统是很困难的。如果在紧急情况下建立一个临时的纸质银行体系，那这种系统将面临充满欺诈、盗窃和高昂的错误风险。这样的系统不符合银行保护金融资产高于一切的谨慎态度和自身利益。银行制定的章程包含协议和业务标准，可以保护银行免受法律责任，这些协议和业务标准存在于现代化电子银行系统内，这些系统为银行提供了可靠性、多冗余和相关担保。

委员会工作人员对自然灾害和人为灾害所做的一项调查发现，在由于停电而无法使用电子系统后，没有银行会重新开放，手工完成交易。除非银行在危机之前就有精心准备，有恢复到纸质和手写交易的应急计划，况且在电磁脉冲袭击后银行经理未必有能力、权力或动机尝试启用纸质和手写银行系统。除非联邦当局指导建立无电运行的应急计划，否则很难有商界团体愿意实施这种计划。

在遭到电磁脉冲袭击后，个人和公司会有许多理由选择小心谨慎，规避风险，而不愿像往常一样恢复营业。即使电力、电信和交通运输能在短短几天内迅速恢复，影响经济振兴的心理担忧也将持续一段时间。完全恢复需要商界恢复对基础设施、金融机构和未来的信心。尽管联邦政府实行金融改革以重振经济，但大萧条还是比预期持续时间更长，达数年之久，部分原因是企业不愿意冒险将资本投入他们失去信心的系统。

美国财政部和美国证券交易委员会都认为，支持关键基础设施的电子系统即使只出现一天故障，都可能造成一个或多个关键市场大规模中断和风险，对金融系统构成威胁。事实上，在由美国财政部和美国证交会（SEC）合作的《加强美国金融体系恢复能力的合理策略的合作文件》中，建议“总体目标为事件后两小时内实现灾难恢复”。文件指出：

> 考虑到每天进行的清算和结算交易/付款数量繁多且数额巨大，在工作日内未能完成预期的清算和结算交易，可能会带来系统流动性紊乱，加剧关键市场的信用风险和市场风险。因此，核心清算和结算组织应发展在事件发生的交易日内恢复清算和结算活动的能力，总体目标是事件后两个小时内恢复。[①]

---

① U. S. Security Exchange Commission，Interagency Paper on Sound Practices to Strengthen the Resilience of the U. S. Financial System，April，2003.

金融基础设施部分或小规模破坏可能足以带来重大的经济危机。例如，ATM 机故障和其他的提取现金故障可能破坏消费者对银行体系的信心并造成恐慌。美国国家安全电信咨询委员会指出，金融业的安全保障背后的最终目标是保持消费者信心："一个机构保持客户对其信任的能力，比金钱的价值更大。"[①] 美国科学院的一项相关研究结论是：造成唯一电子记录破坏的攻击将是"灾难性的、不可逆的"。[②] 虽然磁盘里存储的财务数据不可能被电磁脉冲毁坏，但是用于检索数据的电子系统有可能受到电磁脉冲危害，且系统运行依赖于脆弱的电网。如果无法访问，数据和关键记录将毫无意义。美国科学院称"重要操作数据和关键记录大规模不可恢复的丢失将会给美国社会造成灾难性的不可逆的破坏。"[②]

建　议

保护金融服务业不受电磁脉冲威胁和其他威胁的损害，对美国国家安全至关重要。美国联邦政府必须确保金融系统面对威胁时不会发生严重的长期后果，并顽强生存下来。

美国国土安全部、美联储、财政部和其他相关机构，必须制订应急计划，保证关键金融系统在电磁脉冲袭击中存活下来并快速恢复。

关键金融服务包括为全体居民提供现金、借贷和其他购买生活必需品和服务所需的流动资金的手段和资源。通过加固、冗余、应急计划及其相互协调，保护支持现金、支票、信用卡、借记卡和其他交易的国家金融网络、银行记录和数据检索系统是至关重要的。

联邦政府必须与私营机构合作，以确保在包括电磁脉冲袭击在内的所有蓄意的不良事件发生时，重要的财务记录和服务基础设施系统受到保护且能有效地恢复。美国财政部、美联储、证券交易委员会在《加强美国金融体系恢复能力的合理策略的合作文件》中建议，面临蓄意毁坏和网络威胁，需要采取防护和恢复手段，应增加从电磁脉冲袭击中快速恢复的内容，有以下几个方面：

- "金融服务业中的每个组织，应该确定其清算或结算组织核心或发挥了重要作用的关键金融市场中的所有清算结算活动"可能受到电磁脉冲袭击的威胁。
- 金融行业应在电磁脉冲袭击后"确定适当的清算结算活动恢复目标，以支

---

① United States，The President's National Security Telecommunications Advisory Committee，Financial Services Risk Assessment Report (Washington，1997)，27.

② National Academies of Science，Making the Nation Safer：The Role of Science and Technology in Countering Terrorism (Washington：National Academies Press，2002)，137.

持关键市场”。

● 金融行业应维持“足够分散的资源以满足恢复目标……备份站不应依赖于与主站相同的基础设施组件（如交通、通信、供水、电力）”，以应对电磁脉冲袭击。此外，这类站点不应太分散或者与主站点的工作人员距离太远。

● 金融行业应该“经常演练或测试恢复预案……这对于公司对备用设备市场、核心清算结算组织、第三方服务提供商进行考核非常关键，可以确保面对电磁脉冲袭击时，系统连接完好、传输容量正常、数据完整可靠。”①

---

① U. S. Security Exchange Commission，Interagency Paper on Sound Practices to Strengthen the Resilience of the U. S. Financial System，April 2003.

第5章　石油和天然气

引　　言

能源是美国经济的基础。虽然有很多能源来自于煤炭、水电、核能这些自然资源，通过电网分配给用户，但是美国使用的能源①仍有60%以上来源于石油（约占40%）和天然气（20%以上），通过广泛分布的管道系统分配给用户。精炼的石油产品和天然气为我们的汽车、房屋取暖、工厂运转提供能源，同时也是化肥、塑料等工业材料的关键成分，这些都保证了我们这个能源密集型社会的正常运转。根据2006年年度能源总结报告，美国平均每天进口1000万桶原油和115亿立方英尺天然气。美国每天生产约500万桶原油和506亿立方英尺天然气。这些能源从生产地或入境口岸运送给用户或者通过国家管道系统进行分配。

与石油和天然气基础设施密切相关的要素很多，如生产、加工、存储、运输等，但这一章的重点是运输系统。尤其关注长度超过180000英里的州际天然气管道和长度超过55000英里的直径在8～24英寸的石油管道，它们易于受到电磁脉冲袭击的影响。② 我们将重点分析电子控制系统的潜在漏洞——SCADA，这在第1章已经简单讨论过，但SCADA在石油和天然气输送基础设施中尤为重要。控制系统组件如集成电路、数字计算机和数字电路等，工作电压低，工作电流小，在美国商业石油和天然气基础设施中应用广泛，电磁脉冲袭击可能引起严重的系统故障，导致火灾或爆炸。

基础设施类型

石油

石油基础设施可以分为两个部门：上游部门，包括原油的勘探和生产；下游部门，包括炼油、运输和成品油的运输。

---

① Annual Energy Review 2006，International Energy Agency.

② Pipeline 101，http：//www. pipeline 101. com.

上游部门的物理组成包括用于勘探、钻井和开采原油的陆地油井和水上石油钻井平台。2006 年，美国在岸上和海上工作的旋挖钻机有 247 台（图 5-1）。此外，原油生产的许多设施在国外，因为美国石油大部分依靠进口。

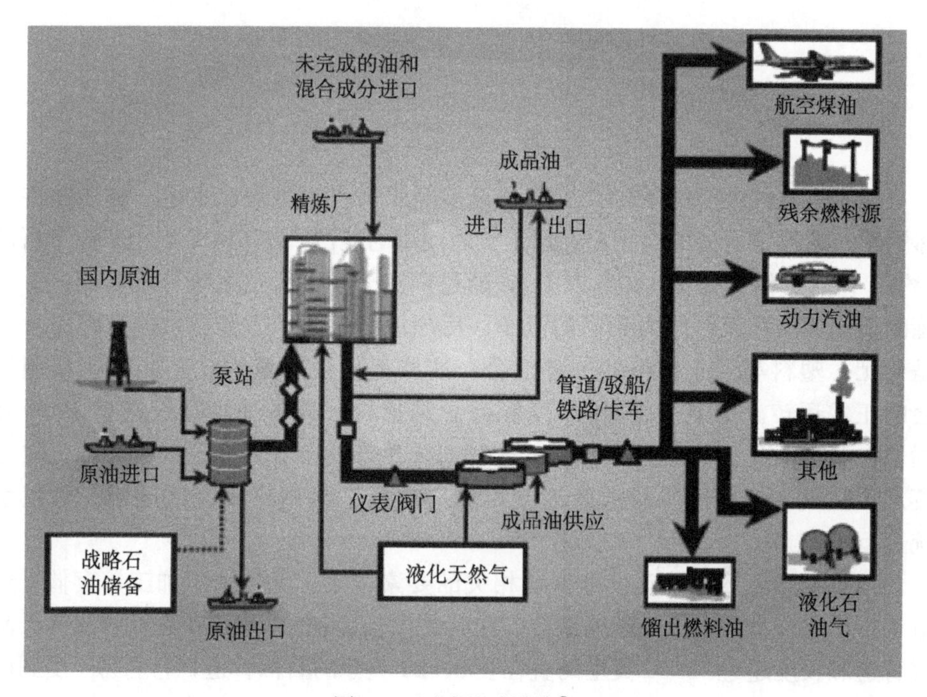

图 5-1　石油基础设施①

与石油生产其他阶段不同，美国是世界上最大的成品油生产国。2006 年，149 家炼油厂产量约占世界炼油厂产量的 23%。这些炼油厂的生产能力为每天 5000 桶到 50 万桶。美国近一半的炼油产能位于墨西哥湾沿岸，主要是在得克萨斯州和路易斯安那州。其他主要的炼油厂位于加利福尼亚州的中西部地区、华盛顿和美国东海岸。

石油基础设施中最常见的物理元素是大量的传输网络，它们将原油从产地输送到炼油厂进行处理，将成品油输送给消费者。管道是完成这项任务最安全经济的方式，2006 年美国炼油厂近 50%的原油是通过管道接收的，还有 46%的原油通过油轮运输到炼油厂，剩余的通过驳船、铁路油罐车和卡车运输到炼油厂。分布在美国各地的原油干线（直径 8～24 英寸）大约有 55000

① National Petroleum Council，Securing Oil and Natural Gas Infrastructures in the New Economy，a Federal Advisory Committee to the Secretary of Energy，June 2001.

英里长，小石油管线（直径 2～6 英寸）有 30000～40000 英里长。主干线连接区域市场，小管线将原油从油井（陆地或海上）运输到主干线，主干线主要分布在得克萨斯州和路易斯安那州。汽油、柴油、航空油等精炼油主要通过油轮、油罐车运输到市场上。此外，全国还有大约 95000 英里长的精炼油管道（直径从 8 英寸到 12 英寸甚至 42 英寸），将精炼产品运送到最终目的地。

石油在地上、地下或海上运输有多种方式，如铁路、公路、管道、驳船、油轮等，这些都离不开储油设备。在美国，最常见的是用于地上运输的钢板制成的储油罐。大多数的地下储油罐也是由钢铁制成的。这些储油设备包括生产现场、海运码头、炼油厂、管道泵站以及零售设施中的油箱、汽车油罐和家用暖气油罐，它们位于油气生产和输送的各个节点。

2006 年，美国约 60％的石油消费需要从国外进口。4000 个美国离岸平台、2000 个石油终端、世界能源贸易国家所属的在美国 185 个港口卸载石油的 4000 艘油轮，也应算作石油基础设施的一部分。

天然气

天然气基础设施由采气井、处理站、储存设施和国家管线系统组成（图 5-2）。

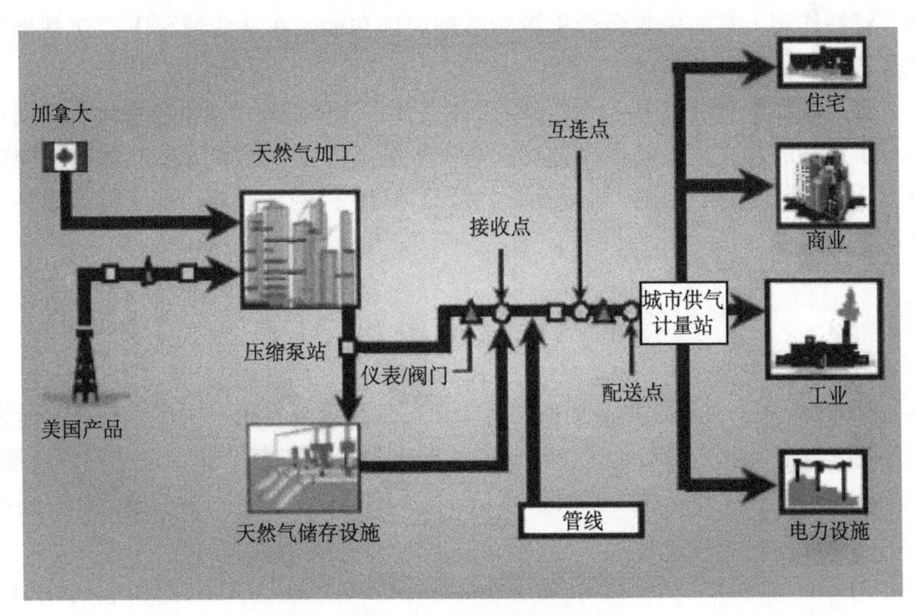

图 5-2　天然气基础设施

2006年，美国共有63353个油田和天然气田，天然气和凝析油生产井448461口，[1][2] 有500多家天然气处理工厂，[3] 有1400多个压缩机站，用于保持管道压力并保证天然气前向输送。储存设备包括394个由贫油田和贫气田、蓄水层和盐洞组成的地下储存区域，5个液化天然气（LNG）进口设施和100个液化天然气调峰设施。管道系统包括300000英里以上的州际和州内传输管线，180万英里长的配气管线（将天然气输送到附近城市、家庭和商业区）。

美国消耗的天然气大部分产自国内。过去，国内产量约占消耗量的85%，剩余15%从加拿大进口。近年来，国内产量下降到75%，而其余部分从加拿大进口。2005年，得克萨斯、俄克拉荷马、怀俄明、路易斯安那和新墨西哥五个州天然气产量占国内总产量的77%。

电磁脉冲对石油和天然气基础设施的直接效应

上一节描述的基础设施依赖于各种各样电器元件的连续运行：用泵从井中提取燃料，管道完成燃料运输，炼油厂处理原料的电气驱动系统，将燃料从储存站点输运给用户的运输系统，销售点与客户进行交易的电子设备等——所有这些都是易受电磁脉冲袭击的目标。这里我们只关注这些组件之一（即SCADA）的脆弱性——SCADA在所有基础设施中几乎无处不在，而且发挥着一系列关键性作用，它的失效会严重影响基础设施功能，在某些情况下会使基础设施全部失效。

第1章和本章引言中已经对SCADA及其在测试过程中对电磁脉冲的脆弱性进行了详细的描述，在此不再赘述。本章将重点阐述石油和天然气基础设施中SCADA所起的特殊作用，然后考虑引起SCADA控制和监测功能降低或破坏事件产生的后果。

石油基础设施和SCADA

SCADA在石油行业产品周期的各个阶段发挥重要作用：生产、精炼、运输和分配。石油行业内自动化操作始于资源勘探阶段，结束于最终运送到客户端。在产品周期每一步骤，过程控制和SCADA不仅可以确保公司的高效运作，还可

---

① Energy Information Administration，About Natural Gas，http：//www.eia.doe.gov/pub/oil_gas/natural_gas/analysis_publications/ngpipeline/transsys_design.html.

② Energy Information Administration，Oil and Gas Code Field Master List，2006.

③ Natural Gas Processing Plants，1995—2004 EIA 6/2006.

以实施严格的安全措施以防止发生受伤和死亡事故、火灾和爆炸，以及生态灾害。

比如，SCADA 运用在生产领域，管道采集系统，管道监测和调整各种操作参数等。这些监测功能协助石油公司预防石油泄漏和其他危险状况发生，还能尽量减少事故发生后的影响。

这些系统可以实现主站监控井口、水泵站、阀门的各种参数和偏差范围，省去了连续的人工监视，为了满足双向传输系统需要双通道。图 5-3 给出了一个典型的用于海上石油生产和陆上石油输运的 SCADA，展示了远程终端单元（RTU）和分布式控制系统（DCS）的应用及其通过各种通信手段与主终端单元（MTU）的连接。

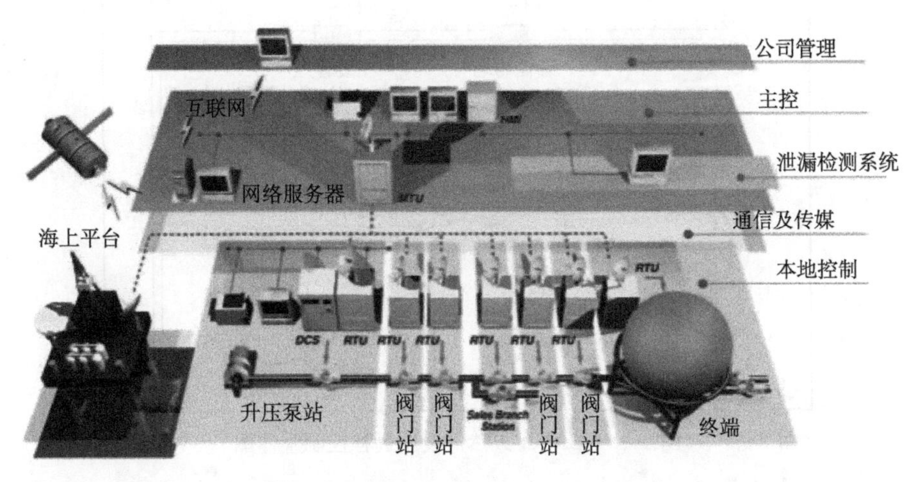

图 5-3　石油开采中典型的 SCADA 布置

能产生数千马力（1 马力＝745.7 瓦特）的抽水设施和每小时能测量数千桶的计量设施通常是通过 SCADA 远程操作的。只有通过极其可靠的通信系统，它们才能正常操作。控制系统包括增加或减少井下泵输出的控制系统或将其全部关闭的控制系统。管道控制包括改变线路、增加或减少液体或气体流量等。然而，一些管道设施仍须手动操作。

过程控制的目的是保持过程变化、温度、压力、流量、成分等参数在正常范围内。先前精炼厂内、管道中和生产领域的过程控制系统是封闭和专有的。现在这些过程控制系统正朝着开放架构与商业化软件发展。石油基础设施现在依赖电子商务、商品交易、B2B 系统、电子公告板、计算机网络和其他关键商业系统进行操作和建立联系。这些评估和控制工具在很大程度上取决于电信和相关的信息技术。这里的电信是指包含 SCADA、相关的 SCADA 通信链、控制系统、综合管理信息系统等在内的信息链接和数据交换系统。

天然气基础设施和 SCADA

SCADA 对于现代天然气业务至关重要。该系统提供了在无序环境下高效运作所需的近乎实时的数据流。此外，SCADA 提供所有交易报告，建立财务审计。

将天然气有效地配送到用户的关键是了解州际或州内管道系统在任何时间点的状态。这项任务通过天然气控制（一个集中指挥所）来完成，连续不断地从管线设施接收信息并将信息和操作指令发送给区域内的设备和人员（图 5-4）。

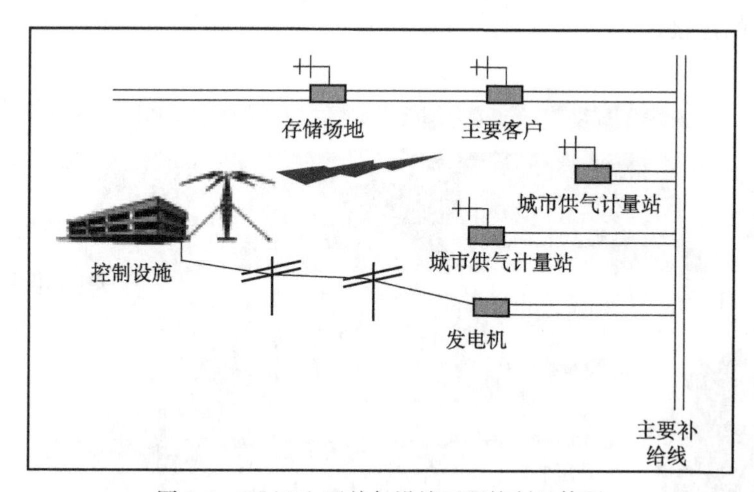

图 5-4　SCADA 天然气设施远程控制整体图

通过 SCADA 气体控制系统，可以监测体积、压力、温度以及管道设施的运行状态。利用微波、电话或通信卫星，SCADA 为气体控制系统操作员提供流入系统的天然气体积和输送给用户的天然气体积，同时使系统能够快速识别设备故障或事件，并作出反应。SCADA 允许气体控制系统远程启动或停止压缩机、打开或关闭阀门，从而改变流量，满足用户对天然气需求的变化。在没有 SCADA 之前，所有这些功能，包括繁琐的流量计算，都需要人工完成。

天然气业务的自动化，采用了许多电子元器件和电子技术。许多组件使用简单的机械或电气特性来执行特定的任务，但越来越多的组件基于计算机。主要部件和子系统有 RTU、可编程逻辑控制器（PLC）、MTU、有线和无线通信系统。总体 SCADA 结构还包括控制中心、信息技术、个人电脑（PC）和其他外围技术。RTU 和 PLC 通常位于远程操作点，并通过通信网络与 MTU 和其他通信基础设施连接。

美国石油和天然气基础设施受到电磁脉冲袭击的影响

很少有能够精确描述电磁脉冲事件确切效应的经验数据。我们只能从不同水平的电磁脉冲测试给出的已知结果和其他类型的试验结果来进行推断。很明显，电子设备，尤其是那些集成半导体电路，在不同程度上都易受到电磁脉冲事件影响。

SCADA 中最易受到电磁脉冲袭击伤害的是电子元器件，它们分布在 SCADA 所有子系统之中。MTU 是一台现代化计算机，其内部的芯片上有各种半导体电路。电磁脉冲事件可能会影响这些半导体电路，或者使系统暂时中断（如果计算机不能自动重新启动，就需要进行人工干预），或者带来永久性损伤。如果 MTU 未遭到物理损坏，它的功能状态可能不会明显表现出来。如前文所述，MTU 失效可能会使控制中心人员看不到系统的数据和性能。如果物理系统（如管道、炼油厂）没有受到电磁脉冲事件的影响，它们将在 RTU 设定的控制限值内继续工作。

如今，SCADA 中使用的 RTU 和 PLC 使用固态电路储存程序，通过程序发出指令。这种设计使得 RTU 和 PLC 本身就容易受到电磁脉冲的损害。尽管采用了小型、远程安装的方式减少暴露，但 RTU 和 PLC 部分或全部仍会受到电磁脉冲事件影响。在 MTU 受影响的案例中，即使没出现全面损坏甚至没有发生明显的损坏，但是嵌入式集成芯片仍是潜在的损伤隐患。

天然气

RTU 和 PLC 功能失效将导致该站点的监控功能失效。设备将无法直接改变气体压力以满足天然气部门的需求。气体输送系统可能继续运转，天然气也将持续流动，但系统最终将会达到极限状态。由于存在备份应急压力调节装置，这样的故障不太可能导致破裂或爆炸。在没有手动干预的情况下，最有可能的结果是，一段时间后压力减小，导致大规模服务中断。

如果天然气基础设施的控制系统（如 RTU、PLC、MTU）中的任何组件出现故障，系统仍具有未安装 SCADA 之前的机械操作能力。电磁脉冲感应产生的假信号可能会影响操作，使应处于打开状态的阀门意外关闭。SCADA 没有能力根据变化的情况进行调整；除非在极端情况下如冬季用气高峰，人员到现场进行手动控制，维持天然气的输送。与天然气系统经营者讨论后达成的共识是，当识别到现场数据出现问题后，天然气管道系统不会立即关闭。

石油

前人的许多经验告诉我们，如果某条石油管道的SCADA受到电磁脉冲事件影响而失效，必须关闭操作。石油管道故障可能带来灾难性的后果。石油泄漏可能污染水源，导致灾难性的大火。基于前人的经验可知，当今操作复杂管道系统的公司没有足够的人力通过电话（电磁脉冲事件后可能不可用）与中央控制中心联系完成现场人工操作，部分原因是紧急情况下系统需要监控的站点太多。过去十年的发展趋势是，提高远程控制能力，同时降低石油和天然气管道行业从业人员。

美国炼油厂高度依赖易受电磁脉冲损伤的计算机和与过程控制相关的集成电路。与数家炼油厂的工厂经理和工艺控制工程师进行讨论，他们给出了几乎一致的回答，过程控制故障会导致炼油厂停工。多家炼油厂指出，他们现有的紧急故障防御系统在发现SCADA参数超出范围时，将控制炼油厂停机。然而，极短时间内的过程控制中断和紧急停机过程，会大大增加炼油厂设备损坏的风险，也损失了产量。

电磁脉冲的间接效应：由于基础设施间的互相依赖

第1章对基础设施的相互依赖性有一个总体的描述。石油和天然气基础设施对其他基础设施的依赖如图5-5和图5-6所示。[①]

石油和天然气基础设施高度依赖于国家电网的电力供应，以及所有其他关键基础设施，包括食物和应急服务（当需要工人手动操作基础设施时）。反过来，其他基础设施也都依赖于石油和天然气部门提供的燃料供应。

在生产、精炼、加工、运输和交付的整个周期中，石油和天然气系统都高度依赖商业用电。美国石油部门最依赖于商业电力供应。天然气基础设施依靠电力来维持润滑油泵压缩机、后置冷却器风扇、电子控制板、语音和数据通信、计算机、SCADA通信和控制设备、气体控制中心以及其他关键部件的运转。

美国石油和天然气公司内部有一系列的通信系统，它们对于保护生命安全、健康和财产安全至关重要。这些通信设施对于维持公司的日常运作、应对潜在的灾难和危及生命的紧急情况，也是至关重要的。它们用于人员和设备定位、石油天然气勘探的多种地球物理声学信号的控制和同步以及地球物理数据遥测。

---

① National Petroleum Council, Securing Oil and Natural Gas Infrastructures in the New Economy. Not all interdependencies are shown.

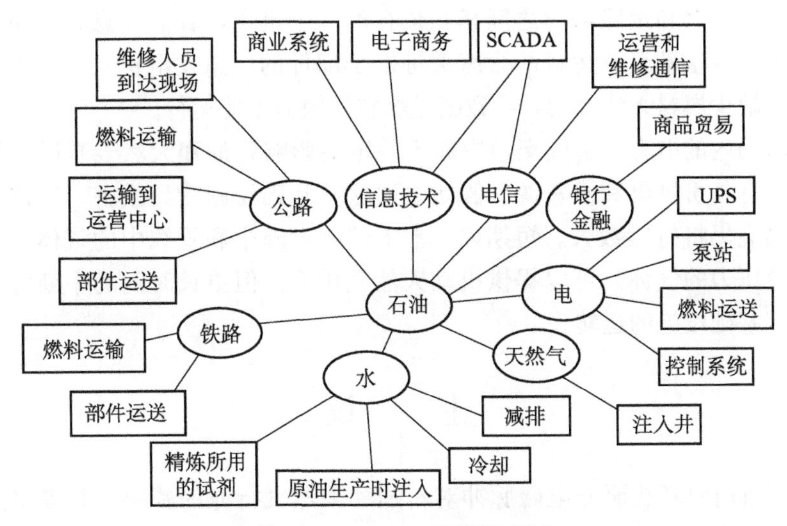

图 5-5　石油相互依赖性示例

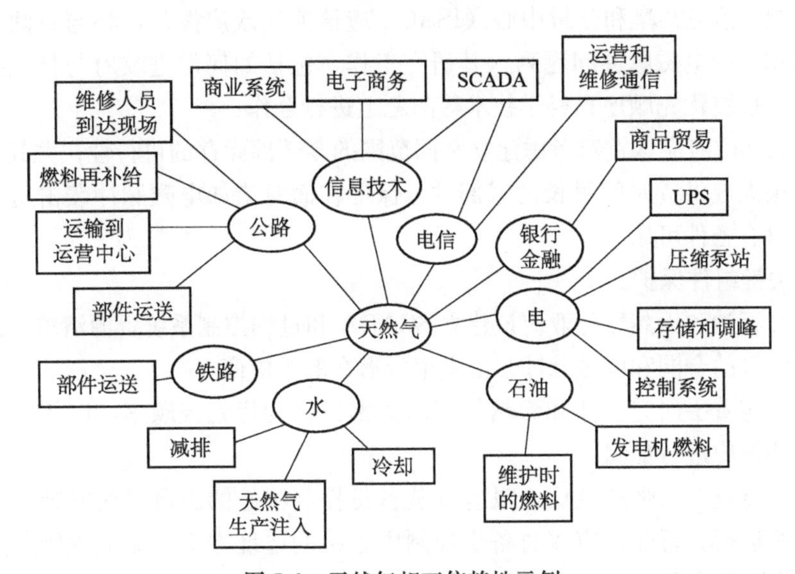

图 5-6　天然气相互依赖性示例

移动无线电为每口独立井管理，管道收集系统，石油产品运输装载和配送过程发挥关键作用。在紧急情况下，通信系统对于确保人员、周围居民和环境的安全是不可或缺的。

石油和天然气基础设施一般都配有燃气压缩机、汽油泵或燃气泵、备用的发电机等，这些设备保证天然气、原油、精炼油能够在限定的时间内送达，或者能够在停电后完成停机控制。还有一种可能是，如果备用发电机含有电子控制单元之类的敏感电子器件，这些备用发动机可能在电磁脉冲事件后无法正常工作。作为燃料和运输部门之间相互依存的一个例子，我们注意到，用于维持石油和天然气基础设施运行的含有关键电子部件的应急发电机，可能由于运输环节卡车缺少燃料无法开动，导致配送燃料短缺而不能运行。

短时间内的电力、水或交通中断不一定会影响石油和天然气基础设施的运行，因为有备份供电和水资源。假如上述这些基础设施受到损害，原油和精炼油产品供应仍将持续数天。短期内，地下储藏设施中和管线中的气体（管道内高于供应压力的气体）可以提供机动天然气供应。但更长时间的中断将会严重影响所有基础设施的运转。

建　　议

联邦政府应牵头研究电磁脉冲对石油和天然气行业的威胁，并提出减轻潜在后果的方法。

● 能源信息共享和分析中心（ISAC）应该使用政府拨款，将与石油和天然气行业相关的电磁脉冲问题列入其研究工作，包括如何促进政府与行业间在政策制定、投资优先顺序和科学技术等问题上进行合作。

● 联邦政府应该重新考虑建立全国范围的零部件库存的可行性，尤其是针对需求量很大或供货时间很长的零部件，保证在面对诸如电磁脉冲袭击这样灾难性事件时有备件可用。

● 关键组件保护。

（1）石油和天然气行业应该建立SCADA和过程控制系统资源清单，清单包含先前签订的合同和电磁脉冲袭击发生后潜在的供应商。

（2）应着手研究石油和天然气部门关键设施的优先级顺序，以便未来针对电磁脉冲效应进行加固。

（3）行业应该强烈敦促还没有安装备份控制中心的成员尽快安装，以保证系统连续运行。行业还应探讨备份控制中心站的选址方案，保证主要站点与备份设施之间距离足够远，防止在单个电磁脉冲事件中同时遭到损坏。

● 开展培训和演习。

（1）公司应考虑制订区域响应和恢复计划，练习处理电磁脉冲事件引起的物理基础设施破坏和网络破坏。

（2）修改应急手册，应包括定期对现有和未来的员工提供针对电磁脉冲事件应急培训。

（3）对区域或局部石油天然气基础设施进行详细的仿真模拟，更准确地评估电磁脉冲对这些基础设施造成的潜在影响。

● 开展研究工作。

（1）研究和开发 SCADA 及其他数控系统设备（现有的和新组件）的加固技术，以减轻可能遭受的电磁脉冲事件影响。为避免电磁脉冲效应潜在危害，应建立石油和天然气控制系统的新标准。这些工作最好由各业界成员、各组织（例如，美国煤气协会［AGA］、美国州际天然气协会［INGAA］、美国天然气技术学会［GTI］、美国石油学会［API］）和政府机构共同参与完成。

（2）为保护商业石油和天然气基础设施免受电磁脉冲的影响，应该进行成本效益分析。如果预估费用很高，联邦政府应该适当拨款。

第 6 章　交通运输基础设施

引　　言

人类从分散式居住发展到现代国家，交通运输业在这一过程中发挥了重要作用。海洋运输在大约五个世纪前将第一批欧洲人带到美洲定居，至今仍然是最重要的国际商贸途径。18 世纪，美国东部各州兴起了运河航运，并持续发展到 19 世纪早期。后来，东部铁路取代了运河，并且开辟了通向美国西部的通道，带来了大规模经济发展和人口流动。到了 20 世纪，飞机与汽车进一步为美国的经济和社会带来了深刻的变化。水运、铁路、公路、航空，这些交通运输方式将美国从政治、经济、社会多个方面联结成一个整体。

交通运输在国家的运转中发挥着关键作用，但它易受到破坏，其脆弱性举国关注。美国国家安全通信咨询委员会（NSTAC）主席在信息基础设施团体报告中指出[①]：

● 交通运输行业日益依赖于信息技术与公共信息-交通网络。

● 虽然全国范围的交通基础设施瘫痪不太可能发生，但局部或区域交通中断也可能造成严重后果。美国交通运输系统的多样性和冗余性可以确保其不易因信息系统的故障而遭受全国范围的损坏，但是局部的交通信息基础设施故障也有可能导致大范围的经济危机和国家安全危机。

● 由于经济贸易的压力以及信息技术的广泛应用，未来的交通运输基础设施将更容易遭受大规模的破坏。基础设施正在朝着相互依存的方向发展，并且日渐依赖于信息技术来完成其基本的商贸功能，因此信息系统的崩溃将会导致交通运输基础设施陷入大规模瘫痪，各种交通运输方式都有可能面临威胁。

● 各种交通运输方式都应辅以广泛的基础设施保障。

● 交通运输行业可以借助科研和产业发展的动力，提高交通信息基础设施的安全性。

● 交通运输行业和其他关键基础设施部门应该加强协调。

---

① NSTAC Information Infrastructure Group Report，June 1999，http：//www. ncs. gov/nstac/reports/1999/NSTAC22-IIG. pdf.

在宏观经济中，交通运输部门往往被视为一个独立的基础设施部门，但实际上各种运输方式又有各自独立而又彼此关联的基础设施。例如，铁路部门就包括长途线路和短途通勤线路，航空运输部门包括商业和常规的航空基础设施，公路部门包括小汽车、大型货车基础设施，水运部门包括海洋航运和内陆水运基础设施等。[①] 综合考虑这些交通运输方式的多方面影响，包括其对经济发展的重要性、在遭受电磁脉冲袭击时可能造成的人员伤亡以及对民营企业的影响等，应该对长途铁路、大型货车和小汽车、海洋航运以及商业航空基础设施给予重点关注。

目前，交通运输行业仍在持续发展。对低成本和高性能的追求，即所谓的竞争优势，正在驱动交通运输基础设施的变革。这其中尤为重要的便是在成本控制推动下发展起来的精确定时配送业务。精确定时配送业务一方面降低了储存大量商品的成本，另一方面更加依赖于货物的自动追踪、自动分类、自动装载，以提高运输的效率和可靠性。精确定时配送之所以能够实现，依靠的是多方面的技术进步，包括远程追踪、计算机控制、数据处理、库存管理、通信技术、不间断运输等。这些技术都基于电子设备，因此都面临电磁脉冲事件的潜在威胁。

为了提高运输设备的性能，电子设备被广泛应用于运输设备，这使得交通运输面临的电磁脉冲潜在威胁更加严峻。一个熟悉的例子是小汽车，例如，现代小轿车利用电子设备来提高发动机性能，提高燃油效率，减少污染物排放，进行故障自动检测，保障乘客安全性和舒适度等。

交通运输行业日益依赖于电子设备，因此更容易受到电磁脉冲的袭击。

委员会从前文提到的长途铁路等重点交通基础设施中挑选出若干，评估了它们的一些关键组成部分抵抗电磁脉冲袭击的能力。本次评估所采用的数据来源于委员会资助的测试实验以及其他与交通基础设施评估直接相关的实验。对于那些无法进行测试的基础设施关键组成部分（主要包括飞机、航空控制中心、火车动力机车、铁路控制中心及其信号、港口等），我们的评估是基于对设备和通信线路的调查结果。

① 管道有时与运输基础设施联系在一起，但作为石油和天然气基础设施的一部分，可以认为管道更有用。

长途铁路

在大宗货物长途运输方面，铁路的能力尤为突出。2003 年，一级铁路货运[①]总量约 18 亿吨[②]。图 6-1 显示了铁路货运物品的主要种类，包括煤炭、化学品、农产品、矿石、食物等，以及其他一些对于社会经济运行至关重要的物资。[③]

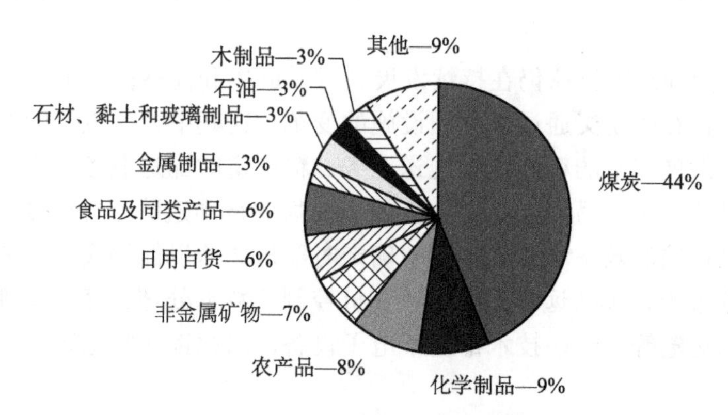

图 6-1　2003 年一级铁路货运吨数占比

由于四舍五入，百分比之和不是 100%

这其中，煤炭所占的比例最高，约占 2003 年一级铁路货运总吨数的 44%，这些煤炭中又有 90%以上（约 7 亿吨）常年运送至燃煤电厂。美国超 1/3 的电力来自这些由铁路货运供给的燃煤电厂。目前，大多数电厂本地储存的煤可供使用几天至一个月，这些应急储量在铁路供给长时间停滞的情况下显然不足以维持电厂发电。[④] 美国中西部、东南部、西南部地区对火力发电依赖较为严重，在上述情况下将受到较大的影响。[③]

铁路的现代化和自动化，使得其效率和安全性大大提升。现在，铁路货运

---

① 根据总营业收入划分铁路等级，是 20 世纪 30 年代州际商务委员会界定的分类法。一级铁路的最初门槛是 100 万美元。2006 年，一级铁路运营收入超过 3.193 亿美元。北美目前有七条美国铁路被定义为第一类，另有两条加拿大铁路如果适用美国的定义，也可视为一级铁路。之前的二级和三级分类法今天已经很少使用。如今，美国铁路协会认为区域铁路运营里程大于 350 英里或营收超过 4000 万美元的属于二级铁路，区域铁路运营里程不足 350 英里，收入不到 4000 万美元的属于三级铁路，出发、到达和中转服务高度依赖本地的运营商，http://www.railswest.com/railtoday.html。

② “发送吨数”是铁路行业用来跟踪货运量的常用术语和指数，等于铁路运输吨数。从 1899 年起发送吨数用于铁路统计数据。

③ 美国铁路协会，http://www.aar.org.

④ 一些煤矿也可以使用天然气，但这种替代燃料在经过电磁脉冲袭击后可能无法使用，见第 5 章石油和天然气基础设施。

是通过若干个集中控制中心来完成的。例如，在美国西部，联合太平洋铁路是由位于内布拉斯加州奥马哈的控制中心来控制的，北伯灵顿/圣达非铁路是由位于得克萨斯州达拉斯的控制中心控制的。这些控制中心以及整个铁路系统中的各项业务都需要进行大量的网络通信，包括传感、监视、控制。如果铁路控制中心无法正常运转，或是由于某种原因与铁路网络通信中断，那么受影响区域内所有的铁路运输都会停止，直到通信恢复或是启动备用方案。

电磁脉冲袭击对长途铁路基础设施的威胁

关于铁路基础设施，我们评估的关键部分包括：铁路控制中心、铁路信号控制、动力机车。

铁路控制中心

我们在 CSX 公司的子公司——铁路运输公司 CSXT 进行了电磁脉冲易损性调查。CSXT 经营着美国东部最大的铁路网络，像其他大型铁路公司一样，CSXT 将其中央控制设施集中在一个地理区域范围内。位于佛罗里达州杰克逊维尔的 CSXT 有三个关键部门：客户服务中心、高级信息技术中心和铁路调度中心（图 6-2），它们各自位于独立的建筑中。这些建筑没有特定的电磁防护措施。每天 CSXT 控制中心大约要调度 1200 辆火车。

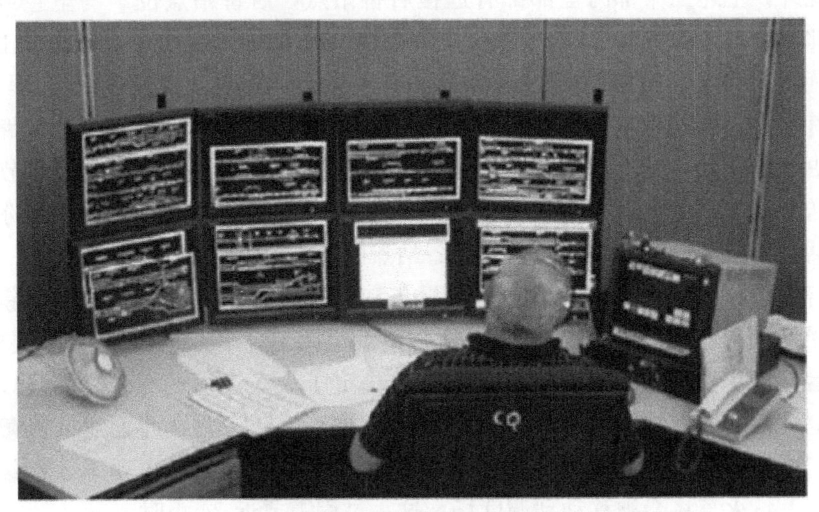

图 6-2　CSXT 公司铁路调度中心

铁路控制中心的操作依赖于现代信息设备——主机、个人计算机、服务器、路由器、局域网和存储单元，某些设备与进行过电磁脉冲测试的商业设备类似。基于这种相似性，我们认为，当电磁脉冲场强达到 4～8kV/m 时，这些信息设备将出现异常，当电磁脉冲场强达到 8～16kV/m 时，设备将被损坏。

CXST 铁路控制中心建筑的备用电源由柴油发电机提供，关键载荷的连续供电则由中央不间断电源系统提供。某些建筑需要利用冷却水保证计算机系统的连续运行。这些建筑通过光纤网络和电话线路保持联系。以上所提及的设施均没有特定的电磁脉冲防护机制，并且也没有这些设施的电磁脉冲易损性相关数据。

铁路控制中心的三个主要部门几乎全部依赖于电话线（铜线和光纤）进行通信和数据传输。如果所有的陆上通信线路都发生了故障，他们仍能通过少量的卫星电话进行沟通，但数据传输将受到严重影响。

出于对恐怖袭击和飓风的担忧，CXST 为控制中心不依赖于其他基础设施也能运行一段时间做好了准备。为防止两条独立的商业电力供应线路崩溃，CSXT 计划安装柴油发电机，储备燃料，存储足够维持 25～30 天的食物，提供 50 人的床铺，并在现场打井。

> 基于评估和测试结果，铁路基础设施的一个薄弱点是铁路信号控制，在遭到场强仅为几 kV/m 电磁脉冲作用下，铁路信号控制就会发生故障并影响铁路运营。

此外，上述三个部门全部都有远程后备站点，后备站点位于马里兰或怀俄明州北部。地理位置的分散提供了一种针对作用范围有限的电磁脉冲袭击的防护措施。然而这些后备站点的运行需要有人到杰克逊维尔地区进行远程操作，因此首先需要依赖运输基础设施运送操作人员。如果空中运输系统和公路运输系统由于电磁脉冲袭击而中断，它们的操作人员可以通过 CSXT 自己的铁路系统运送到远程站点，但它们实际上还要依赖于商业电话服务将杰克逊维尔地区的电话号码传递给后备站点并建立后备站点的数据链接。

若电磁脉冲造成了三个关键部门设备和远程后备站点的运行中断，铁路运营将受到严重影响：顾客无法运输货物、数据处理工作将停止，最重要的是，铁路运行指令也无法生成。铁路运行指令决定了火车运行的组合、路线以及在轨道上运行的优先级。没有铁路运行指令，火车无法正常运行而进入故障安全模式。这种模式下，最优先的措施是停运所有火车。如果断电明显，持续几个小时以上，火车将会被移动到调度场，这一过程需要近 24 小时。

在确保火车及机组人员安全的情况下，按计划系统将在手动操作模式下逐步恢复运行。实现手动操作模式将花费几天甚至更长的时间，在手动操作模式下，火车的运载能力很难超过正常运力的 10%～20%。铁路运行指令可以利用卫星电话人工下达，最大的挑战是如何与地下运行的火车保持联系。火车调度场可以利用无线电广播与火车联系。如果火车距离调度场在 20 英里以内，所有通信渠道都是无线的。然而，更远距离的通信将利用火车沿线的陆上通信线路将信息传输到中继站。中继站的备用电源仅能维持大约 24 小时。

在人工操作模式下，关键物资的运送是能够恢复的。从农场到仓库和从仓库到城市的食物运输将处于较高优先级。火车也会运输用于城市水净化和废水处理的化学物质。正如前面所讨论到的，发电厂通常会存储一些煤，但恢复电厂的煤炭运输对于电力供应至关重要。

铁路信号控制

铁路控制主要采用两种方式：分区控制和本地控制。图 6-3 为一个典型的分区信号控制设备的外壳和天线。分区控制用来保证一辆列车驶向下一段（下一区）轨道前，轨道上无障碍物或其他列车。控制中心与分区控制的主要通信方式是无线电和电话组合。分区控制有备用电池，备用电池可以维持 24 小时。

本地控制系统控制铁路交叉口和铁路公路交叉口的信号。这些控制系统可以自动操作。一些现代化的本地控制系统将通信能力最小化，只有一部电话调制解调器，其作用包括故障报告、下载程序和控制参数。本地控制系统也有备用电源，这些备用电源在正常情况下可以维持 8～48 小时，具体时间取决于铁路交通系统的通信量。

图 6-4 为一个典型的道口控制方舱与传感器连接。本地控制系统的传感器由螺栓固定或直接焊接在铁路上。通过测量火车轮轴与传感器组成的电路的电阻可以预测火车与交叉路口的距离。现代本地控制系统被装在钢质外壳内进行屏蔽和浪涌保护。

公路和铁路信号控制器应用了类似的电子技术。基于这种相似性以及前期对这类电子器件的测试，我们预计分区信号控器制和本地信号控制器的电磁脉冲故障阈值场强约为 1kV/m，现象为闭锁失灵，在 10～15kV/m 场强范围发生永久性损伤。

铁路信号控制器失灵所带来的主要影响是交通延误。对于控制中心控制的轨道区域，如果分区信号控制器不起作用，将会启动人工操作。这种情况下，信号小组的人员被派出对失灵开关进行人工控制。工作人员也会在断电的铁道交叉口利用轻便柴油发电机为其供电。铁路交叉口本身备有发电机以防止飓风一类的紧急事故。失灵设备的修复需要花费数天到数周的时间。如果商业供电无法在 24 小时内恢复，铁路操作将继续由人工控制，直至蓄电池或商业供电恢复。

图 6-3 典型分区信号控制设备的外壳和天线

图 6-4 典型的道口控制方舱与传感器连接

动力机车

我们在位于美国宾夕法尼亚州伊利的通用电气运输系统工厂（两个柴油电动机车制造商之一）对柴油电动机车进行了评估。我们的评估以机组实际运行的回顾、操作程序和有限的测试数据为基础。尽管我们没有电磁脉冲效应对柴油电动机车影响的直接数据，但另一种机车的测试数据可以让我们深入地了解典型机车控制电子元器件和子系统的鲁棒性。①

我们主要考虑两类机车——未使用电子设备的早期机车和使用大量电子设备进行控制的现代机车。大约 20%的机车是早期机车，它们正快速地被新型机车所取代。早期机车未使用电子设备进行关键功能的控制，我们假定这类机车不受电磁脉冲干扰。尽管机车本身不会受到电磁脉冲干扰，与调度中心或列车内部失去联络后，工程师会要求列车停止运行。

图 6-5 以方块图的形式显示了现代机车的关键功能。现代机车的主要功能是提供牵引驱动和通信，这两种功能的实现都使用了大量电子设备，因此很容易受到电磁脉冲的干扰。对于早期机车来说，通信主要包括与调度中心以及与列车其他部分的通信，如果某些原因造成这些通信的中断，列车将会停止运行。

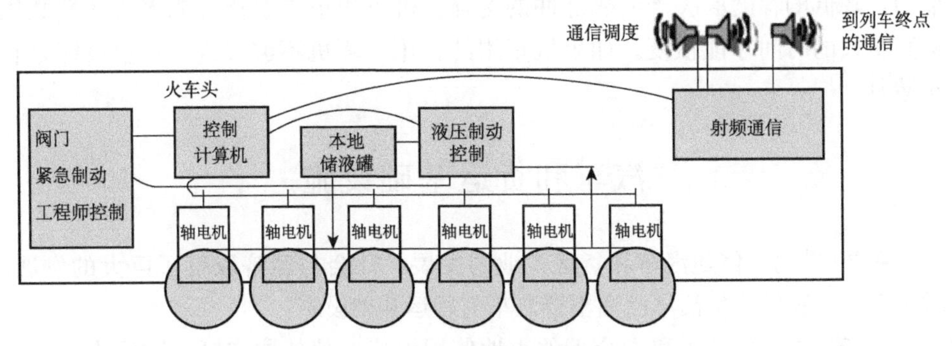

图 6-5　现代机车功能方块图

除工程师紧急制动系统外，机车牵引功能完全由电脑控制。所有主要子系统由三台计算机控制，任何计算机的故障或失灵都将导致火车停止运行。若想恢复运行，则需要更换计算机。由于备用计算机很少，在新计算机制造并安装成功之前，列车的运行性能将会降级，计算机的制造及安装过程可能需要耗费数月。

值得注意的是，计算机失灵或机车电源中断将会导致电子制动功能失灵。在这种情况下，还有一个完全独立的不应用电子设备的制动系统，这一系统由工程师操作，可以对机车和车厢同时进行制动。因此，即使在最严重的情况下，工程师仍能使火车停下来，阻止火车碰撞的发生。

由于我们无法直接对柴油动力机车进行电磁脉冲效应测试，所以其受电磁脉冲影响的水平只能依赖于现有的计算机网络响应数据、机车构造数据和前期

① Hansen, R. A., H. Schaer, D. Koenigstein, H. Hoitink, “A Methodology to Assess Exo-NEMP Impact on a Real System-Case Studies,” EMC Symposium, Zurich, March 7 to 9, 1989. 参考文献描述了瑞士联邦铁路的电力机车的电磁脉冲测试情况。

对瑞士联邦铁路的一台机电型机车进行相关测试的有限数据进行估计。① 现有的计算机网络响应数据表明当电磁脉冲场强在 4～8kV/m 范围时，机车开始受到影响，在 8～16kV/m 场强范围内，电磁脉冲开始产生破坏效应。在机车实际应用中，影响的阈值预计会更高，因为机车由大量金属构成且存在屏蔽电缆。因此我们预计电磁脉冲场强在 20～40kV/m 范围内时，机车才开始受到影响。

总而言之，我们认为早期的机车通常不受电磁脉冲影响。新一代由电子设备控制的机车更易受到电磁脉冲影响。基于工程实践，我们认为在电磁脉冲场强超过 20～40kV/m 时开始受到影响。这一敏感性可能使机车发生故障，但自动防故障流程可以确保工程师手动停止列车。因此，我们并不认为电磁脉冲影响会对人的生命安全造成威胁。但我们认为电磁脉冲的影响会降低列车的运营能力，降低的程度取决于电磁脉冲的场强。机车的正常运营可能需要花费数周甚至更长的时间才能恢复。如果机车用的备用计算机不够，这一过程可能延长至数月。

汽车和货运基础设施

在 20 世纪，伴随汽车和货运工业的发展，社会与经济取得了巨大的发展。时至今日，我们的生活早已离不开汽车与货运基础设施。

汽车与货运造就了我们今天的土地使用模式。郊外住宅区、购物中心、学校和就业中心之间的距离增强了我们对汽车的依赖。郊区居民大量的日常活动都依赖于汽车，例如，从杂货店购买食物、上班、看病等。乡下居民对汽车的依赖更不亚于郊区居民，他们对汽车的需求与郊区居民相同，但是需要行驶的距离更远。某种程度上，城市居民主要依赖于公共交通，他们对私人汽车的依赖程度较低。但除了少数几个大城市外，公共交通工具已在很大程度上被汽车所取代。

正如汽车的重要性一样，我们的生活也同样离不开货运业。城市和近郊人口的聚集需要持续地将食物从遥远的农场和加工中心运输过来。现如今，城市杂货铺货架上的食品供应仅够消费者使用几天。这些食物的补充依赖于运输货车在食品加工中心到食品配送中心再到仓库和杂货铺以及饭店之间的持续运送。如果城市食物供应链被打断一段时间，城市居民将变得饥肠辘辘并大量撤离城市，甚至会饿死或出现社会混乱。

---

① 瑞士对功率 4.6MW，重量 80t 的电力机车分别在不工作和工作的状态下，进行了自由场（高达 25kV/m）测试和电流注入（高达 2kA）测试。测试报告指出，在自由场测试时，“计算机主板内部重要的模拟/数字控制器件经常被烧毁”。

货车还要运输其他生活必需品。例如，油气管道将燃料运送到城市地区后，还需要油罐车将其分散到各个加油站。垃圾搬运、公共设施修理、消防和其他大量服务都需要使用专用卡车来完成。在工业产品从制造商到消费者手中这个运输链条中，在某些环节，卡车运输接近总量的 80%。

电磁脉冲袭击对汽车或货运行业的影响在第一天和后几天是不同的。电磁脉冲袭击会造成美国运营中的 1.3 亿辆汽车和 9000 万辆卡车中的一部分立刻停止运行。开在公路上的汽车突然停止运行将会导致交通事故。在现代交通模式下，即使很少的汽车发生故障或发生交通事故都会造成交通堵塞。而且，依赖于电子设备的交通控制信号将会加剧都市的交通拥堵。在工作时间发生的电磁脉冲事件产生的余波也会造成下班后的交通拥堵，因为此时大量的下班族开启了他们回家的征程。最终，只有当故障汽车被拖走或挪到路边后，公路才会通畅，人们才能回家。

测试结果表明交通信号灯控制器在数 kV/m 的电磁脉冲场强下就会开始失效，由此引发交通堵塞。在场强达到 25kV/m 以上的情况下，公路上约 10%的汽车将会临时停车，由此引发交通事故和拥堵。

在最开始的交通拥挤问题解决后，汽车和货运卡车基础设施的重建主要取决于两个因素——燃料供应和商业供电。车辆需要使用燃料，加油站需要电源驱动油泵，很少有加油站会有备用电源。因此，燃料供应和商业电源的恢复将逐步使汽车和货车回到正常运营状态。同样，只有恢复了商业用电并修好了被毁掉的交通信号灯才能够恢复交通控制系统的正常运行。

电磁脉冲对汽车和货运基础设施的威胁

我们分别对交通信号灯控制器、汽车、货车的电磁脉冲敏感性进行了测试。

交通信号灯控制器

公路上的交通控制系统由传感器、操纵装置和输出系统构成。图 6-6 为一个典型的设置了交通信号标志的路口。

控制系统执行的依据是这些年不断改进的指导书。我们对 170E 型号的控制装置进行了测试，这种型号控制器应用于 80%的装有信号灯的路口。我们对一个插了许多电子芯片的控制器盒进行了测试。在测试中，不同的芯片受到了不同的损坏，然后我们更换受损芯片继续进行测试。在交通控制器敏感度测试中，我们将设备受到的影响分为以下四类：

(1) 受迫循环：场强水平在 1～5kV/m 范围内，信号灯被迫直接从绿灯跳

图 6-6　典型路口的交通信号

过黄灯变为红灯，这种效应是暂时的，在一次循环后自动恢复。

(2) 循环扰乱：场强在 5～10kV/m 范围内，程序原先设计好的循环时间被改变，控制器被损坏或者需要人工重置恢复正常。

(3) 无循环：场强在 10～15kV/m 范围内，路口一个方向的信号灯一直不变绿，控制器完全损坏。

(4) 闪烁模式：同样在 10～15kV/m 场强范围内，路口各个方向的信号灯也可能一直闪烁。

这种模式可能造成大型的交通堵塞，因为已经严重影响了正常的车辆通行。此时，交通信号控制器要么已经损坏，要么需要人工重置恢复正常。

基于以上结果，我们认为，电磁脉冲袭击会在都市造成中等到严重程度的交通拥堵。由电磁脉冲袭击所带来的恐慌反应也有可能加剧这样的交通拥堵，没有任何一项数据显示其会给人类生命安全带来威胁，测试时未发现路口两个方向同时亮起绿灯的情况。所有观测到的电磁脉冲对交通带来的影响都不如一次大的停电事故的影响，停电事故会导致交通信号灯完全不起作用。

高速公路网对于电力系统的依赖性在 2003 年伊莎贝拉飓风事件中可见一斑。尽管一些关键的交叉路口会配有备用电源，但这些电源通常仅能维持 24 小时。在很多地区，大停电事故发生后，执法人员会到关键路口去进行人工指挥。实际上，这些执法人员是从其他工作中紧急调来进行现场指挥的。

恢复到正常交通流量的速度取决于电磁脉冲事件的严重程度。如果工作人员充足，那么在一个中等城市（人口数量大约 500000），人工将全城所有的交通信号灯控制器重置一遍大约需要一整天。[①] 修理受损交通信号控制盒的时间取决

① 来自于科罗拉多斯普林斯市首席交通工程师的谈话。

于备用件的多少。人员不充足或备用件不足时，人工重置或修理所需的时间是未知的。

主要大城市区域正在建立交通运营中心（TOC），作为交通控制基础设施的一部分。交通运营中心的职责是下载控制信号灯计时参数进行调整。然而，从交通控制的角度来讲，交通运营中心并不是最关键的部分。如果控制中心无法工作，最直接的影响是城市综合交通系统无法对城市道路进行监测，无法在优先级较高的公路上（如州际公路）使用可变信息板，也无法通过有线频道或互联网向公众更新有关交通和高速公路信息的内容。交通运营中心部门无法运行最直接的长期效应是，由中心所连接的各个路口的同步计时信号将缓慢漂移并失去同步。

汽车

电磁脉冲对汽车的潜在威胁来源于用于实现其自动功能的内置电子器件。19 世纪 60 年代末，电子器件首次应用于汽车中。随着时间的流逝，电子技术的发展，汽车中电子元器件的应用激增。现代汽车为了实现其所有控制功能，应用了近 100 个微处理器。汽车中电子元器件的应用越来越多，其应用标准也越来越成熟，电磁干扰和电磁兼容的实践也越来越多。因此，尽管汽车中电子元器件的大量应用伴随着潜在的电磁脉冲威胁，但是电磁干扰和电磁兼容的大量实践经验会在一定程度上减轻这种威胁。

我们在一个电磁脉冲仿真实验室进行了一个样本数为 37 辆汽车的测试，这 37 辆汽车是 1986 年到 2002 年之间的产品。这些汽车产品包含大量的电子元器件并且能够代表如今路上行驶的大部分汽车。测试中，我们将行驶中的汽车和未行驶的汽车暴露在逐渐增强的电磁脉冲场中。如果测试中我们观测到了某辆汽车的异常反应（无论是暂时性的还是永久性的），我们都会停止对这辆汽车的测试。如果测试中汽车没有异常反应，我们会继续升高场强，直至模拟实验的极限值（约 50kV/m）。

我们还分别进行了汽车引擎打开和关闭两种测试。结果表明，电磁脉冲环境不会对引擎关闭的汽车造成影响。我们观察到引擎发动的汽车受到的最为严重的影响，是在电场强度大约 30kV/m（及以上）时，有三辆汽车发动机停止工作。在实际情况中，这些汽车发动机停止运行后，汽车会滑行一段距离直到停下，司机需要重新启动发动机。我们还观测到，汽车仪表盘的电子元器件损坏，需要维修。其他的损伤相对来说比较轻。有 25 辆汽车仅存在一点小麻烦（例如，仪表盘的指示灯闪烁），并不需要司机停下来进行修理。8 辆被测试的汽车未表现出任何异常反应。

基于以上测试结果，我们认为电磁脉冲场强在 25kV/m 以下时，汽车很少会受到影响。大约10%的汽车如果暴露在更高强度的电磁场中，可能会受到较大的影响，包括引擎停转，这种情况需要对车辆进行维修。进一步预测，在场强达到25kV/m以上时，公路上运行的汽车中至少有2/3会出现小麻烦。电磁脉冲带来的严重故障可能会导致美国高速公路发生撞车事故，其他的小麻烦可能会使情况进一步恶化。交通事故损坏汽车的数量最终可能远远超出电磁脉冲直接损坏的汽车数量，同时可能造成大量的人员伤亡。

卡车

同汽车一样，卡车受到电磁脉冲的潜在威胁也源于越来越多的电子器件应用。我们采用与汽车测试完全相同的方法对卡车进行测试。共有18辆发动的卡车和未发动的卡车放置在实验室模拟电磁脉冲环境下。电磁脉冲场强持续增加，直到卡车出现异常响应或场强达到仿真极限值。测试的卡车年代从1991年到2003年，包括从汽油驱动的皮卡到柴油驱动的大型拖拉机。

测试中，所有引擎未发动的卡车都不会受到电磁脉冲环境的影响。18辆发动的卡车中有13辆表现出了异常反应。最严重的反应是，3辆卡车的马达停转，其中两个马达能够立即重启，另一个需要拖到修理站去修理。10辆卡车则出现相对较小的暂时性问题，不需要司机采取任何动作即可自行恢复。有5辆卡车直到场强达到模拟极限50kV/m时仍未发生任何异常反应。

基于以上测试结果，我们认为在场强低于12kV/m情况下卡车几乎不会受到电磁脉冲的影响。在更高电磁脉冲场强环境下，公路上行驶的卡车70%以上会出现一些异常反应。大约15%以上的卡车会出现引擎停转的问题，严重时需要修理引擎。

与汽车的情况类似，卡车同样会在美国高速公路上引发交通事故，在交通事故中撞坏的车辆总数可能远远高于被电磁脉冲直接损坏的车辆数。

海洋航运

海洋基础设施的关键是远洋轮船和它们的港口。我们并没有对轮船进行电磁脉冲评估。

美国有100多个主要的公共港口，它们分别位于大西洋、太平洋、墨西哥湾和北美五大湖沿岸以及阿拉斯加、夏威夷、波多黎各、关岛和美国维尔京群岛。深水港口用于停靠远洋船只，这些船只装载着美国海外贸易重量的95%，价值的 75%。[①]

港口将各种各样的货物进行分类，分别为：散装货物，包括液体散货（如石油）和干散货（如谷物）、桶装散货、盘装散货和其他包装的散货，还有用钢制容器盛装的一般货物。通过美国港口运输的货物主要有：[①]

- ◆ 原油和石油产品——石油和汽油；
- ◆ 化工品和相关产品——化肥；
- ◆ 煤——煤焦沥青、冶金用煤、蒸汽用煤；
- ◆ 食物和农产品——小麦和小麦粉、玉米、大豆、大米、棉花和咖啡；
- ◆ 林产品——木材和木屑；
- ◆ 钢铁；
- ◆ 土、沙、碎石、岩石和矿石。

港口运营

我们对海洋航运的电磁脉冲评估集中在港口上。电磁脉冲评估测试在马里兰州的巴尔的摩港口和弗吉尼亚州的汉普顿港口区开展。巴尔的摩港口的评估在西哥特——邓多克海运码头进行，由马里兰港口行政机构主持。汉普顿港口的评估由美国海岸警卫队（USCG）主持，指挥中心位于他们在弗吉尼亚州朴茨茅斯的办公室和位于诺福克的诺福克国际码头（NIT）——诺福克国际码头是汉普顿地区的三大码头之一。

在海岸巡逻队授权下，美国国家船舶调度中心（NVMC）负责监测抵达美国所有港口的船只进港信息。美国国家船舶调度中心位于西维吉尼亚州的科尼维尔。所有重量超过 300 吨的船只必须在它们抵达港口 96 小时前告知美国国家船舶调度中心。

对巴尔的摩和汉普顿港口，船只之间的交流以及船只和海岸间的交流主要采用甚高频（VHF）无线电通信。所有船只都须将其频率调到 16 频道（156.8MHz）。中继系统使得它们在距离海岸 25 英里外就能够进行甚高频无线电通信。有些船只配有卫星通信系统，所有船只在开阔水域由领航员登船将其带入港口。

汉普顿地区港口

诺福克国际码头是汉普顿地区的基础设施之一，其运行模式与一个公共汽车站非常类似。装载着 2000～4000 个集装箱的货船随时都会抵达港口。港口上，可能正在卸几百个集装箱，也可能正在往船只上装载额外的货物。4～8 小

---

① 美国港口管理协会，http://www.aapa-ports.org.

时之后，船只又将驶向下一个港口。大部分船只都有自己的固定航线。约 15%的船只装载未用集装箱打包的零碎散装货物。此外还有一种散装货物，如煤炭，但诺福克国际码头不处理这类货物。

集装箱的装载和卸载需要使用复杂的特制起重机（图 6-7）。从船上卸载的集装箱一般会装载到货运卡车上，卡车将集装箱运送至港口周围的仓库。有时这一过程不用卡车而使用跨运车。

图 6-7　集装箱起重机和集装箱

起重机是港口运作中最关键的一环。起重机修理组在诺福克国际码头随时待命，可以看出起重机的重要性。一般来说，修理需要在 15 分钟内完成。起重机内部含有 100 多个计算机和传感器。港口通常会在仓库中储备一些可预见的故障所需的备用部件。然而，港口并没有储备针对电磁脉冲袭击事件的备用部件。

每一个集装箱都有自己的独立编号。当集装箱从船只上卸下时，将登记其编号。当它被卡车或跨运车运送到港口的场地中时，它的存放位置会通过掌上无线计算机发送到位于朴茨茅斯的数据中心。所有的集装箱存放位置都会传输到诺福克国际码头的数据中心，并且每天进行备份。数据中心有 UPS 和柴油备用电源。工作人员也会到集装箱停放场地去重新确认集装箱位置数据的准确性和完整性。一般来说诺福克国际码头会放置 3 万～4 万个集装箱。

最终，集装箱会被装载到货运卡车或火车车厢，运送到目的地。无论何时集装箱通过入口时，其编号都会被记录。集装箱的最终检测点安装有辐射探测器以防止集装箱内部存有放射性物质，若集装箱内含有放射性物质，该集装箱将被移出港口。

巴尔的摩港口

275 英亩（1 英亩=0.404856 公顷）的西哥特海运码头是唯一的集装箱专用码头。在陆地一侧，虽然集装箱码头与 CSX 铁路的联运集装箱转运设施（IC-TF）距离很近，集装箱仍然主要（约占 95%）靠卡车进行运输。西哥特现有 7 个正在服役的用于装载和卸载集装箱的电子起重机。同诺福克国际码头一样，西哥特的起重机运行也依赖于商业供电。

附近的邓多克海运码头占地面积大约是西哥特海运码头的 2 倍（570 英亩），货物类型则是多种多样的：游轮上的乘客、集装箱、滚装货物和分散包装的货物。邓多克海运码头不处理大批散装货物。海运码头有十个各式码头集装箱起重机，这些起重机都比西哥特海运码头的起重机年代更为久远。邓多克的码头起重机均采用柴油发电机供电。

邓多克码头临近西哥特海峡，装载滚装和散装货物。滚装货物包括汽车和各种各样的农场和建筑设备。

无论是在场地内部搬运集装箱还是从卡车及火车厢装卸集装箱，两个码头均使用柴油和柴油电力混合动力器械。柴油动力的顶部装载机用于移动集装箱并把集装箱堆成摞。图 6-8 是西哥特 6 个柴油电力混合驱动的轮式龙门起重机（RTG）中的两个。他们在移动集装箱和堆叠集装箱时比顶部装载机效率更高。码头起重机的位置是固定的，但轮式龙门起重机却可以移动到码头的任意位置。

图 6-8　西哥特码头的轮式龙门起重机

西哥特码头的集装箱信息需要通过得逻辑公司无线掌上单元（图 6-9）传递至西哥特机房的中心计算机。每一个集装箱的位置和状态信息通过掌上单元输

图 6-9　掌上无线数据单元

入后存储在数据库中。反之，掌上单元的操作者也可以从中心数据库下载任何集装箱信息。西哥特码头和邓多克码头的集装箱跟踪系统是高度自动化的，系统操作基本上无纸化，也因此非常依赖于数据库的完整性。为了增强可靠性，几乎所有的关键数据都会实时同步镜像到附近的备用站点（距离数据中心约 1 英里）。备用站点每晚都会生成记录数据的备份，备用站点保留 7 天的数据。机房使用力博特 UPS 作为短期备用电源。长期紧急电源由柴油发电机提供。由于现有的备用电源不足以抵抗雷电导致的停电事故，机房安装了一个新的柴油发电机。新的发电单元在紧急情况下也会向机房外面的关键设备供电。

西哥特码头和邓多克码头陆上运营主要是控制集装箱货车的进出。卡车入口上方是有人值守的一系列控制台，可以俯视进入的所有卡车（图 6-10）。卡车停到对讲机前，司机对着对讲机说明其公司、车辆和在码头的交易信息。入口控制人员使用远程监控设备读取卡车车牌号和其他车辆辨识标志。

图 6-10　卡车控制站

操作人员将信息输入数据库并将一条指定路线发送到对讲机附近的屏幕上。

线路信息与航空公司控制飞机降落的信息类似，包含了卡车和集装箱的具体信息。之后司机将卡车开到控制台下方的人工检查站。在这里，西哥特工作人员检查线路信息和司机的身份证明文件，检查通过才能允许卡车进入码头装卸集装箱。当卡车离开码头时，会进行类似的检查，包括每辆卡车和其集装箱的实时状态在内的所有信息都被输入数据库。西哥特码头每天大约进出 1600 辆卡车。

电磁脉冲对海洋航运的威胁

电磁脉冲事件可能会对集装箱货物运送的每个环节产生影响，包括海上船舶运输、美国境内的公路和铁路运输等。在船舶抵达美国的任意一座港口前 96 小时，都应当向港口提供船上货物和人员的信息，但电磁脉冲可能导致国家船舶调度中心的系统故障，从而使信息提供出现问题。即使国家船舶调度中心没有受到电磁脉冲的直接影响，电话系统的故障也会导致船舶和人员无法与国家船舶调度中心进行通信。

美国海岸警卫队在港口负责人的授权下，可以允许船只在没有向国家船舶调度中心做出正式通告的情况下进入港口。警卫队可能派出舰艇，通过甚高频无线电与海上船只进行联络，并且可以登上船只为其护航。是否允许船只进入港口，完全取决于警卫队，在遭受电磁脉冲袭击影响的区域，船只有可能被误导进入错误的港口。

那些获准进入港口的船只仍需要领航船在港口内航道领航。领航船靠近船只，并通过甚高频无线电与船只进行通信。由于一次派出多条领航船，所以它们不太可能同时被电磁脉冲损坏。总有一些领航船处于空闲状态。领航船通常借助卫星导航，但他们也能够只利用航海图和浮标导航。①

电磁脉冲事件可能拖延船只进港的时间，但不会导致船只无法到达。汉普顿海洋码头区在“9 · 11”事件之后就处于这种状态。港口始终是开放的，但海岸警卫队在登船护航方面执行得非常严格。

一旦集装箱船抵达港口，它们就要依靠码头上的起重机来装卸集装箱。汉普顿码头区的起重机多由商业电力网络供电，码头上仅剩的几台柴油动力起重机正更换为电力起重机。西哥特码头的起重机都是商业电网供电。这些电力起重机没有备用电源，因此遭受电磁脉冲袭击后装卸作业就会中断，直到供电恢复。相比之下，邓多克码头的十台起重机是柴油-电力混合动力的，因此可以不受商业电网的影响持续工作。

---

① 许多卫星很可能不受电磁脉冲的影响，也不受高空爆炸产生的增强空间辐射环境的影响（见第 10 章），但由于接收机或地面站的脆弱性，可能会有一些卫星降级。

电磁脉冲可能会损坏集装箱起重机。起重机含有大量的电气元件：可编程逻辑控制器、传感器、电动机等。起重机一般非常高大，本身就有被雷电击中的危险，因此现场一般都有备用元件和维修人员。然而，在遭到电磁脉冲袭击后，备用元件可能无法满足设备维修更换的要求。

集装箱从船上卸下来之后会被堆放起来，与船上的摆放方式相似。堆置点的卡车和跨车负责进一步移动和运输这些集装箱。在遭遇电磁脉冲袭击的情况下，这些车辆设备往往不会全部损坏。根据小汽车和卡车的测试结果，我们知道这些机器在没有运转的情况下不易被电磁脉冲损坏，而港口集装箱堆置点的车辆设备一般不会全部处于工作状态，所以不会被彻底摧毁。

没有被电磁脉冲损坏的柴油动力设备可以继续工作。一般来说，港口每个码头储存的燃料足够使用 10～20 天。正常情况下，将燃料从储存罐取出也需要商业供电，但在长时间断电的情况下，也可以通过一些临时性的办法取用燃料。

集装箱运出港口，主要依靠港口外的货车，也在一定程度上依靠铁路运输。柴油或电力驱动的轮式龙门起重机被用来在卡车和货车车厢上装卸货物。龙门式起重机是最高效的装卸设备，在它们全部被电磁脉冲破坏的情况下，仍然可以使用柴油动力的顶部装载机来装卸集装箱。紧急情况下，甚至可以使用普通的叉车来搬运货物。滚装船的作业对于港口设备的依赖程度较低，它不需要用起重机来装卸货物，而是利用斜面滚动货物。有些散装货船还有自己的起重机，可以在装卸货物时使用。

装卸集装箱只是港口作业流程中的一步，信息记录同样也很重要。每个抵达的集装箱都要全程跟踪，直到离港。如果这些信息丢失，就会发生集装箱丢失，由此带来严重的经济损失。

汉普顿港口区把每个集装箱的位置信息记录在朴茨茅斯的一个数据中心。这些数据又被镜像保存在诺福克国际码头的数据中心，每天进行备份。两个数据中心都有应急电源系统以及备用发电机。它们依靠电话线路来接收数据，进行通信。

两个数据中心同时被电磁脉冲严重损坏至无法运转的可能性很小。两个数据中心使用不同生产商生产的多台个人计算机来处理数据。我们前往诺福克国际码头数据中心进行了参观调研，他们同时使用了 Windows 的软件和 Macintosh 的软件。位置、硬件、软件等方面的多样性使得数据处理系统不太可能发生彻底的崩溃。

即使关于集装箱存放地点的所有数据全部丢失，也可以在几天之内将其恢复。在集装箱堆置点，有专人定期巡视，确保数据库记录数据准确无误。他们会比较集装箱的唯一编号与存放位置的编号是否对应。这些管理人员可以利用他们掌握的数据恢复丢失的数据。

西哥特和邓多克海运码头布局相似。它们都有一个中央计算机房，其中放置多台服务器，存储重要的数据库。中央机房内还有手持无线设备的基站、多台路由器、大量的电话线等。这些设备都没有电磁屏蔽措施，电磁脉冲会对其产生严重的影响，完全有可能将其摧毁。

关键数据在约1英里以外的另一个数据中心设有镜像，每天都更新备份。两个数据中心都有不间断电源和备用发电机。西哥特的备用发电机不足以维持数据中心运转，目前正在更新升级成更高级的发电单元，届时甚至可以向其他关键设备供电，比如货车大门处的对讲机和摄像头。

巴尔的摩地区的两个数据中心不太可能同时被电磁脉冲损坏到无法运转的程度。他们使用了不同年代、不同供应商生产的个人计算机来处理数据。地理位置和硬件设备的多样性意味着数据处理系统不太可能完全崩溃。同时，港口陆地侧和海洋侧的货物进出都留有纸上数据记录。在必要的情况下，减少港口的吞吐量，便可以用纸上记录信息来维持港口运转。这种应急流程更加耗时，可能长达几天。

能否从电磁脉冲事件中成功恢复，很大程度上取决于是否有电力供应，美国海岸警卫队和港口工作人员对港口工作状态的评估以及据此进行的工作方式的调整。“9·11”事件以及周期性的飓风事件，促使我们开始着手制订应对电磁脉冲袭击事件的方案。尽管这些方案并不是直接针对电磁脉冲事件，但其中很多应急恢复方案对于应对电磁脉冲袭击同样有用。

在对上述几个部门进行评估的过程中，我们欣喜地看到各位负责人都能够干净利落地对意外情况做出很好的应急处置。如果他们对于电磁脉冲袭击事件可能的后果有更多了解，那么应对方法将会更加科学合理。

商业航空

航空旅行与我们的生活密不可分。截至2002年底，美国共有72家注册航空公司，雇佣的飞行员、乘务员、机械师和其他工作人员共计642000人。2001年，美国国内航线累计运送旅客5.6亿人次，航行总里程达到7000亿人次英里。此外，美国的飞机多少都会携带一些货物，商用货运量总计达到220亿吨英里。①

对于商业航空基础设施的安全性，我们主要评估空中交通管制系统和飞机

① 交通运输统计局。

本身。

美国联邦航空管理局（FAA）负责空中交通管制系统的运营，并且以保证乘客安全为第一要务。联邦航空管理局严格管控所有商业航空交通，包括由航站楼控制的机场内部管理、终端雷达进近管制（TRACON）控制的飞机起降、空中交通管制中心（ARTCC）控制的飞机途中飞行。联邦航空管理局的空中交通管制架构包含两个基本组成部分：控制者之间以及控制者和飞行员之间的命令与控制通信；帮助飞行员完成沿线飞行、抵达航站楼、着陆等动作的导航辅助系统。

美国领空 7 万英尺高度范围内的商业航空班次都要受到实时监控。美国领空被划分为 24 个区域，其中 21 个区是连在一起的，余下三个区则分别位于阿拉斯加、夏威夷和关岛上空。每个区域由一个空中交通管制中心进行控制。这些控制中心为高于 17000 英尺的飞机提供沿航线飞行的辅助，确保飞机之间保持安全距离，并且能够在恶劣天气中安全飞行。当飞机在更低的高度上飞行或着陆后，控制则由航站楼完成。

空中交通管制中心的控制室中有几排供控制员使用的互相独立的工位（图 6-11）。一个控制中心所控制的区域，又被划分为若干个小区域，每一个小区域由不同的控制员负责跟踪和控制。当飞机飞越不同的控制区域时，不同的空中交通管制中心之间将通过专用的保密通信网络完成不同控制员之间控制权的交接。在沿线飞行控制与航站楼控制之间，控制权的交接也以类似的方式完成。

图 6-11　空中交通管制中心控制室

如果航站楼的控制出现故障，那么航线飞行控制就会直接接管；如果航线飞行控制中心也出现了故障，那么临近区域的航线飞行控制中心就会接管。这种控制模式提供了冗余备份能力。

雷达被用于追踪飞机的飞行轨迹，为空中交通管制中心提供支持。通常情况下，多个雷达追踪一架飞机。空中交通管制中心的计算机处理雷达提供的数据，将飞机的飞行情况显示为马赛克式分段图形，飞机飞行轨迹的数据会被发送到各个控制中心，以及控制中心内各个分区域控制部门。飞行轨迹显示在一个阴极射线管显示屏上，同时也有纸质打印的飞行航线作为备用。雷达数量很多，并且覆盖范围彼此重合，因此一台雷达的故障不会对商业航线的运营造成严重的影响。然而如果遭遇电磁脉冲袭击，可能造成多部雷达同时损坏，就可能造成大面积甚至全国范围的航空交通中断。

目前商业营运的飞机主要是美国波音公司和欧洲空中客车公司生产的喷气式飞机。此外，还有一些小的生产商制造的小型通勤机型。

商业航空基础设施比其他交通方式更加依赖于电子设备。自动驾驶系统、导航系统、通信、发动机传感器和控制器、必要的地面操控，所有这些都需要借助计算机来完成。

如果商业航空交通因故障而发生中断，那必然会给航空工业本身造成严重的甚至是致命的打击，但这对于其他关键基础设施不会造成严重的影响。那些对于国民经济至关重要的业务往往不依赖于飞机相对其他陆上交通的速度优势。

电磁脉冲对商业航空基础设施的威胁

飞机

我们与波音公司专门研究电磁效应的技术人员进行了会谈，根据了解到的情况来评估商业飞机抗电磁脉冲袭击的能力。这些技术人员负责保证波音飞机能在非恶意电磁环境下正常运行。具体来讲，我们评估了针对闪电和高强度辐射场的防护能在多大程度上保护飞机免受电磁脉冲的破坏。我们重点关注的是飞行安全以及遭受电磁脉冲袭击后安全降落的能力，没有考虑在电磁脉冲环境下持续飞行的情况，因为我们预计，在遭受电磁脉冲袭击时，所有航班都会收到着陆指令。

为了确保飞机能够在非恶意电磁环境中安全飞行，波音公司设计制定了一套严格的工程测试程序，包括分门别类的关键飞行电子设备的测试、测试电子机箱（又称现场可更换单元）是否达到防护标准、为某些特殊需求设计加固方法等。

安全飞行电子设备的电磁效应测试 波音公司把飞机上的电子设备按照其失效后造成的后果的严重程度进行分类，其中最高等级的是电子机箱。一旦电子机箱失效，将会导致灾难性的后果，比如飞机失事。我们的评估最关注的是飞行安全，因此这类设备的电磁脉冲效应是最重要的。

> 虽然已经证明商业飞机对自然电磁环境具有了相当的防护能力，但我们仍不能保证它们在电磁脉冲环境中是足够安全的。此外，如果复杂的空中交通控制系统被电磁脉冲损坏，要完全恢复可能需要几个月甚至更长时间。

对于这一类电子设备子系统，电磁效应合格性测试由低级别系统测试和电子机箱防护性测试两部分组成（见下一部分文字）。系统级别测试的目的是评估电子机箱接口所承受的电磁应力强度。闪电的电磁环境与电磁脉冲袭击事件最为相近，在这种情况下，机箱的防护性能测试表明，电子设备的防护能力至少应该是耦合应力的两倍。如果达不到这样的标准，波音公司就会改进防护方法，直到实现目标。对于重要性稍次的电子系统，则只进行机箱防护性能测试，并且防护能力与电磁应力之间没有特定的比例关系。

商用飞机所装载的电子设备经历了复杂的演变。波音 777 之前的机型都有一个直接连接到控制面板的机械或液压装置，因此电子设备对于飞行安全的影响并不十分关键。这意味着，非电子子系统具有抵抗电磁脉冲袭击的内禀属性。然而，不同的机型多少都会依赖于电子设备来实现一些重要功能，这些设备是否能够抵御电磁脉冲袭击，仍不得而知。因此，即便是波音 777 之前的机型，我们也没有足够的数据能够确信其可以抵抗电磁脉冲袭击。为此，还需要针对飞行中的关键电子设备进行额外的测试。这种测试应该包括低级别系统测试来估计电子接口的电磁脉冲应力，还要对电子设备进行相应的抗干扰能力测试。该建议是在现有的针对闪电事件的测试程序基础上进行的扩充，以满足电磁脉冲环境标准。

波音公司将其设计的 777 型号客机视为第一种远程遥控自动驾驶的机型，其中应用了更多的关键电子设备。因此，这个较新的机型在安全性方面也更容易受到电磁脉冲威胁。不过，在关键的子系统中适当地引入冗余，可以大大降低这种风险。例如，虽然飞行控制系统的控制面板显示用电子信号代替了机械线缆，但其主要的数字控制部分仍由模拟信号作支撑。此外，每架飞机的控制子系统中也都设置了多达四层的冗余。因此，精心设计的冗余可以降低飞机在电磁脉冲环境中的风险。然而，合格性测试程序不能保证覆盖所有的可以预见的电磁脉冲响应。所以，与早期机型的测试方法相同，我们也需要额外的测试来确保新机型的抗电磁脉冲能力，既包括对电子接口的电磁脉冲应力的测试，也包括相应的抗干扰性测试。新型飞机使用的电子设备更多，因此需要进行的测试相应地也会更加复杂。

抗电磁干扰测试标准　商用飞机上使用的电子设备抗电磁干扰测试行业标准是 RTCA/DO-160D[①]。基于此，波音公司设计了专门针对本公司产品的内部技术标准。针对闪电干扰，需要进行的中心频率分别为 1MHz 和 10MHz 的阻尼正弦波干扰测试。针对其他电磁脉冲信号，测试结果显示，更高频率电磁脉冲更容易影响飞机的电子设备，一般在 10～100MHz 频率范围。除此之外，还需要进行高强度辐射场敏感性测试，频率范围覆盖远超出电磁脉冲的频率范围。然而，这类测试的电场幅值比电磁脉冲幅值小。因此，仅仅依靠标准的商业飞机闪电防护标准和高强度辐射场敏感性测试，不足以得到其电磁脉冲防护阈值。

电磁效应加固方法　波音飞机针对电磁效应的加固方法，包括利用屏蔽电缆来降低电磁脉冲应力、增加飞行关键系统的冗余度（最多可达四个层次，依系统重要性不同而不同）、软件层面的数字信息处理检错/纠错算法。这些技术应用于不同的电子子系统时，都会依照各自需求进行适当调整。另外，电子机箱也可以通过电磁加固来增强抵御电磁脉冲袭击的能力，以达到波音公司依据 DO-160D 提出的安全标准。

总结起来，波音公司针对非恶意电磁环境的工程防护与检测方法已经比较成熟，并且实际飞行也表明它足以应对正常飞行中的电磁环境。这些防护措施也能够在遭受电磁脉冲袭击时提供一定程度的保护，但是不能百分之百确定不发生问题。目前对于所有正在运行的商业飞机，包括更早一些的机型，上述结论都适用。但是，较新的机型更依赖于电子设备，因此更容易遭受电磁脉冲的损坏。

航空交通管制

我们与联邦航空管理局的工程师和已经退休的航空交通管制员进行讨论，参观了联邦航空管理局位于俄克拉荷马市的设施以及位于科罗拉多州朗蒙特的空中交通管制中心（ARTCC），据此评估了电磁脉冲袭击事件对于航空交通控制系统的威胁。由于航空交通控制系统由计算机网络构成，因而现有的关于商用现货（COTS）电子设备的电磁脉冲测试数据可以直接应用。我们的测试不包括联邦航空管理局不同空中交通管制中心之间的保密通信网络，比如联邦航空管理局的国内租用设施之间航空通信系统（LINCS）和联邦航空管理局最近的

① RTCA 公司是一家非营利性公司，提供有关通信、导航、监控和空中交通管理系统问题的建议。

通信基础设施项目（FTI）。[①] 联邦航空管理局的这些关键通信网络和服务由一系列国家安全和应急预备项目支持，这些项目隶属于美国国土安全部的国家通信系统。[②]

空中交通管制中心的主要功能是控制附近区域的航空交通。每个区域都被划分成许多小分区，飞机飞过每个小分区时都会受到空中交通管制中心的监控，直至进入下一个区域时交给下一个空中交通管制中心来监控。这个过程高度依赖计算机，计算机、电力供应、内部通信都有四重冗余。

空中交通管制中心的一部分是基于商业组件的计算机网络。类似的组件进行过电磁脉冲测试，结果表明在电场强度达到 4kV/m 以上时会跳闸，需要手动恢复。电场强度超过 15kV/m 时，设备会遭受永久损伤，在 8kV/m 时偶尔会出现永久损伤的情况。据此，我们可以推断，空中交通管制中心在同等情况下也会出现类似的问题：4kV/m 以上的电场会干扰其正常工作，15kV/m 以上的电场则会对空中交通管制中心造成严重损害。

许多雷达的覆盖范围互相重叠。一个雷达受损失效，不会明显影响航空管制能力。但若遭受电磁脉冲袭击，则多个雷达可能会同时失效，受影响区域的航空管制系统就会崩溃，影响范围或可波及全国，想安全降落将会变得更加困难。这种情况下，空中交通管制中心无法保证飞机安全着陆，只能依靠机组人员和机场航站楼了。

联邦航空管理局的关键部门都有燃油发电机作为备用，某些情况下也有大型 UPS 系统暂时保证不间断运行。届时，为了避免碰撞、安全着陆，飞行员恐怕就得主要依靠肉眼观察来操控飞机了。自“9·11”事件之后，许多飞机在遇到紧急情况时都会紧急迫降，迫降地点往往无法预料。如果没有智能导航和着陆系统，那么在晚上和坏天气的情况下，能见度较低，安全着陆就格外具有挑战性。

飞机的无线电通信系统有冗余，航空交通控制区域和机场航站楼之间的电话、微波通信也都有备份。但是如果通信中断，安全降落就只能依靠机组人

---

① FAA LINCS 是一种高度多样化的定制网络，旨在满足具有关键任务需求的客户的特定要求。FAA LINCS 是世界上最大的专用线路网络，其非主干网可用性要求为 99.8%。整个网络有超过 21 000 个电路。LINCS 骨干网由 200 多个电路构成，能满足用户 99.999%的多样性要求。尽管发生自然灾害，公共基础设施的严重破坏以及 2001 年的恐怖袭击事件，美国联邦航空管理委员会仍然幸存下来，在空中交通管制员和飞机之间保持通信线路畅通。2002 年 7 月，美国联邦航空局启动了电信网络的现代化，以满足其日益增长的任务和业务要求，并提供增强安全功能。新的 FTI 计划是一整套产品、服务和商业实践，是一种通用基础设施，提供语音、数据和视频支持国家空域系统（NAS）；提高网络运营、服务状态和服务成本的可视性；并能整合随时出现的新技术。参考：NSTAC 金融服务工作组关于网络弹性的报告，http://www.ncs.gov/nstac/nstac_publications.html.

② 电信服务优先（TSP），http://tsp.ncs.gov.

员了。

如果联邦航空管理局的航空交通控制系统被电磁脉冲损坏，系统重建则需要花费时间。由于人力和备用设备不足，联邦航空管理局没有能力在短时间内完成修复工作。联邦航空管理局的雷达、通信设备、导航设备、气象装置的生产年份跨度达到 40 年，其各个组件来自不同的供应商，使用的有线通信、无线通信、光纤通信样式也各不相同。有的组件能够抵御雷电和其他电磁干扰。这种情况下，恢复控制系统是一件困难的事。要想让控制系统的不同组件恢复正常，可能需要几天到一个月甚至更长时间，先修复通信系统，再修复巡航辅助系统。在控制系统重建的过程中，航空交通的运输量将大大削弱，因为起飞间隔、着陆间隔和滞空时间都会增加。此外，航空交通控制系统的能力恢复还依赖于其他基础设施是否正常运转，在遭受电磁脉冲袭击后，后者的故障显然会导致前者恢复周期更加漫长。

建　　议

针对各种交通运输基础设施的建议如下。

铁路

铁路在设计时就考虑了应能够应对一些紧急情况。在削减运力的前提下，备用的能源储备和供给应该能够维持铁路运转数日乃至数周。然而，有些现有的应急预案（比如利用备用站点维持铁路运营），非常依赖于预警的时间（比如飓风到来前会发布天气预报）。电磁脉冲袭击的到来可能毫无征兆，因此铁路应急预案可能无法实现其最初的设计目标。针对这些问题和其他潜在的问题，美国国土安全部应该采取以下措施：

◆ 提高铁路官员对于电磁脉冲袭击的认识：突如其来、影响范围大、时间长，尤其对电子设备损害严重。

◆ 基于测试开展铁路交通运营中心抗电磁脉冲能力评估。研究并实施针对电磁脉冲的预警方案，以便将电磁脉冲事件的长期危害降至最低。这些工作主要围绕电子控制设备和通信系统展开。

◆ 评估当前老旧铁路机车应对电磁脉冲的能力。

◆ 必要情况下研究并实施针对电磁脉冲的预警方案。

卡车和小汽车

建议的重点在于避免和疏散交通拥堵。美国国土安全部应该联合政府部门和私人力量来做到以下几点：

◆ 针对州政府、地方政府和交通工程师开展拓展培训，提高其防范电磁脉冲的意识，认识到电磁脉冲可能带来交通信号系统故障和车辆损坏，以及由此造成的交通拥堵。

◆ 与各地政府合作，制订应急恢复预案，包括紧急情况下的交通堵塞疏解方案，预备足够的备用控制卡以便维修交通控制盒。

◆ 资助研发经济的防护模块（委员会资助的研究已经取得初步成果）可以改装到现有的交通信号控制盒中，也可以在未来生产控制盒时加装此模块。

海洋航运

港口作业中有必要加强安全防护的是船舶交通控制、货物装卸、货物储藏和运输（运进、运出）。船舶交通控制由海岸警卫队负责，他们已有的备用方案成熟可靠。货物储存和运输则由其他交通基础设施来保障。针对以上这些方面的货物作业问题，美国国土安全部应该与政府部门和私人力量合作开展以下工作：

◆ 增强港口工作人员的防护意识，认识到电磁脉冲空间分布广泛的特性，长时间断电可能造成的危害，还有必要分析应急发电装置为至少一部分港口和货物操作进行短时间供电的可行性。

◆ 评估电力驱动的装卸装置对电磁脉冲的敏感性。

◆ 检查现有的针对雷击事件的电磁保护装置，并研究需要进行哪些改进以增强其抗电磁脉冲袭击能力。

◆ 培训一线维修人员，确保他们知晓电磁脉冲可能造成的破坏，并基于评估结果，准备一些备用的部件，以便故障情况下能够及时维修。

◆ 评估港口数据中心电子设备在遭受电磁脉冲袭击后发生数据丢失的风险。

◆ 电磁脉冲造成功能数据丢失后，应有有效的保护措施。

◆ 准备一些经过加固的备用部件和计算机，以求最低限度地维持港口运行能力。

◆ 向海岸警卫队和国内各个港口提供稳定可靠的无线电和卫星通信能力。

商业航空

首先，商业航空必须保证在空中遭遇电磁脉冲事件时飞机能够安全降落，保护关键的修复设施，并制订禁飞期延长后的应急预案。因此，美国国土安全部应该与交通运输部合作做到以下几点：

◆ 与联邦航空管理局合作组织一个政府项目，评估航空交通管制系统，制订出能够保证电磁脉冲袭击事件后航空交通管制能力能够恢复到最基本水平的方案，并付诸实施。

◆ 基于上述评估结果，开发相应的防护方法，建立操作工作区，储备备用物资，建立维修方法，以便在紧急情况下快速将航空系统修复至最小可运行水平。

各个交通运输部门

◆ 美国国土安全部应该将电磁脉冲效应评估加入现有的风险评估方案中。

第 7 章　食品基础设施

引　　言

高空核爆炸电磁脉冲可能会损坏甚至中断国家食品供应基础设施。食品对于个人的健康和社会安宁至关重要，对美国经济具有重大作用。

食品基础设施对其他基础设施的依赖

食品基础设施的运营离不开电力和其他依赖于电力的基础设施。一场电磁脉冲袭击可能会干扰、破坏甚至摧毁那些在食品制作、加工、配送过程中起关键作用的基础设施系统。

主要农作物的生长都需要大量的水，除了自然灌溉，其他人工供水方式都需要从地下含水层、沟渠、水库抽水引水，在这个过程中需要使用电动抽水机、阀门和其他一些机械。用于作物耕作、种植、管理、收割的拖拉机等器械也有电子点火系统和其他电子元器件。农业机械的运行离不开汽油和石油产品，需要通过管道、水泵和运输系统输送，而这些运输系统也依赖于电力和电子元器件。化肥和农药能够提高作物产量，它们在生产和使用过程也大量使用各种电子元器件。养鸡场和家禽农场为维持农场的高密度养殖需要精密控制农场内的环境，一般来讲他们会使用自动喂养和空调系统。奶牛场制作牛奶和其他乳制品的过程也严重依赖电力。以上所描述的仅仅是现代食品产业链对电子仪器和电力网络严重依赖的几个典型例子，这些电子仪器和电力网络是非常容易受到电磁脉冲袭击的。

食品加工处理也需要使用电力。各种农产品的清洗、分拣、包装和罐装均采用电动机械。家禽、猪肉、牛肉、鱼肉和其他肉类产品的宰杀、清洗、包装通常也是在电能驱动的自动化加工生产线上操作的。电磁脉冲袭击可能导致无处不在的电气设备和自动化系统无法使用，而这些设备在现代食品工业中是不可或缺的。

食品分配也在很大程度上依赖于电力。大量的蔬菜、水果和肉类保存在安装了制冷系统的仓库中，随时准备配送到各个超市。冷藏卡车和火车是运输这些易腐食品的主要方式，因此，食品配送也严重依赖地面交通运输基础设施。地面交通运输又依赖于给电气化列车充电的电力网络、运行中的汽油管道和加油站、交通信号灯、路灯、轨道切换系统和其他调整公路交通和铁路交通的电子器件。

超市存储的食物一般仅能满足当地居民使用 1～3 天，当地仓库需要持续不断地向超市供给食物，因此，食品的运输和配送过程可能是食品基础设施在面临电磁脉冲袭击时最薄弱的环节。现代化的超市逐步推广一种无库存的食品配送系统，刻意减少超市和仓库中存储的食物以获得更为新鲜的产品，食品的运输和配送次数将会增多，这可能会加剧电磁脉冲袭击对食品行业的影响。新的食品配送系统利用数据库追踪超市食品的存货，这样可以保证在商品缺货时及时补充货物，这种做法大大降低了储存大量食品的必要。

食品基础设施依赖于电力网络，电力网络部件已经被测试证明是易受电磁脉冲袭击的。此外，各种由暴风雨或机械故障所引起的停电事件导致超市制冷系统的大范围崩溃，阻碍食品运输配送系统的正常运行，使得大量的易腐食品腐烂，造成持续几天甚至几周的食品短缺。然而，一场电磁脉冲袭击对食品基础设施造成的影响要比这些由暴风雨或机械故障所引起的停电事故更为严重也更为广泛。

在面临诸如 1992 年安德鲁飓风事件这样的自然灾害时，为提供食物给受灾人口一事，美国联邦政府、州政府和当地的应急服务部门时常焦头烂额。幸运的是，美国很少有人在灾害中饿死。在安德鲁飓风事件之类的局部紧急灾害事件中，临近区域通常能够及时地向受灾地区提供紧急服务（食物、供水、取暖和药品等）。

以安德鲁飓风事件为例，尽管受灾区域相当小，但受灾区域被破坏的程度很严重，许多人都受到了飓风的影响。因此，灾后启动了应急服务，这些应急服务既有相邻的州，也有许多遥远的州。例如，灾区从其他州引进变压器重建当地电力网络。由于备用变压器需要海外供货商生产，新变压器的制作周期通常需要六个月，这次灾害导致全国范围整整一年时间内变压器短缺。

卡特里娜飓风是美国历史上最大的自然灾害之一，受灾范围比安德鲁飓风大得多。在这次事件中，提供食物和其他紧急救助成了一项巨大的挑战。卡特里娜飓风破坏的区域与一场小型电磁脉冲袭击事件相当。

联邦政府最近正致力于保护食品基础设施不受恐怖袭击，着重保护小范围食品基础设施的安全，比如恐怖分子在食品供应环节向部分食品投毒之类的事件。但是，电磁脉冲袭击可能会持续破坏甚至瓦解一大片包含许多城市区域中的食品基础设施几周、几个月甚至更久。基础设施大面积破坏将会阻碍受灾边缘地区向受灾区提供救助。因此，很有可能受灾区的恢复重建过程非常缓慢，导致灾区大量人口遭受更多的痛苦甚至死亡。

食品的制作、加工和配送

美国是一个食品超级大国。美国10种农作物的产量位居世界第一，它们是玉米、大豆、小麦、陆地棉、高粱、大麦、燕麦、水稻、向日葵和花生，其中有9种均是食物来源。美国的肉类、家禽和鱼类的产量也位居世界第一。在所统计的全世界183个国家中，仅有几个是粮食净出口国。美国、加拿大、澳大利亚和阿根廷向世界提供了80%以上的粮食出口，其中美国占到一半以上。

美国的粮食出口对减少饥饿和维持许多粮食短缺国家的政治稳定具有重大意义。当多数美国人对日常生活中能够获得物美价廉的食物不以为然时，很多国家却认为美国的食品基础设施是一个令人羡慕的经济奇迹。

与美国不同，其他很多国家即使为满足人民的食物需求不断努力奋斗，但仍有一些人生存在最低生活水平之下。全世界183个国家中，大部分不同程度上都依赖于食品进口。即便在发达国家当中，美国食品质量之高，数量之丰富也是一个特例。

美国消费者所消耗的食品主要产自本国。2002年，根据美国农业部（USDA）一项统计数据，210万个美国农场售出的谷物和家畜总价值达1920亿美元。美国农场有4.55亿英亩的土地在种植谷物。另有5.8亿英亩土地用作畜牧。

根据制造商普查结果，未加工的农产品由约29000个坐落在美国各处的加工厂转化为中间食品和最终食品。这些工厂雇佣大约170万工人，约占美国制造业员工总数的10%，占全美工人的1%以上。大多食品加工厂较小，大公司负责食品的配送运输。在食品制造业前20个大公司承担了35%的出货，而在饮料制造业，前20个大公司承担了66%的出货。前50个大公司承担了51%的食品出货和74%的饮料出货。

食物通过大约225000个食品商店、农贸市场和自助农场供应给消费者。食品外卖服务由850000家企业提供，包括饭店、咖啡馆、快餐店、餐饮公司等。

为了说明美国食品基础设施在食品制作、加工和农场到市场的配送中的应用，下面给出一个实例：

华盛顿州是美国最大的苹果生产商集中地，每年的销售额达到8.5亿美元，有225000英亩的果园，主要分布在喀斯喀特山。一个大型连锁超市与斯波坎市的中等规模苹果种植者签订合同来合作种植苹果。

在种植季，斯波坎市的苹果种植户组合使用农场机械对果树进行施肥和打杀虫剂。在收割季节，华盛顿的农场主雇佣35000～45000个采摘者来收割苹果。苹果继而被装载到平板货车运送到连锁超市或与连锁超市有合作的加工厂。加工厂使用电动传送带将苹果送至各站点，利用电动设备洗净苹果上的灰尘和农药残留，根据大小和品质进行分类、打蜡，然后将它们按40磅（1磅=0.453592千克）一箱进行包装。

苹果如果不是送到市场当季销售，可以将它们储存在一个大型冰箱中，最长可存放8个月。连锁超市将苹果运输到其在马里兰州上马尔伯勒的配送中心，这些配送中心将把食品配送到华盛顿哥伦比亚特区的商店。卡车公司承包商耗费4～5天的时间用冷藏车将苹果运送到美国东海岸。苹果直达上马尔伯勒地区的配送中心，这些配送中心负责每天向连锁商店配送苹果。冷藏车将苹果运送至华盛顿哥伦比亚特区的超市，当地居民再购买这些苹果。

这是一个食品基础设施如何将苹果从种植商运送到消费者的例子，大多数食品的生产加工配送流程与此大同小异。与很多农作物不同，苹果更依赖于人力劳动而非机械作业。但是，很明显，食品基础设施严重依赖于生产线、分类机、清洗设备、冰箱和车辆，这些设施都直接或间接地依赖于电力。

对电磁脉冲的敏感性

一场电磁脉冲袭击可能会破坏甚至摧毁一部分遍布在食品基础设施中的电子系统，这些系统对于食品的生产加工和配送至关重要。农产品种植和畜牧业养殖需要由供水基础设施运送大量的水，而供水基础设施也严重依赖于电能。拖拉机、播种机、收割机和其他农场设备需要石油提供能源，而石油产品又需要通过依赖电力的管道、泵和运输系统运输。用于提高农作物和牲畜产量的肥料、杀虫剂和饲料由使用电力的工厂生产加工。

食品加工（清洗、分类、打包和各种农作物、肉制品的罐装）一般都在由电力驱动的生产线上自动完成。

食品配送也离不开电力。冷藏仓库使得长期存储大量蔬菜、水果和肉类成为可能。公路和铁路运输依靠电力驱动的电力机车、管道和气泵以及交通调度调整设备。

由于美国是只有少量农民的食品超级大国，科技不再仅仅提供便捷，科技对于美国农民来说已成为必需品，只有依靠科技才能向美国人民和全世界源源不断地提供食物。

在19世纪，39%（约3000万人）美国人居住在农场，而今天这一比例下降至2%（仅450万人）。美国不再拥有大量能够在紧急状况中被调动起来的技术农民。美国从一个农业大国转型为仅有2%人口向98%人口提供食物的国家，这完全有赖于科技的进步。正是由于这样的依赖性，一场电磁脉冲袭击将会对美国的食品基础设施安全造成威胁。

美国农民数量从1900年的39%减少到了今天的不足2%，农民数量的减少使得美国食品基础设施更加依赖于科技。从1900年以来，美国耕地数量仅增长了6%，而美国人口从7600万上涨到了今天的3亿。为了能够让大量减少的农民在几乎同样面积的土地上种植足够养活增长了近四倍的美国人口，现代农业生产力需要比19世纪增长50多倍。以机械化、现代化肥和农药、高产农作物和饲料为代表的科技是这场食品变革中的关键。电磁脉冲对农业的袭击必将影响美国食品生产。

食品加工业是美国食品基础设施中自动化程度最高的一个环节。对蔬菜、水果、各类肉食的加工处理都是高度自动化的流水线作业，基本上完全由电力驱动。电磁脉冲袭击对这些设备造成的损坏，或是造成的停电事故，将会使食品加工停滞。食品加工行业的工人数量和能力都是针对自动化生产来设定的。如果工厂不能自动化运转，那么工人的数量和能力都不能满足传统的手工加工作业需要。在几个小时到几天的时间里，大多数没有冷藏的食物都会腐败。

最后，食品配送系统可能是食品基础设施中最脆弱的一个环节。一般情况下，超市储存的食品数量只够满足当地1～3天的消耗量。正常情况下，超市每天都要从附近的货栈进货，这些货栈存储的货物一般可以供局部地区消耗一个月的时间。

地区性货栈可能是美国应对食品短缺最好的短期手段，那里存放着大量的食物。例如，纽约市的一个典型货栈每天会接受20辆大型卡车运来的食品，然后将大约480000磅食物分送到各个超市。货栈有几个足球场那么大，占地超过10万平方英尺。袋装食品、罐装食品、新鲜食品等各式食品堆垛在35英尺高的货架上。大量的冷柜用于存储蔬菜、水果、肉类，整个货栈都有温度控制系统。

然而，如果电力供应中断，制冷和控温系统就无法工作，地区性货栈就会出问题。此外，如果货栈中存储的货物无法运送至人口聚居区，那么它对于缓解紧急情况下的食物短缺也于事无补。食品的分发主要依靠货车以及整个交通运输系统的正常工作。一场风暴导致的停电会使大量的商用制冷系统无法工作，大量的食物因此腐败变质。

零售业有向“准点配送”方向发展的趋势，这样食品运输会降低对地区性货栈的依赖，但增强了食品基础设施对电磁脉冲的敏感性。目前，加利福尼亚州、宾夕法尼亚州、新汉普郡等地已经有一些连锁超市开始采用“准点配送”业务。自动运行的数据库和计算机系统会实时追踪各个超市的库存清单，在必要的时候及时通过更集中的大型货栈补充库存，甚至直接从食品生产商获得补给。

这种新的业务方式，一方面为消费者提供了更加新鲜的食物，另一方面也减少了食品工业对于地区性货栈的依赖程度。随着“准点配送”业务逐渐成为食品工业的常规模式，电磁脉冲的威胁与日俱增，因为这一业务模式严重依赖计算机和数据库，电磁脉冲就更容易扰乱食品配送管理的节奏。同时，由于减少了对地区性货栈的依赖，那里存储的货物量将会减少，在紧急情况下的食品供给能力也就相应下降。

对一些冰箱和冰柜进行电流脉冲注入测试和开阔场辐照测试，结果表明某些设备在中低水平的电磁脉冲影响下就会损坏。这一结果意味着很多人将不能利用这些制冷设备来保存食物，必须在较长时间内食用无法长期保存的食品，直到制冷设备修复或更新。零售商店和地区性货栈中的大量食品将因此而腐败变质。

食品供应基础设施故障的后果

电磁脉冲袭击导致的食品供应基础设施故障，会对人员生命、工业活动、社会秩序等造成威胁。如果一个普通人无法摄取食品，那么他从事体力劳动的能力在几天之内就会大大下降，四五天之后就会逐渐失去判断能力，简单的脑力活动也无法顺利进行。两周之后，将会丧失行动能力，一两个月之后就会死亡。

通常，在家庭和商店中存储的食品被耗尽之后，上述逐渐走向死亡的过程才会开始。许多人家中都存放有可供食用几天至几周的食品。例如，1996 年华盛顿特区遭受暴风雪袭击的时候，食品供应基础设施停运了一个星期，于是大多数居民依靠自己储存的食品以及当地商店的库存撑过了这段紧急时期。但是，也有许多人家中存放的食品不多，很快就开始找寻食品。

在历史上，虽然美国有着大规模的农业，美国人民有时还是会受到自然灾害或是错误经济政策的影响。1935～1938 年间，美国西部和中部平原这个大粮仓遭受了旱灾，数百万美国人因此忍饥挨饿无米下锅，1929 年华尔街崩盘和大萧条期间，也同样发生了饥荒。即使在今天，根据美国农业部的数据，占全美国总人口 12%的 3360 万人口依然生活在“食品缺乏保障的家庭”，也就是说他们由于贫穷或是缺乏自然资源，而无法获得足够维持一家人营养需求的食品供应。

自然灾害或是蓄意攻击会影响食品供应或导致食品价格上涨，这至少会使得美国的3360万穷人面临生存压力。他们家中的食品储备最少，最先需要食品供给。寻找食物的压力使得人们无法安心工作。长期食品短缺会使社会秩序恶化。政府如果不能为公众提供足够的食品供给，保证人民的生命健康，那么将会出现无政府的混乱状态。

在发生危机的时候，有时仅仅是出现一些恶劣天气，超市货架上的食品便被迅速扫空，因为一些人会开始储存食品。囤积食品的行为会使得政府无力调控当地的食品供应以保证在粮食短缺情况下人人都有饭吃。为了避免大范围的饥荒，必须要有能力迅速补充超市里的食品供应。

风暴或事故造成的电网断电会破坏食品供应。电磁脉冲袭击事件会损坏电网，于是货栈无法获得电力供应，制冷、控温系统也无法正常工作，于是地区内30天易腐败的食品就无法继续供应。停电还会阻断货物运输，阻碍各地食品的补充。

联邦政府、州政府、地方政府联合起来，有时也无法弥补风暴断电导致的食品供应不足。例如：

◆ 2005年8月的卡特里娜飓风导致新奥尔良及沿海地区长时间断电，破坏了该地区的食品供给。洪水、倒伏的树木、冲垮的桥梁等阻断了交通。但是卡特里娜飓风导致的断电自身足以阻断交通和影响食品供应基础设施的修复，因为加油站断电无法运转。电磁脉冲袭击事件也会导致加油站油泵无法工作、损坏车辆和交通信号灯，造成交通堵塞，从而使得食品运输陷入瘫痪。卡特里娜飓风后新奥尔良和沿海大量居民被疏散，主要原因就是食品供应链遭到破坏。被疏散的民众中，有许多人一直没再回到原居住地，因此这场由停电导致的持续数周（局部地区长达数月）的食品供应基础设施损坏导致新奥尔良和路易斯安那州沿海地区的人口数量永久性减少。卡特里娜飓风对食品供应基础设施造成的破坏堪比一场小型电磁脉冲袭击事件。

◆ 2002年10月的莉莉飓风导致路易斯安那州沿海地区电网停电，当地食品供应基础设施崩溃。停电导致数千人无法通过正常渠道获得食品。在路易斯安那州南部，30家超市因为停电无法使用收银机而关闭。其他一些可以正常开放的商店，货架上的食品在几个小时内被抢购一空。在阿布维尔，购物中心的停车场变成了由教堂和州应急办公室的食品供给中心。原本负责路易斯安那州、得克萨斯州、密西西比州食品供应的零售商联合会，开始从周边地区货栈用冷藏车向受灾地区运送食品。

食品问题的紧迫性表现在人们对干冰的需求直线上升，干冰用来在炎热的天气保存食品、储藏冷冻食品。当地的干冰很快售罄（有一家商店两个小时就向几百名顾客售出了20000磅干冰）之后，干冰供应只能依靠红十字会了。

值得注意的是，这场事件中没有人因食品和饮用水短缺而死亡。由于受灾害地区很小，可以在周边未受灾地区的帮助下迅速恢复起来。

◆ 1999 年 9 月的弗洛伊德飓风使得北卡罗来纳州的 200 多家超市停业。尽管在飓风到来之前，人们已经采取紧急措施将易腐败食品存放在冷库中，但长时间的停电还是导致大量食品腐败。弗洛伊德引起的停电还导致了交通系统的瘫痪，因此许多超市的供应恢复过程也受到了阻碍。

◆ 1999 年 1 月，一场暴风雪导致华盛顿特区停电。许多家庭的电烤箱和微波炉都无法正常使用，在寒冷的冬天人们无法吃到热腾腾的食物，使得那个冬天特别难熬。

此外，许多天然气灶也无法使用，因为 20 世纪 80 年代中期以后生产的灶台必须用电打火，而不能用火柴引燃。也有人临时用野营炉灶生火做饭。当地的食物冷藏也成了一个问题，于是电力供应部门就向民众发放了他们储藏的所有 12 万磅干冰。在紧急情况下，干冰也是紧俏货。

◆ 1998 年 1 月，一场暴风雪导致了加拿大安大略省和魁北克省以及美国缅因州和纽约州北部遭受了大范围的停电。停电威胁到了食品供应。据媒体报道，蒙特利尔频发居民食物中毒事故，因为人们无法到商店购买食物，只能食用已经长期存放在无法正常工作的冰箱中的食物。

在纽约州北部，尼亚加拉莫霍克电力公司宣称，将集中力量修复人口居住密集地区的电力供应，以便超市、加油站、旅店能够恢复运行，居住在偏远地区的人们也能够找到食物和住所。纽约州电力燃气公司帮助用户寻找临时住所，并分发了 20 万磅干冰用于保存食物。

◆ 1992 年 8 月，安德鲁飓风使得南佛罗里达州 165 平方英里的土地变成废墟，330 万户家庭和企业断电。安德鲁飓风对南佛罗里达州居民的生命造成了严重威胁，部分原因是它破坏了当地的食品供应基础设施。许多零售商店也被摧毁了。

交通信号灯和路灯不能工作，造成严重的交通拥堵，因此阻碍了超市的供应恢复。据报道，“5000 多个交通灯不能正常工作，汽车堵了几英里，不论想做什么，都需要等待很长时间”。

为了应对危机，援助部门向该地区运送了几吨食品，然而很多灾民在飓风过去两周之后仍然无法收到这些物资。

安德鲁飓风引起的停电造成救援人员和受灾群众之间的通信渠道中断，更加剧了食品、饮用水、居住方面的困难。在没有电力供应的情况下，与外界的交流几乎完全瘫痪，没有电话，没有无线电，没有电视。结果，许多受灾群众不知道外界正在进行紧张的救援，也不知道该去哪里寻求帮助。如果飓风影响的范围再大一些，周围未受灾的地区对其进行援助的能力会进一步削弱，这将导致更多的人员伤亡。

根据风暴导致的停电对食品供应基础设施的影响，我们可以推测出更加严重的电磁脉冲事件可能给食品供应带来的后果。电磁脉冲事件波及的电网和其他系统的范围更广，因此修复也需要更长的时间。电磁脉冲还会直接损坏冰箱、车辆中的电子设备，而一般的风暴停电事件不会对此造成影响。因此，电磁脉冲对食品基础设施造成的影响将更复杂更持久，设施恢复更难。

在电磁脉冲事件发生后的短时间内，或几天乃至几周的时间内，各级（联邦、州、当地）政府要想联合起来应对若干个州内同时发生的大范围的食品基础设施损坏，会非常困难。电磁脉冲可能导致的交通系统瘫痪会阻碍食品分发和运输，这会使很多人的食品供应在至少 24 小时内受到影响。

大城市里面的上百家超市最需要在紧急情况下的食品供应，但大城市也最容易发生交通拥堵。近年来，一些发展中国家遭受饥荒时，尽管国际组织极力援助，但由于这些国家的交通基础设施过于落后，很多救援物资无法运抵灾区。如果美国遭受电磁脉冲袭击，那么可能会陷入与发展中国家饥荒时相似的食品和交通基础设施状态。

建　议

根据美国总统签署的《关键基础设施与关键资产的物理防御国家战略》、《2002 年公共健康、安全、生物恐怖袭击防范和应对法案》、联邦紧急事务管理局（FEMA）的计划书等文书，我们看到他们都假设食品供应基础设施只会遭受到小范围的损害。大多数情况下，我们关注的只是恐怖分子在少量食物中投毒，进而导致民众大范围恐慌、担心食品安全性的问题。联邦紧急事务管理局针对食物短缺的应急预案只考虑了 1 万人受灾的情况：“在受影响的地理区域边缘，一些学校和机构储存有大量的食物，预计可以维持 1 万人 3 天的食品需求和 1 天的用水需求。[①] 然而，电磁脉冲事件可能导致上百万人的食品供应基础设施受到破坏，对此我们给出如下建议：

◆ 包括美国国土安全部和美国农业部在内的相关联邦机构应该完善紧急状态下调用联邦食物储备的预案。

◆ 联邦食物储备量应该考虑到大量人口的食品供应受到电磁脉冲或其他原因损坏时的情况。

---

① FEMA，应急和恢复，紧急支援功能第 11 号附件食品，http://www.au.af.mil/au/awc/awcgate/frp/frpesf11.htm.

◆ 联邦政府应该回顾早期针对食物短缺的应急预案，比如冷战时期。彼时的预案往往考虑了大范围食品短缺的情况。

◆ 联邦政府应该做好库存食物的定位、储存、运输、分发、定量供给计划，包括已加工食品和未加工食品。应当把美国农业部和其他政府机构的食物存储考虑进来，这将是保证食品供应的重要一环。

◆ 当电力供应、交通运输等基础设施遭受电磁脉冲袭击需要较长时间恢复时，联邦政府应该优先基于地区性的食品货栈做食品保护、运输和定量供给的计划。

◆ 联邦政府应当制订私人和政府粮食储备的加工和调配计划，作为地区性货栈储备食品的补充。根据美国农业部国家农业统计局的数据，美国私人粮食储备总计超过 2.55 亿吨。商品信贷公司所持有的联邦粮食储备超过 170 万吨，其中 160 万吨是比尔·埃默森人道主义信托基金专门用于海外应急的。

◆ 如果现有的食品储备不足，那么联邦政府就应该增加这些食品储备。

◆ 还应该制订突发预案，保证在电磁脉冲袭击后能够提供足够的人力和技术支持，加快农业和食品生产行业的恢复。

总统计划已经指派美国国土安全局作为领导机构负责食品基础设施安全问题，监督并协助美国农业部工作。目前，《罗伯特 T. 斯坦福灾害缓解与应急援助法案》规定，美国总统“有权确保美国国内有充足的食品储备，并且在紧急情况下能够及时便捷地进行大范围供应和配送”。然而，斯坦福法案实际上被用于授权从私人货源处购买食品，以及发放超市使用的食品券，来应对食品短缺。

在一些极端情况下，比如卡特里娜飓风和安德鲁飓风事件，私有食品货源被毁坏，不足以应对危机事件，联邦政府便利用联邦食品储备来解决问题。许多安德鲁飓风受灾群众通过军用即食口粮方便食品解决了食品短缺的问题，但联邦政府在面对安德鲁飓风时，起初确实束手无策，后来在情急之下才诉诸军用即食口粮和过剩的食品储备来解决问题。为了实现上述总统计划，我们给出如下建议：

◆ 联邦政府应该考虑一项现成的措施，扩大食品储备规模，可以把军用即食口粮考虑进来。

◆ 应急预案中应当考虑如何及时分发大量食物，这在食品短缺时期非常关键。

◆ 修正斯坦福法案，制订私人和政府食品储备定位、保护和分发计划，制订国家级紧急事件中向民众分发储备食品的计划。

第8章　水资源基础设施

引　　言

水资源及供水系统是至关重要的基础设施。高空电磁脉冲可能会对美国的居民、农业和工业供水系统造成破坏或干扰。

水资源基础设施的运转依赖于电力。引水渠、隧道、管道以及其他一些水资源输送系统在设计时尽可能依靠重力运转。然而，20世纪早期，自从人类发明了电动抽水机并将其广泛应用，城市发展、规划、建筑设计就从重力引水系统中解放了出来。抽水机将水向上输送，从而使得人类得以在过去无法建造城市的地方安居。摩天大楼等高层建筑也是因为有了电动输水设备才能够投入使用。

在饮用水、工业用水以及生活用水的净化环节中，电力驱动的抽水机、阀门、过滤器以及其他许多机械装置必不可少。电磁脉冲袭击造成这些系统损坏或者降级，影响很大地域范围内的水资源输送。

电动装置也被用于废水处理。电磁脉冲袭击可能破坏废水处理系统，对大范围的民众健康造成威胁。

SCADA对于水资源基础设施的运转和管理起到十分关键的作用，包括饮用水和工业用水的输送，废水的转移和处理等。SCADA中可以方便地进行中央控制，系统问题与故障诊断，需要的工作人员比早些时候少很多。第1章已经详细分析了电磁脉冲袭击会对SCADA造成的破坏，进而使得水资源基础设施的管理以及系统故障的识别诊断都无法顺利进行，当出现系统性电力故障时很难依靠少量人力来解决问题。

电网为水资源基础设施的运转提供电力保证。电磁脉冲袭击会导致电网崩溃，进而使得水资源基础设施中的SCADA和电力机械装置无法运转。一些水利设施中有应急发电机，可以保证在短时间内不间断地供水，但供水量也会显著下降。

关于电磁脉冲袭击对水资源基础设施的潜在威胁，很少有人进行过详细的分析。然而据了解，水资源基础设施中的SCADA并没有专门针对电磁脉冲进行加固，甚至在大多数情况下也没有针对电磁脉冲进行测试。

水资源基础设施十分依赖于电网，而电网很容易受到一般强度的电磁脉冲破坏。此外，暴风雨或机械故障导致的停电事件，在历史上也多次干扰到水资源基础设施的运行。暴风雨或事故导致的这些停电事件，对水资源基础设施造成的影响在地理范围上恐怕无法与电磁脉冲袭击事件相提并论。

联邦、各州以及地方应急机构在面对单个大城市的水资源基础设施故障时，将面临巨大的压力，要为民众提供至少保证较长一段时间内最基本生活需求的水资源。在紧急事故持续时间较长的情况下，他们将无法向大城市中的普通住宅和工厂提供水利服务，包括废水的清理和处理等。然而，电磁脉冲袭击事件将会在很大地理区域内造成水资源基础设施的故障，许多城市在长达数周乃至数月的时间内都将面临水资源方面的压力。

水资源运营情况

所有美国人都觉得日常消耗和清洁用水是唾手可得的，但相比于其他基础设施，用于向公众和工厂提供洁净自来水以及回收废水的基础设施建设周期更长，并且可能是维持生命最重要的基础设施。

发达国家与发展中国家的一个重要区别，就是前者可以提供洁净的自来水。发展中国家中有 13 亿人无法获得安全的饮用水，接近全球总人口的 1/4。缺少清洁用水的人口则多达 18 亿。这导致在许多发展中国家，由于饮用不洁净的水而引起的相关疾病蔓延，对人们的健康和寿命造成了很大的威胁。许多发展中国家的经济发展因工业用水不足而受限。目前还有一些国家的发展障碍则是因为，各家的劳动力必须每天花费很长时间长途跋涉取水，以供饮用和家庭生活，而这些水源往往还是已经受到污染的。

相比之下，美国有充足的水资源，并且可以高效地调配使用，保证了人口的健康和发展，以及经济的进步。在美国，每人每天通过各种途径消耗的水资源平均为 1300 加仑。农业灌溉和制冷用水占据了其中的 80%，在西部 17 州，单灌溉用水就占 80%。平均来讲，每人每天消耗的家庭用水约 100 加仑（在西南部地区可以达到 200 加仑），这其中包括饮用、洗澡、做饭、洗衣、洗碗、冲厕所、洗车、草坪和花园浇水等。

饮用水和做饭用水只占用水量的一小部分。然而，多数情况下我们用一个水源来完成所有的事情，因此不论这些水是用来做什么的，法律都规定它们要达到饮用水的纯净标准。

对高质量水资源的巨大需求需要大量水资源基础设施进行保障，包括 75000 多座大坝和水库，数千英里长的管道、引水渠、水资源配送系统、排水系统，

16.8 万个饮用水处理设施，以及 1.95 万个污水处理设施。

有 15%的饮用水处理设施和污水处理设施位于城市地区，这些设施满足了美国 75%人口对水资源的需求。

在美国，水资源基础设施并非由哪家单独的机构或系统控制，而是由超过 10 万家工厂和私人企业管理。然而，由于水厂提供的服务大同小异，并且必须依照相同的行业标准，这些水厂的运转方式基本上相同。

供水站需要收集、处理、存储和配送水资源。水库、湖泊、河流等地表水体主要为城市供水。水井利用了地下蓄水层中的水，主要向农村和西南部各州供水。有私人水井的家庭一般直接喝井水，因为这些地下水已经在地下沉积层中自然过滤了许多年。水处理厂的目的是要提供不间断的供水服务，将地表水和地下水的纯净度提升到饮用水的标准。典型的市政水处理厂净化水的步骤包括：过滤、凝聚、凝絮、沉降、消毒。

过滤步骤是将地表水通过粗滤装置，除去树枝、树叶等大块杂物。接下来是精滤，水通过沙子和其他颗粒物构成的过滤层，除去其中的泥沙和微生物。这一处理过程模拟了水渗入地下时的过滤作用。整个过滤过程采用低压泵通过机械的粗筛和精筛方法来完成。

凝聚步骤用于清除过滤后水中的胶体杂质、精细的悬浮颗粒。硫酸铝等物质用作凝结剂，混合进含有胶体颗粒的水中。硫酸铝不仅可以使胶体凝聚，还能够与水中的氢氧化钙反应，生成氢氧化铝，在后续的过滤或沉降步骤中去除。

凝絮步骤紧接在凝聚之后，用于去除自然状态下永远无法分离的细微颗粒。水流速度在这里会减缓，并有一个缓慢的混合过程，使得不可溶盐、胶体颗粒以及其他悬浮物质凝成絮状颗粒。胶粒和凝结剂会混合形成大块的中性絮团，在后续沉降步骤中可以去除。

沉降步骤是将水静置在大水箱中，让絮团沉到水箱底部。沉淀池通常是水处理过程中最大的水箱。在凝聚和凝絮步骤中，一般每加入 1 磅的化学物质，就能够沉降出 1 磅的杂质。这些杂质需要移除并丢弃，而之前的过滤筛也需要定期进行反向清洗。

消毒过程使用化学品杀死那些在过滤步骤中未除掉的微生物。氯是常用的消毒剂。氯与死树叶等有机物质发生反应，会生成有害的三氯甲烷。城市中的大型水处理厂有额外的净化步骤，用于降低水中三氯甲烷的含量。有时会用臭氧消毒、紫外线照射代替氯气，或与氯气一起使用。水中还可以加入氟化物，因为氟化物能够延缓牙齿衰老。地表水中往往还要通入空气，或将水在空气中进行喷洒，使水中溶解的铁、锰等金属氧化，并去除硫化氢的异味。

处理过的水由高压泵输送到配送系统，而后输送管道通常会加压到 40～80 磅每平方英寸，将水输抵用户。高压泵可以维持蓄水池中的水位。重力驱动是首选的输送动力，然而大多数情况下还是要用电动水泵来输送水。水处理厂的高压泵可以将水输送到一个供水区的不同部分，再由增压泵或增压泵组将水送到用户。高层建筑通常要有独立的增压泵，用足够大的压力把水送至楼顶的水箱，以保证高层供水以及消防用水。

废水处理的很多步骤与饮用水处理相同，只是其中含有的杂质更多，需要进行一些相应的调整。污水中生长着大量的微生物，主要是细菌，还有病毒和一些原生生物。事实上，废水处理过程也要依赖于净化过程中的一些良性微生物。污水中还有一些患有传染疾病的人的排泄物携带的病原体，可能会污染水源，进而在人群中传播。现在通过水传播的疾病在发达国家已经很少见了，但在一些发展中国家，污水经过净化处理后公众无法直接使用，因为仍然面临相关传染病的威胁。

去除污水中的污染物，通常有物理方法、生物方法和化学方法。首先，水中的各种碎屑、树枝、较大的固体等可以被粗筛滤除，以免损坏水泵。接着，在沉砂池中，砂砾会被沉降去除，以免磨损其他设备。在沉砂池中，大多数的小块固体处于悬浮状态，可以在重力的作用下自然沉降并去除。沉降下来的固体称为粗泥，将之泵入厌氧沼气池，进行生物分解。经过这一步净化后的污水接着流入二级处理单元，进行生物氧化。水中溶解的物质以及呈胶体分散的物质将作为微生物的养料，被消耗掉。接着，再通过重力沉降的方法去除水中的微生物。这一步骤沉降出的富含微生物的污泥再注入厌氧沼气池。最后再用氯气对废水进行化学消毒，废水处理的过程便完成了，可以排放。

电磁脉冲对水资源基础设施的威胁

水资源基础设施主要是大型机械装置，部分由重力驱动，但大多数是电力驱动的。电动水泵、阀门、过滤器以及其他一系列机械装置和控制系统可以完成饮用水净化，输送以及废水处理任务。电磁脉冲袭击会损坏或破坏这些系统，使得水资源供应中断，或导致供水被化学品、废水中的病原体等污染。例如：

◆ 总有机碳（TOC）分析仪用于检测水中污染物和病原体的水平，测定水质，并确定需要进行哪种净化处理过程。

◆ 机械筛、过滤器、收集器、撇渣器、反向冲洗系统用于清理水中的污泥和其他固态废物，一旦系统损坏，必将导致水污染、泵堵塞。

◆ SCADA，借助它我们可以进行远程控制，并且及时修正可能出现的水质、送水、废水回收和处理问题。有了 SCADA，水处理工厂几乎可以自动运转，最大限度地降低了对人工的依赖。在紧急情况下（如停电）有些子系统可以很容易地找到替代方案。例如，很多阀门都有手动控制模式，一些水厂也有紧急发电机。然而，SCADA 的便捷也导致现场可以调用的熟练工人有限，不足以维持水厂长时间的运转。这意味着，SCADA 的崩溃会使得整个水厂陷入瘫痪。

◆ 高压泵和低压泵，遍布水资源基础设施中，用于水净化、输送以及废水清理。如果这些设备损坏或破坏，那么就无法净化水、输送水，也无法通过排水系统清理和处理废水。

◆ 絮凝器以及其他混合装置是氯化处理及其他化学净化过程的主要设备。如果这些设备停止工作，那么水的净化就无法完成，可能仍对人体有害。

以上所有系统都是电力驱动的。大型水处理厂耗电量很大，有些可以超过 100 兆瓦，备用发电机根本无法支持其运转。为了保持供电稳定可靠，水处理厂往往同时从两座临近的发电厂获得电力。电磁脉冲袭击事件会导致电网崩溃，也会导致水资源基础设施的崩溃。

水资源基础设施崩溃的后果

通过干扰水资源基础设施，电磁脉冲袭击可以对生命、工业活动和社会秩序造成严重威胁。水资源短缺 3～4 天就会致人死亡，具体时间与气候和活动水平相关。

商店通常储存足够当地居民正常消耗 1～3 天的液体，但当停水时，人们对水和其他可用液体的需求会大大增加，当地的备用水会迅速消耗完。由于电磁脉冲余波对运输系统的影响，水源的恢复供应也十分困难，尤其是在所有的关键基础设施全部被干扰的情况下。

人们可能会饮用湖泊、小溪、池塘和其他地表水源的水。大部分地表水，尤其是在城市地区，都被垃圾和病原体污染了，如果大量饮用，可能会造成严重的疾病。如果污水处理厂停止运行，地表水中的废物浓度势必会急剧增加，饮用地表水的风险进一步增大。

污水处理厂停止工作还可能造成淤泥及其他废物、病原体的泄漏。典型的工业废物包括氰化物、砷、汞、镉和其他有毒化学物质。

通过将水烧开进行净化也难以实现，因为没有电力。现代化的燃气灶也需要用电点火。在大多数情况下，家庭也无法获得燃气（参考第 5 章）。可以使用木材和其他可燃物来烧水。其他的一些可以用于净化水的方式有：手持泵压过滤器、水净化桶、碘片或者是几滴家用漂白剂。

持续时间更长的水资源短缺很快会造成严重后果。人们忙于寻找或制出足够的水来维持生命而无心工作。大多数工业加工需要大量的水，如果水资源基础设施停止运行，那么这些工业加工也会被迫停止。

如果水资源短缺的时间延长，社会秩序也会更加恶化。如果政府无法向人们提供足够的水来维持健康和生命，也必然会出现无政府的混乱状态。

很多家中有水井的人也会面临相似的问题。如果他们的水泵控制器遭到了破坏，周边也很少有人能够帮助他们修理水泵。即使电力供应恢复了，大多数人也没有能力绕过坏掉的泵控制器并弄清如何用旁路电源线为泵供电。

水资源基础设施遭到破坏的情况下，首要的任务就是满足个人的水资源需求。如果水资源基础设施遭到大面积的破坏，联邦政府、州政府和当地政府将无法整合水资源为居民提供足够的维持生命的供水。

由暴风雨引发的电网事故已经证明，在没有电的情况下，水资源基础设施会崩溃。由暴风雨引发的电网事故同时也表明，即使只是局部或小范围的水资源基础设施发生崩溃，各级政府机关也很难团结协作起来。下面举例说明：

◆ 2005 年 8 月的卡特里娜飓风事件造成了新奥尔良和路易斯安那州沿海的水资源基础设施崩溃。卡特里娜飓风引起的电网事故造成用于净化和运输水的大型机器停止工作，水源受到了污染。美国国民警卫队也动员起来，在运输其他物资的同时，将水资源和水资源净化系统运送到受灾地区。电力系统需要数周甚至在某些地方需要数月才能恢复，因此停电事故是长期的，从而导致水资源危机旷日持久。长期的水资源危机是区域人口疏散的主要因素。一旦人口被疏散，很多人就不会再回去了。这样的水资源短缺成为了区域人口永久性减少的一个重要因素。卡特里娜飓风对水资源基础设施的影响与一场电磁脉冲袭击的影响差不多。

◆ 2002 年 10 月莉莉飓风事件造成了路易斯安那州沿海地区的电网崩溃。在没有电的情况下，水泵也无法继续工作，人们无法获得自来水，当地瓶装水迅速售空，联邦和州政府利用路边停车场和油罐卡车作为配水中心。

◆ 1999 年 9 月，弗洛伊德飓风导致电力系统崩溃，造成了弗吉尼亚州尤其是马里兰巴尔的摩的给水处理及污水净化厂停运。停电导致的巴尔的摩汉普登污水处理设备的停运引起了公众对安全的担忧。该厂三个泵无法启动，造成汉普登 2400 万加仑的废物溢出，排向了巴尔的摩琼斯瀑布航道和内港。

◆ 1999 年 1 月的一次暴风雪造成了加拿大安大略湖和魁北克省的大停电，蒙特利尔的水供应依赖电力过滤和抽水，立即造成了危及生命的蒙特利尔水供应紧急事故。1 月 9 号，向 150 万人供水的蒙特利尔的两个给水及污水处理厂停运，导致该区域的水仅剩 4～8 小时的用量。为避免公众屯水和恐慌加剧这次危机，政府部门对这次水危机事件严格保密。但当家庭水管最终干涸，水资源短缺的报道铺天盖地时，人们最终还是要囤积水，店铺中的瓶装水迅速销售一空。一次又一次地警告人们不要喝未烧开的水并没有任何作用，因为人们根本没有其他获取水的途径也没办法在冬季的大停电事故中找到烧水的办法。蒙特利尔行政人员担心的不仅仅是饮用水短缺，更担心消防部门的缺水。蒙特利尔消防部门甚至准备不用水而是利用一个拆除起重机进行灭火，他们希望当火灾发生时，利用拆除起重机将火源周围的可燃物移开，从而达到灭火的目的。当时的情况十分危急以至于地方官员已经开始考虑疏散城市居民。幸运的是，在不得不采取极端措施之前，魁北克政府电力部门恢复了对水过滤厂的电力供应从而恢复了对居民的供水。

◆ 1996 年 8 月，一场热浪导致美国西南部一些地区大停电。由于电动泵无法工作，一些地区的水供应受到影响。亚利桑那州、新墨西哥州、俄勒冈州、内华达州、得克萨斯和爱达荷在热浪中遭受了大停电引起的水资源短缺。在夫勒斯诺，城市中大多数居民依靠电泵从井里抽水，市长宣布该市处于紧急状态。城市中的 16 个消防站仅有 2 个有水，大多数消防龙头是干的。水车迅速进入城市为消防部门提供用水。

◆ 1992 年 8 月的安德鲁飓风引发了南佛罗里达州的大停电，事故造成水泵失效。大停电事故使得在炎热的夏季，无法获得水，数十万的居民生活在安德鲁飓风造成的影响中。为了应对危机，政府向居民分发了 200000 多加仑的水。但是，由于收音机和电视机没电，群众无法获取信息，不知道政府的救助行为或应该到哪里寻求帮助。街角免费的瓶装水和传播这一信息的人可能救助了数千名脱水的人。

在以上提到的例子中，及时的水资源供给救助服务能够避免居民脱水死亡。然而，如果断电持续更久或停电事故范围更大，结果可能会有很大的不同。风暴仅仅是代表性的灾难，我们可以由此外推出一场电磁脉冲袭击对水资源基础设施的破坏，它对人类的影响更大。

风暴引起的大停电和它们对水资源基础设施的影响对于电磁脉冲袭击事件来说并不是一个完美的类比。从表面上看，风暴所引起的大停电事故和它们对水资源基础设施的影响还不足以与电磁脉冲袭击相提并论。相比于电磁脉冲袭击，风暴的地理范围更小。在风暴事故中，由于其边缘效应，临近的州和地区能够提供救助，电网和供水设施能更快恢复，但在电磁脉冲袭击事故中则不存在这样的边缘效应。电磁脉冲袭击造成的停电事故可能比风暴停电事故影响范围更大，临近州或地区面临的救助任务可能更为艰巨，因此水资源基础设施的恢复也会耗费更长时间。

小范围的电磁脉冲袭击对水资源基础设施供电系统的危害与风暴引起的大的停电事故也不完全相同。与风暴相比，电磁脉冲袭击不仅会造成更大范围的影响，也会影响更多电子设备，造成更深程度的破坏，需要更加复杂的操作来恢复运行，也需要花费更长时间。

建　　议

根据总统指令颁布新的保护关键基础设施不受恐怖袭击威胁的国家政策，因为恐怖袭击可能引发灾难性的健康后果。国家层面上已经将保护水资源基础设施远离恐怖袭击的责任分配到了美国国土安全部和美国环境保护署（EPA）。美国环境保护署是饮用水保护和水处理系统保护的领导机构。在这些背景下，可以采取如下措施：

◆ 美国国土安全部和美国环境保护署应该将电磁脉冲袭击事件纳入水资源基础设施威胁中。

◆ 下面一些政策应该重新修订：

(1) 国家关键基础设施和关键资产的实物保护战略（2003 年 2 月）细化了包括水资源基础设施在内的美国关键基础设施保护计划，计划中指出：

➢ 明确水资源基础设施的威胁有："关键资产的物理性损坏或摧毁……供水的实际污染或威胁性的污染……信息管理系统的网络攻击……来自其他基础设施的服务被干扰。"

➢ 指出美国环境保护署应与美国国土安全部、州政府和地方政府以及工业用水部门共同合作："辨识高优先级缺陷并提高安全性……提高部门监视和分析能力……提高部门间广泛的信息交换并调整应急计划……与其他部门合作应对由相关性所造成的特定危机。"

➢ 关注恐怖主义及其他威胁胜于关注电磁脉冲，但该计划自身适合（尤其在构架和逻辑方面）应对任何威胁，所以应该修正，将电磁脉冲威胁考虑进来。

(2)《2002 公共健康与生物恐怖主义预备与响应方案》，由布什总统在 2002 年 6 月 12 日签署：

➢ 该法案责令负责管理饮用水系统的有关部门评估其敏感性，对评估结果负责，并将评估结果反馈给美国环境保护署，然后据此制订或修改应急预案。

➢ 该法案主要关注恐怖分子使用化学或生物物质污染饮用水源的情况。

➢ 法案应该进行修订，将电磁脉冲袭击事件认定为对水资源供应系统的最主要的生化威胁，因为电磁脉冲袭击会破坏水处理工厂中的 SCADA，导致生化物质泄漏，污染大片水源。

◆ 美国国土安全部和美国环境保护署应当严格执行政府推荐的适用于大范围由不同威胁造成的紧急事故的应急预案。这些方案包括确保紧急状况下水资源的供应。为达到这一目的，政府建议市民既要存储水也要预备水净化设备。这些建议都可以作为应对电磁脉冲袭击造成的水资源短缺的具体措施。

第9章 应急服务

引 言

应急服务对于维持社会秩序、维护公共健康与安全、保护财产等发挥至关重要的作用。美国人已离不开由地方政府提供的快速有效的灭火、出警、救援和紧急医疗服务。这些应急服务得到州力量（如州警署和国家警卫队）和美国国土安全部、司法部、疾病预防与控制中心等其他联邦团体提供的专属力量的支持。

> 美国人已经习惯了生活中快速有效的火灾、警察、救援和紧急医疗服务。

应急服务的需求量十分巨大。在美国，每年会接听到超过2亿个911电话。[①] 执行这些求救电话服务的是一个由约60万名地方执法人员、100万名消防员和超过17万名紧急医疗专家和护理人员组成的庞大队伍。[②] 预计未来五年用于应急服务的费用，在州层面约为260亿美元，在地方层面约为760亿美元，联邦层面还须额外增加270亿美元。[③]

在2001年“9·11”事件之后，国家各个层面的应急服务都备受重视，关注重点是对恐怖行为的防范与响应，包括核袭击，但很少有专门针对电磁脉冲袭击的应急服务。

> 很少有专门针对电磁脉冲袭击的应急服务。

本章主要关注地方应急服务系统，特别是用于警报、调度和监控这些应急服务的通信系统。由于电磁脉冲袭击的地域范围特别大，州和联邦政府所能提供的援助可能十分有限，主要应急响应都集中在地方层面。

---

① 美国国家紧急电话协会。

② 美国劳工统计局，包括志愿者的一线工作人员，不包括监督人员。

③ Rudman，Warren B. et al.，Emergency Responders：Drastically Underfunded，Dangerously Unprepared，Council onForeign Relations，2003.

除了地方应急服务系统，我们也关注用于总统和其他领袖在紧急情况下与公众通信的联邦应急警报系统（EAS）。虽然从未有总统用过联邦应急警报系统，但在电磁脉冲袭击事件发生时有可能会用到。

应急服务系统的架构与运作

地方应急服务系统

图 9-1 描绘了一个常见的现代地方应急服务系统。阴影部分为评估过的电磁脉冲敏感点，将在后面章节进行论述。

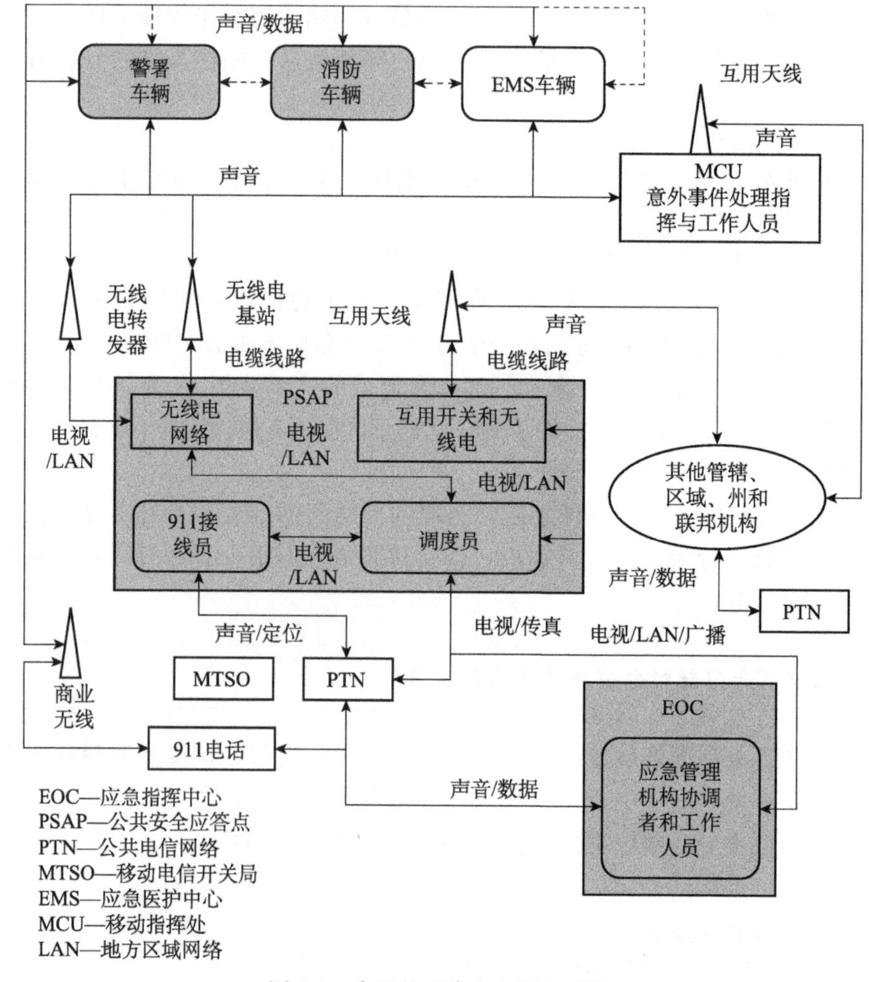

图 9-1　常见的现代应急服务系统

接听手机或固定电话拨打911求助的处理中心称为公共安全应答点(PSAP)。公共安全应答点通常包括一个或多个911电话接线员和调度员，通信设备，计算机终端和网络服务器。911接线员确定需要提供的服务，并向相关服务单位下达调度信息。

除了标准的电话服务，应急服务还有多种无线通信系统，包括广播系统、手机与卫星电话系统、寻呼系统、邮件系统和个人数字助理。有时在通信路径上存在死区，有时受辐射功率水平限制，常常会使用无线电中继器作为声音或报文的中继转播工具。

临近社区的网络通常工作在不同频率或频道以避免相互干扰，公共安全应答点人员会使用特殊的设备进行社区与社区间的通信。如果一个紧急事件或公共安全行动需要几个社区或机构进行紧密连续的协调，则可以采用互操作开关来进行通信。在大多数区域，进行行政区域间的协调通信仍是一个难题，并有待发展。

对于较为严重的紧急事件，应急指挥中心（EOC）将作为通信和协调牵头单位，参与的组织机构可以向该中心派驻代表。这样会大大方便应急服务部门与州和联邦政府间的有效协调。

应急警报系统

建立应急警报系统（过去是紧急广播系统和电磁辐射控制系统）的初始目的是使总统在危机时，特别是遭遇敌人袭击时，能够及时地与美国人民进行直接沟通。虽然该系统还从未出于这个原因使用过，但已广泛使用于地方应急和天气预警。美国联邦通信委员会依据对电视与广播电台的管理制订相关要求。美国联邦应急管理署（目前隶属于美国国土安全部）负责行政监管。

当发生国家突发事件时，信息会由总统或他的代理人通过高功率调幅(AM)电台，即国家广播电台，发布至全国。这些台站会将信号广播至其他调幅（AM）和调频（FM）广播电台、天气广播频道和电视台，继而将信息依次传递至其他站点，包括有线电视台。这些台站会使用编码和解码来发送和接收突发事件信息。

电磁脉冲袭击的影响

在紧急时刻，应急服务的优先顺序是保护生命、保护财产、与公众有效沟通、维持应急指挥中心运作、应急服务工作人员间有效沟通、基础设施的快速恢复。电磁脉冲袭击会从两个方面影响应急服务，使其不能实现上述目标：应急服务需求增加与服务不能及时提供。

应急服务的需求

电磁脉冲袭击会使得应急服务的需求量急剧增加。这些需求主要分为两类：信息和帮助。缺少实时信息和不能快速恢复满足紧急救援服务需求将带来严重后果。

> 电磁脉冲袭击会使得应急服务的需求量急剧增加。

近几十年来发生的大规模自然灾害和非自然灾难证明，对受灾者来说最重要的是信息需求。灾难刚发生时，每个人首先会担心他自己和亲朋好友的安危。其次最关心的信息就是事件本身。是如何发生的？破坏范围有多大？谁来负责？攻击结束了吗？再往后关注的才是关于恢复的问题。需要多久才能恢复基本的服务？我自己能做什么来进行自我保护和帮助恢复？值得注意的是，提供应急服务的人员因为同样的原因需要获得所有这些信息，以有效进行恢复管理和执行任务。应急服务的信息保障需要可靠的通信支持，如增强版 911 (E911)。[①] 如第 3 章中所讨论的：

> 由委员会资助进行的分析结果显示，电磁脉冲袭击会干扰或损坏暴露在电磁脉冲下的国民电信系统中的重要功能性电路。仍可运行的网络在攻击后一段时间将要提供更多的电话接入服务，将会导致电信服务降级。

为了使“国家安全和应急准备”(NS/EP) 服务能在第一时间向公众进行反馈，美国联邦通信委员会和国土安全部的国家通信系统提供了广泛的“国家安全和应急准备”通信服务，支持有资质的联邦、州、地方政府、工业部门和非营利组织开展他们的“国家安全和应急准备”任务，包括在 E911 公共安全应答点的服务。[②③]

电磁脉冲袭击会使得求助量大增。由电磁脉冲袭击产生的电弧放电进而引发火灾的可能性不可排除。目前此类火灾的发生频率还无法预测。伴随其他近乎同时发生的电磁脉冲效应，可能有个别火灾超出了地方消防部门的应对能力。由电磁脉冲袭击间接造成的火灾也会发生，这主要是人们在紧急照明时使用蜡烛和停电时使用其他热源时的疏忽造成的。

---

① E911 为应急服务人员提供了移动呼叫的地理定位信息。

② TSP 项目的 PSAP 登记：http：//www. nasna911. org/pdf/tsp-enroll-guide. pdf.

③ 国家通信系统：http：//www. ncs. gov/services. html.

电磁脉冲也可能造成飞机坠毁。[①] 在日常航班高峰期，美国领空高峰时每天有超过6000架商业飞机，运载着30万名乘客和工作人员。商业飞机可防范闪电袭击，但没有针对电磁脉冲的保护措施。闪电和电磁脉冲的频率成分不同，这将导致闪电的防护措施不一定适用于电磁脉冲。尽管商业飞机的强制闪电防护要求可能在电磁脉冲袭击时提供一定的安全保护，但在任何情况下，我们都不能排除由此导致飞机坠毁的可能性。

减轻电磁脉冲对航空交通控制系统的影响将有助于避免飞机坠毁。

紧急援助服务的需求会急剧增加：困在地铁和电梯里的人们需要及时救援。无论电力在何时中断，依赖于氧浓缩器、呼吸器、抽吸泵和其他生命维持设备的人们都需要快速找到解决办法。如果家中有幸备有氧气罐、液氧、蓄电池、发电机等备用设备，会减缓对紧急援助的需求，但这些人都需要有可靠的电源和合适的设备才能长期生存。假如断电达几天以上，那些依赖于透析机、喷雾器等医疗设备支撑生命的人就会面临危险。最终，家庭医疗无法补给会使更多的人求助于应急服务。

由于一系列因素，警察服务会变得十分薄弱。警察会被呼叫去解救处于紧急危险中的人们。汽车与交通控制系统瘫痪，造成大范围交通拥堵，需要警力进行交通管理。发生骚乱事件时也可能会出现反社会行为。尽管反社会行为一般发生在武装冲突（如暴乱）之后，而非自然或技术灾难之后，但是不排除伺机犯罪（因为电磁脉冲会使电子安全设备失效）。尽管不会那么普遍，但极其严重的反社会行为（如抢劫）是可能发生的，尤其是在物资匮乏的地方或高犯罪率的地方。假如抢劫或其他违法行为频频出现，那地方警察服务很可能发生崩溃。在这种情况下，就可能需要美国国民警卫军、强制戒严或其他极端措施介入。

> 电磁脉冲袭击可能会使应急服务完全瘫痪。

尽管电磁脉冲袭击可能使应急服务完全瘫痪，但是对应急服务的需求也会稍微有所缓解，因为大量的民间团体会积极加入灾后恢复的领导或协助工作中，认识到这一点很重要。在政府无法提供应急服务时，这些民间团体会扮演类似的角色，例如，运送和提供基本的家庭必需品，清理残骸，或提供一个临时的通信网络。在飓风、洪水、地震等自然灾害之后这种亲社会行为的例子并不少见。2001年9月11日的世贸中心恐怖袭击之后，成千上万的纽约公民自愿献血、帮助消防队员和警察的情景，即可证明这一点。

另一方面，当警察和紧急服务的缺失变得旷日持久时，社会上可能会出现

---

① 见第6章，交通运输基础设施。

一些不法分子。例如，2005 年 8 月的卡特里娜飓风损坏了手机发射塔和无线电天线，这些设施对应急通信至关重要。电网长期停电导致应急通信备用发电机长时间使用，燃料耗尽而停机。结果，政府、警察、紧急服务部门之间相互沟通以及公众沟通的能力均受到了严重影响。抢劫、暴力和其他犯罪活动在卡特里娜飓风后成为严重的社会问题。有一个实例，在丹齐格桥事件[①]中，多名维修人员遭到枪击。当警察赶到现场时，已有多人死亡。电磁脉冲袭击会造成相似的通信节点破坏（手机发射塔和电台天线），使应急通信备用发电机长时间超负荷工作，产生卡特里娜飓风之后违法行为发生的类似环境。

电磁脉冲对应急服务的影响

> 电磁脉冲袭击可能会导致设备在急需的时候反而不能使用。

一些用于应急服务的设备可能由于电磁脉冲袭击而暂时紊乱或直接损坏，导致该设备在急需时反而不能使用。很少有（可能没有）应急服务设备针对电磁脉冲进行过加固，因此它们在电磁脉冲袭击下都十分脆弱。一方面，用于应急服务基础设施的通信设备和车辆，一般为了应对由无线电、电视、无线通信、雷达和其他人工电磁源造成的电磁干扰做过特殊设计。另一方面，应急服务依赖于各种频率的无线电来收发信息，包括电磁脉冲覆盖的频率。电磁脉冲是否会对其造成影响取决于无线电内置的保护设备和自身的鲁棒性。

为了评估应急服务对于电磁脉冲的敏感程度，委员会对应急服务设备和相关网络进行了一次评估。[②] 我们对国家领袖、一线应急服务人员和普通民众使用的代表性关键电子设备进行了测试。在多数情况下，我们只对一种模型进行测试，因此无法对测试数据进行统计分析。此外，更稳健的评估需要在各种条件下对设备进行测试，如不同的设备位置、运行模式、测试波形，因此我们的评估结果只能作为参考。虽然有上述局限性，但这些测试仍是应急服务设备敏感性最新最全面的评估。

测试集中于那些对本地应急服务和联邦应急预警系统至关重要的设备上。采用标准电磁脉冲测试方法，包括脉冲辐射场和电流注入测试法。前者是采用大型或中型辐射脉冲模拟器来产生与实际电磁脉冲袭击事件相似的电磁场。后者是用于解释长线缆电应力耦合问题，长线的功率馈入无法在辐射模拟器中准

---

① Burnett，John. “What Happened on New Orlean’s Danziger Bridge?” http：//www. npr. org/templates/story/story. php? storyId=6063982.

② Radasky，William A.，The Threat of Intentional Electromagnetic Interference（IEMI）to Wired and Wireless Systems. Metatech Corporation，Goleta，California，162.

确测试。我们也应用了以前的相关电磁脉冲测试结果。

公共安全应答点　一个公共安全应答点的关键要素包括使用商业线路的911呼叫电话、计算机辅助调度平台、公共安全广播、移动数据通信。公共安全应答点也可能还有其他要素组成，但以上是能向公众提供应急响应的最小单元。

计算机是公共安全应答点日常运行必不可少的单元。近年来在很多技术领域都使用个人计算机，也进行过相关测试，这些计算机与公共安全应答点使用的基本一致。测试结果表明，在相对较低（3～6kV/m）的电磁脉冲场强下会出现一些计算机故障。在更高场强下，计算机、路由器、网络开关、调度系统键盘、公共安全广播、移动通信设备可能出现更多故障。

各种手持式和车载的移动收音机在封存状态、休眠状态和工作状态下都进行了测试。在最高50kV/m的电磁脉冲场强下，没有收音机出现损坏，这与之前的测试数据一致。[①] 虽然许多处于工作状态的收音机在50kV/m场强下会出现闭锁故障，但在重启后可以恢复使用。然而，大多数固定公共安全广播系统在计算机调度终端和主单元或中继单元之间有链接。因此，在电磁脉冲场强为3～6kV/m时，调度设备中的计算机故障可能导致通信系统出现问题。

基于这些结果，我们预测了公共安全应答点可能由于电磁脉冲袭击而受到影响的几个主要功能。故障程度和持续时间与多个因素相关，如技术人员维修能力、替换受损部件的能力、是否有解决故障的预案和流程等。例如，具有代表性的2000年公共安全事故预案，在计算机辅助调度平台无法使用时，用人工卡片记录调度信息来进行弥补。然而，缺少移动无线电通信和商业通信就很难处理了。通常，地方行政区会依赖于附近的公共安全应答点或改变位置来克服这些问题。当电磁脉冲袭击时，由于影响范围很广，这些突发事件处理预案可能难以施行。

互操作开关　在大灾害过后，公共安全应答点的互操作开关允许在本地、区域、州公共安全部门及联邦有关部门之间进行直接通信。互操作开关的主要要素包括公共安全电台、开关本身和连接开关与调度控制台的计算机网络。在评估中，公共安全电台的测试是基于设备在互操作开关全运行的状态。[②] 在设备封存状态、待机状态和工作状态下都进行了测试，直到场强达到50kV/m，没有故障发生。互操作开关在50kV/m场强时也没有出现任何问题。

基于这些测试结果，互操作开关在遭受电磁脉冲袭击时可以正常工作。然

---

① Barnes，Paul R.，The Effects of Electromagnetic Pulse (EMP) on State and Local Radio Communications，Oak Ridge National Laboratory，October 1973.

② Metropolitan Interoperability Radio System—Alexandria Site Description Document，Advanced Generation of Interoperability for Law Enforcement (AGILE)，Report No. TE-02-03，April 4，2003.

而，连接互操作开关与调度站的计算机网络可能在 3～6kV/m 场强下就出现故障。这时将需要人工操作开关来连接各个执法、消防和 EMS 机构。

车辆　应急服务车辆包括警车、消防车和 EMS 车辆。对警车做大量的测试，发现最严重的影响是在约 70kV/m 时，移动数据计算机会出现死机，重启后恢复正常。

对许多移动单元上的电子器件都进行测试。这些器件包括计算机、个人数据助理、移动式或便携式电台、除颤器、生命征兆监视器。这些设备在高达 70kV/m 的场强下没有出现永久性故障。因此，应急服务移动设备可以在电磁脉冲袭击发生时继续正常工作，但可能会因电子器件的闭锁故障而受到一些影响。

应急指挥中心　对位于弗吉尼亚州的应急行动中心进行的一次现场调研结果显示，应急指挥中心的通信主要依赖公共电信网络（PTN）。因此，应急指挥中心工作人员通信和应急协调能力将高度依赖于公共电信基础设施遭受电磁脉冲袭击后的运行情况。

通常，应急指挥中心至少有一个联邦紧急事务管理局的高频电台用于与国家、地区和各州应急指挥中心进行联系。高频电台的生存能力尚未进行评估。然而，这些电台的工作频段是其易受电磁脉冲袭击的重要因素。备份通信手段包括卫星电话系统和业余无线电爱好者组织提供的电台。

应急指挥中心还包括个人计算机和数字记录仪等电子设备。与公共安全应答点一样，这些设备在电磁脉冲场强达 3～6kV/m 时就开始变得敏感。

一些应急指挥中心位于地下，可以防护电磁脉冲辐射场。然而，还须对接入这些设施的导线进行防护才能确保它们的电磁脉冲生存能力。

应急报警系统　发出应急报警信息的主要方法必须使用多个商业电信线路。因此，能否发出应急报警信息的能力首先依赖于商业电信系统的状态。报警信息的广播和公众的接收依赖于不同的电子系统，包括商业广播和电视台，联邦应急预警系统多模块接收器和编码解码器，商业广播与电视接收器。

我们对一个广播电台和电视台进行了现场调研，发现它们都有备用发电机和备用信号发射设备。虽然不是所有的商业广播电台都有这些备用系统，但联邦应急预警系统具有这样的关键冗余配备。一些（并非所有的）广播电台对于成功发送应急警报信息是必不可少的。

我们测试过常用的多模块接收和编码/解码设备。其中，处于待机状态的调幅接收模块在电磁脉冲场强为 44kV/m 时会发生故障；调频接收模块在 50kV/m 时出现了错误信号。除此，对联邦应急预警系统专用设备的测试没有出现其他问题。

我们还测试了四种不同的电视设备和两种不同的无线电接收机。在对交通基础设施车辆进行评估测试时，也对车载电台进行了测试。有一个车载调幅电台在大约 40kV/m 时出现了功能失灵。其他设备测试结果正常。

基于上述测试结果，我们预计在电磁脉冲袭击发生后，联邦应急预警系统基本能够正常工作。主要影响可能是发出和接收警报信息的时延，原因包括：①对商业电信系统的依赖；②一些联邦应急预警系统设备的接收器信道不能正常工作；③可能因断电或发射部件损坏导致一些电台和电视台不能正常工作；④一些调幅无线电接收机不能正常工作。

相关性 除了直接受损，应急服务还会由于其所依赖的设备遭受电磁脉冲袭击损坏而受影响。应急服务直接依赖于电力、电信、交通和燃料基础设施。消防部门还依赖于水资源基础设施。电磁脉冲对这些基础设施的破坏将严重影响应急服务。

特别重要的是，应急服务高度依赖于美国国家公共电信网络及时处理 911 求助电话的能力。在电磁脉冲袭击后，公共电信网络可能在处理 911 电话上出现严重的延迟。① 由于 911 电话和非 911 电话处理时使用的是相同的公共电信网络设备（除非在每个公共安全应答点的中心办公室串联安装了特殊的 911 电话处理设备），因此会有相同的延迟。短期时将会导致大量 911 电话漏接。几天之后，假设没有大范围停电和无法为备用发电机补充燃料等问题，公共电信网络预计会恢复到接近正常的状态。然而，如果大范围停电超出了备用电源可用时间或商业电力恢复时间，公共电信网络处理 911 电话的能力会再次降低。最终，大范围的停电将无法补充燃料供应，继而造成公共电信网络彻底失去处理 911 电话的能力。

失去电力供应也会直接影响公共安全应答点运行。短期内失去商业供电，影响本地应急服务的主要是求助电话的剧增，而非系统功能性障碍。大部分公共安全应答点和应急指挥中心都有备用发电机，因而能够在一段时间内继续运行。若无法补充发电机的燃料，长期断电可造成公共安全应答点和应急指挥中心瘫痪。

后 果

> 我们无法精确评估应急服务降级对人民生命、人身健康和财产损坏带来的影响。

① 见第3章，电信。

应急服务需求增长及其伴随的服务能力降低的最终结果都是用人民生命、人身健康和财产损坏进行评估的。我们无法对这些结果进行准确评估，只能引用一些可参考的数据。

最重要的是，我们注意到许多依靠医疗技术维持生命和健康的人，也非常依赖于电力供应。如果长时间停电，这部分人群将急需紧急服务。

紧急医疗服务每年会处理将近 300 万起心脏问题和 250 万起呼吸问题的 911 电话。①

消防部门在 2002 年处理了 1687500 起火灾。这些火灾造成了 103 亿美元的财产损失和 3380 位人员死亡。② 消防部门挽回的生命和财产损失无疑也是非常巨大的。

无法顺利接听 911 电话将会导致其他直接的后果。许多原因都会导致 911 电话漏接，包括：①公共电信网络断电；②电磁脉冲引发的公共安全应答点、公共安全应答点中继站、移动通信和其他关键设备的损坏；③商业和民用电话设备故障。

造成应急服务削弱和崩溃的间接原因是劳动力不足。我们不试图对这种影响进行量化，但应当注意到这个因素的影响范围不仅包括直接受其影响的人，还包括那些依赖于应急服务的人。

建　　议

对于应急服务保护和恢复的重点在于为关键设备建立电磁脉冲防护技术标准，以及应对电磁脉冲袭击的计划和训练。

关键应急服务正在发生大规模的技术革新，这为我们推荐的保护方法的实施提供了绝佳的机会。技术革新的主要推动力来自于对应急通信能力的需求增长，以及在应对如“9·11”事件类似的大规模灾难时，需要应急服务提供方进行多方面协调。

实施以下建议可以实现我们上述的策略：

◆美国国土安全部、州政府与地方政府应该在现有的应急服务计划和流程中加入针对电磁脉冲袭击的短期和长期应对方案。方案应当提供保护和恢复两部分内容，基本点在于慢破坏和快恢复，即强调在有限加固和备件数量之间找到一个平衡点。这个方案需要确保做到以下几点：

(1) 美国国家应急电话协会应该为电磁脉冲袭击前后公共安全应答点的运

---

① 基于本地公共安全应答中心的调查和估计，外推到整个国家。

② 从国家防火协会获得的统计数据。

行和恢复建立指南。

（2）联邦通信委员会应该委派“网络可靠性和互操作性委员会”去解决“国家安全和应急准备”服务问题（如E911），并给出面对电磁脉冲袭击时最佳的防护、缓解和恢复方法。

应急服务保护和恢复的重点，在于建立关键设备电磁脉冲防护技术标准，建立应对电磁脉冲袭击的计划并开展训练。

◆ 美国国土安全部应该为地方政府、州政府和联邦部门和机构提供技术支持、指导和援助，以确保关键应急服务网络和设备在电磁脉冲环境下能用。为了达到这一目标，美国国土安全部应该采取以下措施：

（1）协调能源部和其他相关政府部门，开发出一套电磁脉冲恢复推演方案，模拟的攻击内容可以综合电磁脉冲和其他众所周知的威胁（如大规模杀伤性武器）。

（2）协调有关政府机构（如公共安全通信协会、国家急救电话协会和国际电工委员会），为关键的应急服务设备建立电磁脉冲防护标准和指南。

（3）为应急服务提供商开发培训教程，训练他们在电磁脉冲环境下提高设备生存能力，在电磁脉冲过后快速恢复设备的能力。

（4）开发电磁脉冲袭击后果评估工具，以完成预案分析、训练并协助确定关键设备和人力需求。

（5）建立一套评估方法，对应急服务网络和电子设备的电磁脉冲敏感性进行评估，建立一套州政府和地方政府实施的维修和监督工作计划模型。

第10章　空 间 系 统

引　　言

在过去几年里，低轨道空间系统及其独特的敏感性日益引起人们的重视，低轨航天器对高空核爆炸产生的电磁脉冲非常敏感。同时，对于在任何轨道上的卫星载荷、控制系统和地面基础设施（包括上行链路和下行链路设施）的防护也是非常重要的。

商业卫星为联邦政府提供了许多重要的服务，包括通信、遥感、天气预报和成像。美国国家安全和国土安全机构使用商业卫星开展重要的活动，包括直接通信和备份通信，应急响应服务和紧急情况下的持续业务。卫星服务对国家安全和应急通信非常重要，因为它们分布广泛并且与其他通信基础设施互相独立。

美国国家安全空间管理和组织评估委员会出于国家安全利益，对航天活动进行评估，评估结果认为太空系统由于其政治和经济价值容易受到一系列的攻击。[①] 通常低轨道卫星在整个寿命期都可能会受到针对地面目标的电磁脉冲袭击产生的辐射效应的影响，因此会产生降级或失效的风险。

高空核爆炸在产生电磁脉冲袭击的同时，还会产生许多其他效应，可以影响卫星的性能和生存。对这些效应的研究与委员会的职能相关体现在两个方面。第一，核武器对卫星的影响可能是电磁脉冲袭击产生的连带效应。第二，电磁脉冲袭击能够使支持卫星系统上行、下行、控制功能的地面终端降级。

本章重点介绍两类影响，它们对卫星的物理完整构成产生的主要威胁包括：①直接的，暴露在核辐射脉冲（如X射线、紫外线、γ射线、中子脉冲）视线范围内；②长期的，持久地暴露在被地球磁场俘获的增强高能电子中。这些效应将会危及轨道上的卫星，从美国和苏联1958年和1962年的高空核试验数据可以得到证明。图10-1是几次美国高空核试验的外观景象，每次爆炸都会在空中产生大量的X射线能流并俘获高能电子辐射。1962年7月9日美国在400千米

---

① 美国国家安全空间管理与组织评估委员会报告，2001年1月11日。

高空引爆了一颗当量140万吨的STARFISH[①]装置，当时在轨卫星和几周后发射的卫星共21颗，其中8颗遭到了辐射损伤，影响或终止了它们的使命，[②] 而有关剩余13颗卫星命运的信息尚未公开。

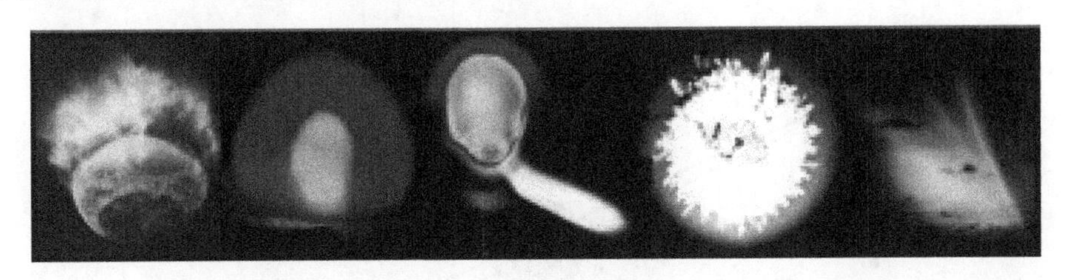

图10-1 1958年和1962年美国在中太平洋约翰斯顿岛进行的高空核试验（后附彩图）
从左至右代号分别为ORANGE、TEAK、KINGFISH、CHECKMATE、STARFISH每次爆炸的环境都不一样，产生了截然不同的景象和不同的增强辐射带

相对来说，20世纪60年代的卫星电子学系统在许多方面对核武器效应是不敏感的。那个时代的电子器件由于具有相对较大的体积和较低的运行速度，与现代电子器件相比，基本上不太容易受到辐射的干扰和损害。这里主要讨论上层大气或空间核爆炸对卫星关键部位的影响。毋庸置疑这些影响是相当大的，全世界范围内的卫星都将面临风险，只是风险的程度与卫星的加固程度、卫星与爆点的相对位置、卫星是否直接暴露在瞬时辐射视线范围内以及卫星暴露在地磁场俘获的高能粒子中的情况有关，这些高能粒子包括天然的和核爆炸产生的。

卫星相关术语

无处不在的地球轨道卫星是现代国家基础设施的重要支柱。卫星具有地球观测、通信、导航、天气信息和其他各种能力。1998年5月泛美卫星银河四号的寻呼机功能失效对美国造成了严重干扰。

为了完成预定的任务，每颗卫星都有其最优的轨道。高度200～2000千米是低地球轨道（LEO），由于接近地球和大气层，可以完成遥感、气象数据收集、电话通信等功能。地球同步轨道（即地球静止轨道）（GEO）位于赤道平面上高度约为36000千米处，它们的24小时轨道周期与地球自转周期相同。这个轨道允许地球卫星悬停在一个固定的经度，这对大尺度的通信和气象监测非常

① 原本名为STARFISH的高空核试验并未成功。为了获取期望的数据，随后进行了第二次名为STARFISH PRIME的高空核试验，并获得成功。很多描述这次试验对卫星损伤的文献，都将试验名称写为STARFISH，未标注修饰语PRIME。为了行文简洁，此处也省略了此修饰语。

② Brown, W. L., W. N. Hess, and J. A. Van Allen, "Collected Papers on the Artificial Radiation Belt From the July 9, 1962, Nuclear Detonation," Journal of Geophysical Research 68, 605, 1963.

有用。高椭圆轨道（HEO）卫星能完成其他轨道卫星不可能完成的功能。例如，高倾角轨道的高椭圆轨道卫星在高纬度地区一次可以提供几个小时的大范围通信。图 10-2 是卫星常见轨道。

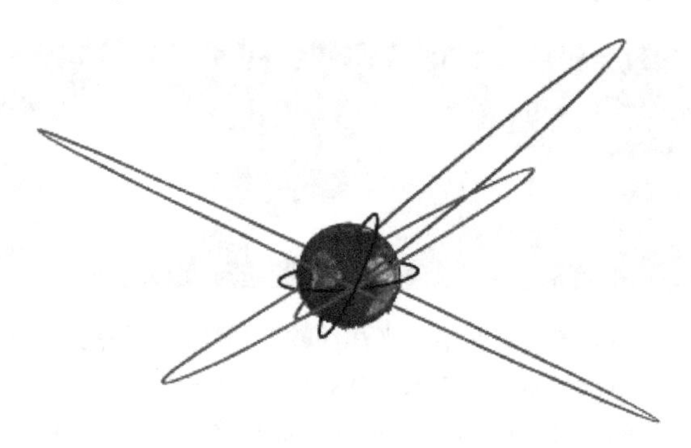

图 10-2　卫星轨道示意图（后附彩图）

地球同步轨道（绿色）位于地球赤道上方约 36000km；低地球轨道（黑色）位于与赤道平面倾角为 30°～60°的任意平面；蓝色是一个倾角 45°，高度约 20000km 轨道；红色为高椭圆轨道

直接暴露在核爆炸视线范围内

核武器爆炸会有部分能量以 X 射线形式辐射出来，能量多少与核武器设计和相应的投送系统有关。X 射线通过上层大气传输的衰减主要是通过光电效应被氧和氮吸收，吸收量是 X 射线光谱的函数，沿视线路径积分的质量密度越大，能穿透的光子能量越高。因此，对在一定海拔以上的核爆炸来说（与光谱有关），水平或向上发射的 X 射线，几乎可以不受大气衰减，能在很长的距离内传播。向下发射的 X 射线会遇到密度不断增加的空气，会在几十千米的范围内被吸收。

超过一定海拔的核爆炸产生的中子和 γ 射线，在向上传播时同样会传输很长的距离。然而，由于散射和吸收截面明显小于 X 射线光电截面，这些射线能量的大气衰减主要发生在 40 千米以下。

发生在数百千米之上的核爆炸，爆炸后产生的武器碎片与大气相互作用，一部分武器动能转化为紫外光。这些光子可以几乎不受衰减地向上传播到太空中。水平和向下发射的紫外线在爆点附近被吸收后会形成紫外火球。数百千米以上爆炸产生的紫外线会迅速减少，转变高度的精确值是武器输出特性和动力学的函数。高能光子（X 射线、γ 射线、紫外线）混合通量和中子照亮了广大的空间区域，沿球面向外逐渐减弱，如图 10-3 所示。危险区的实际尺寸取决于核武器的当量、爆炸高度以及卫星加固程度。当 X 射线和紫外线通量超过临界阈值时，卫星结构、太阳能电池板涂层和光学传感器将会受损。当X射线和γ射线脉冲在电路器件中产生破坏性电流或高能中子穿透固态电路时，电子器件会受到类似的损伤。

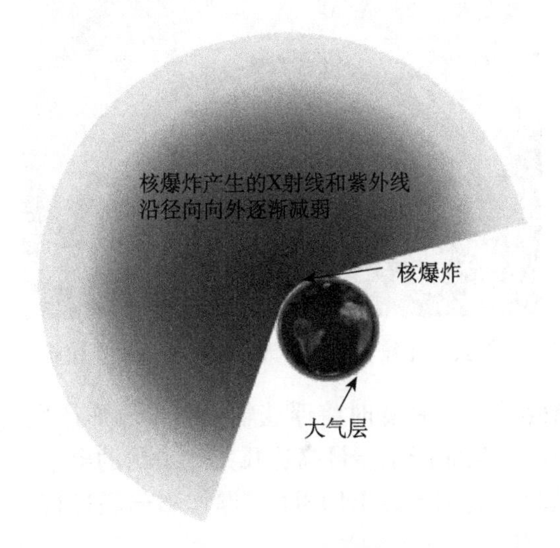

图 10-3 光子和中子照射到的空间区域

高空核爆炸产生的X射线和紫外线，在不被地球遮挡或不被大气衰减的区域，能传输相当长的距离，对卫星产生损害

辐射的持续捕获及其影响

1957年，加州大学罗伦斯辐射实验室的N. Christofilos假定地球磁场可以作为一个容器，捕获高空核爆炸释放的高能电子，形成一个环绕地球的辐射带。[①] 1958年，J. 范艾伦和爱荷华州立大学的同事们使用来自探索者一号和三号卫星的数据，发现了地球的天然辐射带。[②] 图10-4是范艾伦辐射带的理想示意图。1958年底，美国进行了三次低当量高空核试验ARGUS，产生的核辐射带被探索者四号卫星和其他探测器接收到。1962年，美国和苏联进行的更大当量核试验产生了更明显和更持久的辐射带，对当时的在轨卫星和稍后发射的卫星造成了负面影响。

核爆炸形成高度离子化的等离子体，是自由电子的一个重要来源。核爆炸

① Christofilos, N. C., Proceedings of the National Academy of Sciences, U. S. 45, 000, 1959.

② Van Allen, J. A., and L. A. Frank, "Radiation Around the Earth to a Radial Distance of 107, 400km," Nature, 183, 430, 1959.

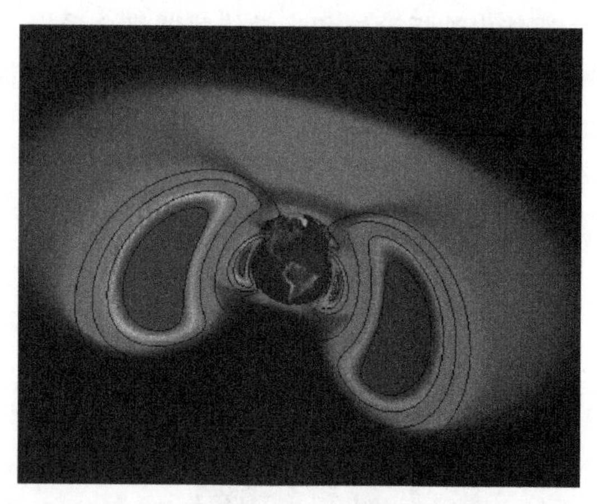

图 10-4 地磁场持续俘获高能粒子产生的天然辐射带（范艾伦辐射带）（后附彩图）

产生的放射性武器碎片在 β 衰变时将俘获辐射物，爆炸产生的中子在自由空间衰变也会俘获辐射物，从而产生能量高达几兆电子伏的电子（MeV）。对卫星辐射危害最强的核试验是美国 STARFISH 核爆炸和苏联进行的三次高空核爆炸，都是在 1962 年进行的。

对现代卫星受自然和俘获核辐射影响进行评估，可以通过计算卫星在其寿命周期内通过辐射带的重复路径来实现。虽然卫星轨道的几何参数相对简单，但是自然辐射带和核爆炸辐射带的时间空间特性却是复杂的。然而，从图 10-5 的示意图中可以看出辐射带几何形状与敏感度水平的相对尺度。辐射带的强度在很大程度上与爆炸纬度相关。低纬度爆炸会形成一个小体积的磁通管道，此处的捕获离子通量比较集中。在较高纬度同样的爆炸会形成一个更大体积的磁通管道。

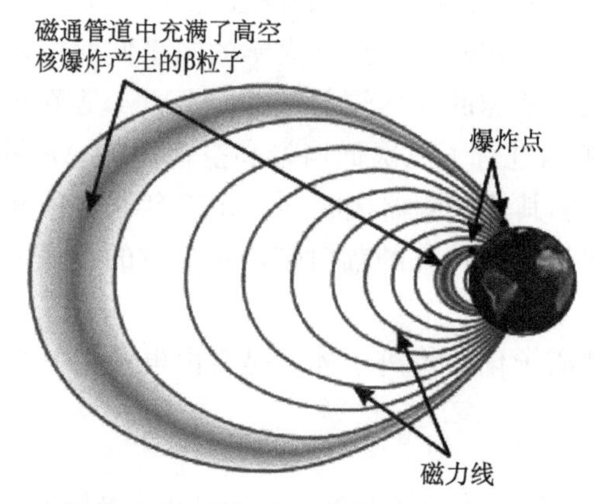

图 10-5 图示为两次相同高度核爆炸产生的不同俘获通量强度比较（后附彩图）

本章提供的对卫星寿命影响的所有定量评估结果，是在计算出卫星的空间轨迹后计算累积辐射剂量的基础上进行的。

核武器对电子系统的影响

电子系统能够执行空间飞行器的很多重要功能。电力控制系统可以调节从太阳能电池板获取的能量。姿态控制电路保持飞行器的朝向，使太阳能电池板正对太阳，探测器面向地球。探测器收集到的信息会经过处理、存储，在需要时传输到地面。通信卫星接收信息、处理信息、回传信息时，都离不开电子电路。瞬时和长期的辐射效应都可能会使未进行辐射加固或采取其他缓解措施的系统产生功能性损坏。

总剂量损伤

电子部件失效的一个通用标准是沉积在硅中单位体积的总辐射能量。硅吸收能量密度用拉德（rd）表示（$1\text{rd}=100\text{erg/g}=100\times10^{-7}\text{J/g}$）。国际空间站（ISS）中在一个2.54mm厚的半无限大（非常大）铝板后的电子部件所受的自然辐射平均值约为每年100rd。以前文献普遍使用这种屏蔽厚度来计算卫星的暴露辐射。然而，应该指出的是，电子仪器在卫星中的位置是各种各样的，因此，会有不同的屏蔽效果。低轨卫星中的电子部件，如国家海洋和大气管理（NOAA）卫星，在极轨半无限大2.54mm厚铝板后面，所受到的长期自然辐射每年平均约620rd，而同样屏蔽的一些卫星每年可能会受到50rd辐射。[①] 电子仪器一般根据预期的轨道进行屏蔽，将辐射剂量限制在一个可承受的水平。

辐射引起的静电放电

宇宙飞船通过自然或核辐射带时会由于内部或“深介电”充电而遭受危险。[②] 低能电子（40～300keV）会嵌入材料表面或屏蔽不佳的材料内部，在数小时到数天时间内，建立足够强的电场最终导致放电，从而导致卫星失灵，有时也会产生严重的损害。隔热毯、外接电缆和屏蔽较差的电路板是产生这种充电的首选物质。新式玻璃罩及太阳光反射器在制作时需要有足够的导电性以避

① Schreiber, H., “Space Environments Analyst, Version 1.2,” 1998 Space Electronics, Inc., Calculations using Space Radiation 4.0, Space Radiation Associates, Eugene, OR, 1998.

② Frederickson, A.R., “Radiation-Induced Dielectric Charging in Space Systems and Their Interactions with Earth's Space Environment,” eds. H.B. Garrett and C.P. Pike, Progress in Astronautics and Aeronautics, vol. 71, AIAA, 1980.

免这样的局部电荷积累。

辐射效应评估与加固

从1956年以来，开展了大量的电子部件核辐射敏感性研究，包括实验研究和理论分析。为了从实验结果外推辐射环境，我们使用了当时最先进的计算机和算法。

委员会的任务是评估高空核爆炸电磁脉冲对美国国家基础设施的威胁。高海拔爆炸的一个附带结果是对卫星的辐射威胁，特别是对那些处于低轨道的卫星。损坏表现为航天器上敏感微电子器件被干扰或烧坏。在某些情况下，损坏可能发生在外表面和结构部件，以及光学元件和太阳能电池电源。

为了解决这些问题，我们整理了21起电磁脉冲事件，如表10-1所示。这些完全不同的威胁作用在一系列代表美国空间基础设施的卫星（表10-2）上，通过这些数据研究大气层外核爆炸对卫星的附加效应。我们感兴趣的时间框架是到2015年。在表10-1中，事件包括大当量和小当量的核武器。虽然在表10-1～表10-6中没有列出，但是每个事件都与特定的经度和纬度相关。

表10-1　核试验事件

事件	当量/kT	爆高/km	*L*-值①
1	20	200	1.26
2	100	175	1.09
3	300	155	1.09
4	10	300	1.19
5	100	170	1.16
6	800	368	1.27
7	800	491	1.36
8	4500	102	1.11
9	4500	248	1.16
10	30	500	1.23
11	100	200	1.18
12	20	150	1.24
13	100	120	1.26
14	500	120	1.26
15	100	200	1.03

① 在描述捕获电子的磁场线时，采用了“*L*-层”编号，这是常用的（也是有用的）。磁力线的“*L*-值”是磁力线与磁赤道之间的距离（在地球半径上，从地球的偶极子场源地理位置开始测量）。内带峰值约$L=1.3$，外带约$L=4$。被捕获的电子绕磁力线快速旋转，在镜像点之间沿着磁力线上下跳动，绕着地球漂移。

续表

事件	当量/kT	爆高/km	L-值
16	500	200	1.03
17	5000	200	1.03
18	1000	300	4.11
19	10000	90	4.19
20	1000	350	6.85
21	10000	90	6.47

表 10-2 卫星分析

卫星	高度/km	任务
NOAA/DMSP	800（低轨）	气象、遥感、搜救
TERRA/IKONOS	700（低轨）	中高分辨率成像、地球资源与地球科学、高分辨率成像、数字摄影
ISS	322（低轨）	空间科学与技术
Generic GEO	地球同步轨道	遥感
Generic GEO	椭圆轨道	发射探测及其他

虽然核爆炸辐射带主要对相对较低轨道的卫星产生威胁，但是在特定的纬度和经度下大当量核爆炸也能威胁到更高轨道的卫星（事件 18～21）。这些核爆炸的地点在相对高的纬度，足以让高能量的电子沿着地磁场线迁移，到达高海拔的地球同步轨道卫星。[①] 当然，在更高的轨道上，电离辐射的密度会比低轨道时大大减少，这是因为对于相同的核爆炸源，在高轨时电离能量分布体积更大。

必须强调的是选择这些事件只是出于效应分析的目的。表 10-2 中所选出的卫星代表了众多不同类型和不同任务的在轨卫星，是分析辐射效应时有代表性的靶标星。

瞬态辐射效应

高空核爆炸时，处于爆点视线范围内的卫星都将受到直接辐射（X 射线）。处于地球阴影内的卫星不会受到直接辐射，如图 10-3 所示，但是会受到电子辐射，如前所述，地磁场捕获并输送了大量碎片和衰变产物（主要是高能 β 电子）。如果在爆点与卫星之间有足够质量的大气层，直接核辐射将会减弱。如果

① 如图 10-5 所示，与地球北部和南部高纬度地区相交的磁力线向外延伸的空间距离相对较远。所以，高纬度爆炸产生的地磁场俘获电子能沿着磁力线到达高轨卫星轨道，而低纬度爆炸产生的俘获电子则不太可能做到这一点。

中间没有大气层，那么辐射的影响与距离平方成反比。

最糟糕的情况是卫星距离爆炸点最近的时候，例如，直接在爆点上方或下方。在这种情况下，卫星和爆点之间的距离最近，X射线、γ射线、中子对卫星的影响将达到最大。对这种危害的全面评估需要进行统计分析。卫星位于爆炸点视线范围内的可能性典型值是5%～20%，这与爆点位置和卫星轨道参数有关。即使是这样，若距离增加或中间隔有大气层，损伤都将会减小。

我们对事件9、13、17和18进行了X射线暴露概率的计算。计算结果得出了特定卫星暴露在特定X射线等级下，受到影响的概率，结果如表10-3所示。有了这些信息，知道了航空器材料的损伤阈值，我们便可以估算卫星受损的概率。不同类型损伤的阈值来自于工程师们普遍接受的值或接近的值。这里，热机械损伤指的是太阳能电池表面涂层的移除或降解。考虑核武器的输出光谱，涂层损伤通常是卫星最常见的热机械损伤形式。系统自生电磁脉冲烧毁是由X射线感应产生的电子辐射电流引起的。栓锁是半导体设备的一种冻结逻辑状态，当受到辐射照射时会出现这种结果。栓锁会导致受影响的电路产生大电流流动，导致无法接受的电流感应损伤（如烧毁）。

表10-3　卫星遭受X射线直接照射的损伤概率

卫星	事件	热机械损伤所致的损伤概率/%	系统电磁脉冲/烧毁所致的损伤概率/%	栓锁/烧毁所致的损伤概率/%
ISS	9	1.7	4	4.2
	18	0	5	5
	13	～0	3	4
	17	1.7	5	5
NOAA	18	0.2	19	20
	13	0	3	5
	17	1	7	8
TERRA	18	～0.3	18	18
	13	0	2	5
	17	1.2	7	7

卫星ISS如果位于爆点视线范围内，那么，事件6、7、8、9、17产生的光子将对卫星太阳能电池阵玻璃涂层产生严重损坏。在任何一个假定的核事件中，在爆点视线范围内，卫星NOAA/DMSP和TERRA/IKONOS似乎不会立刻受到光子的影响产生热机械效应。地球同步轨道卫星距离较远，由于辐射与距离平方成反比，所以潜在照射降低至可容忍的水平。

暴露在增强电子带产生的永久性损伤

本报告模拟了核增强辐射带，提供了一个相对恒定的电子俘获环境。表10-4～表10-6给出了卫星受到21起事件中的17起事件影响后的寿命缩短情况。事件18～21的影响将在后面讨论。

表10-4 组1中的试验事件

事件	当量/kT	爆高/km	失效时间/天		
			NOAA	TERRA	ISS
1	20	200	30	70	150
2	100	175	15	30	50
3	300	155	4	7	9
4	10	300	20	60	5400
5	100	170	30	70	100

表10-5 组2中的试验事件

事件	当量/kT	爆高/km	失效时间/天		
			NOAA	TERRA	ISS
12	20	150	25	60	230
13	100	120	60	200	200
14	500	120	4	6	3
15	100	200	10	20	30
16	500	200	1	3	4
17	5000	200	0.1	0.1	0.1

表10-6 组3中的试验事件

事件	当量/kT	爆高/km	失效时间/天		
			NOAA	TERRA	ISS
6	800	368	1	1	0.5
7	800	491	1	1	1
8	4500	102	0.1	0.2	0.2
9	4500	248	0.1	0.2	0.2
10	30	500	40	100	150
11	100	200	10	17	20

计算卫星寿命减少是基于高能量电子对内部电子器件照射的总剂量，假定电子器件有0.1英寸厚的屏蔽铝板。在评估ISS卫星宇航员受辐射后的生物响应时，由于宇航员通常位于空间站的增压舱内，假设屏蔽板厚度是0.22英寸。空

间站内一些关键电子器件的屏蔽仍假设为0.1英寸厚的铝板。卫星一般会根据任务，按照长期平均自然背景辐射的两倍进行加固。① 不仅是光子，低能电子辐射也能使航天器的保温材料、光学设备和其他表面涂层受损。

除事件4之外，即使是小当量的事件也能使ISS卫星的寿命显著降低。

表10-5描述的一系列事件中，事件17的大当量武器对ISS造成了严重损伤。值得注意的是，这种照射会导致宇航员在大约1小时内患上辐射病，2～3小时内的死亡概率为90%。

事件6～11（表10-6）中卫星所处的位置，易于受到区域性突发事件引起的电磁脉冲直接攻击的风险。

高纬度核爆炸（事件18～21）不会产生严重的核效应。很大程度上是因为这些卫星在设计时就考虑到高轨时太阳风会产生比低轨时更为恶劣的自然空间环境。

在涉及高空核爆炸辐射效应对卫星寿命影响时，通常大多数论文都是考虑爆炸前没有总剂量积累的新发射卫星。除了爆炸后发射的替换卫星，更实际的评估应当假定高空爆炸发生时卫星已经在轨服役了一段时间。如果卫星在爆炸前已接近设计寿命（已经累积了它能承受的大部分剂量），那么来自核辐射带的吸收剂量将导致其立即结束寿命。为了评估潜在的卫星寿命缩短效应，我们研究了一系列通用卫星。为了对假定加固水平的敏感性进行评估，我们评价了两个假设的星座。一个星座在加固后假设工作时间可达按本底总剂量所设计寿命的1.5倍（×1.5）。另一个星系假定加固到两倍。爆炸时间是2003年5月23日，当量为1000万吨（裂变当量占50%），爆炸高度是90km，位于苏必利尔湖北部上空（北纬48.5°，西经87°）。每个星座的总剂量计算都是基于真实的情况。

图10-6显示了爆炸后随着时间的变化生存下来的卫星数量。蓝线和红线分别代表加固到1.5倍和2倍的星座。图10-7是相应的地面接收设备的故障时间。显然，本案例中加固程度只缩减了25%，对生存能力的影响却是显著的。

高椭圆轨道卫星所在轨道的天然辐射环境相对比较强。这些卫星通常按15年自然累积剂量设计，假定它们被加固到两倍的水平，100密耳（0.1英寸）厚的半无限大铝板后的卫星电子器件加固水平约325krd。拥有这种加固水平的卫星，面对设计简单的单个小当量（约50kT）高空核爆炸时，应该不会受到影响。实际的仿真计算证实确实如此。

---

① 当使用两倍预期长期平均照射作为寿命表时，作为惯例，只与辐射耐受测量的总剂量相关，与剂量率效应无关。核爆炸环境下剂量率带来的危险比在自然条件下遇到的大得多，这一点可能被低估。

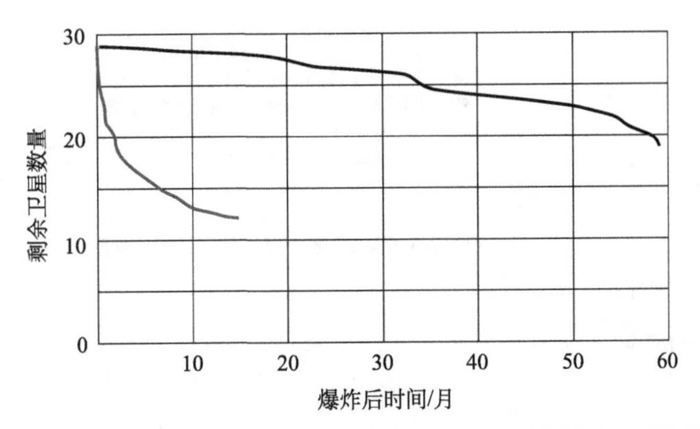

图 10-6　苏必利尔湖上空 10MT 当量核爆炸后卫星剩余数量（后附彩图）

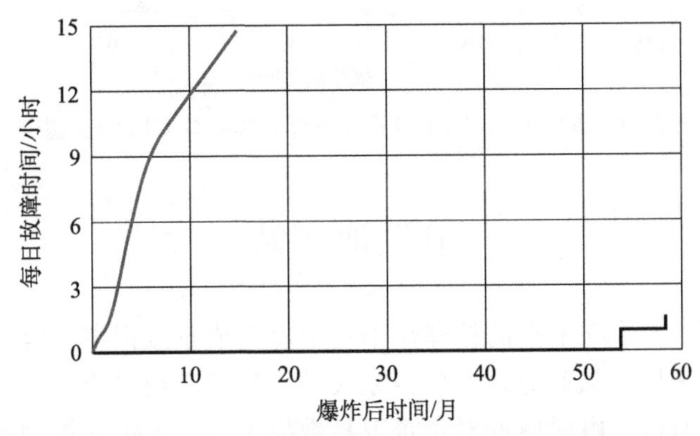

图 10-7　苏必利尔湖上空 10MT 当量核爆炸后地面卫星接收设备的断电时间（后附彩图）

我们对三次大当量事件进行研究，确定它们是否会对高椭圆轨道卫星造成威胁，其中两次事件（事件 11 和 12）不会对卫星造成总电离剂量问题。虽然事件 21 当量达到了 1000 万吨，但是捕获电子分布在很大的 L 层区域，对高椭圆轨道卫星几乎没有什么影响。相反，事件 11 虽然只有 100kT 当量，但是当卫星经过近地点高度时，还是会造成一些可探测的辐射累积。但是，当量太小不足以对卫星构成威胁。另一方面，具有 5MT 当量的事件 17，在前述的加固水平下，却对高椭圆轨道卫星造成了实质性的威胁。图 10-8 显示了在事件 17 之后的约 36 天，累计剂量超过了卫星假定的两倍自然加固水平。

分析显示在北美大陆或加拿大上空进行的当量 10～100kT 的核爆炸不会对低地球轨道卫星造成危险。在这个纬度，爆炸当量达到 1MT（或更大）时，预测其对低地球轨道卫星的影响会变得较为困难。当量越大增强核俘获环境越恶劣，但是俘获通量的损耗率（包括自然和核爆炸）难以预测。

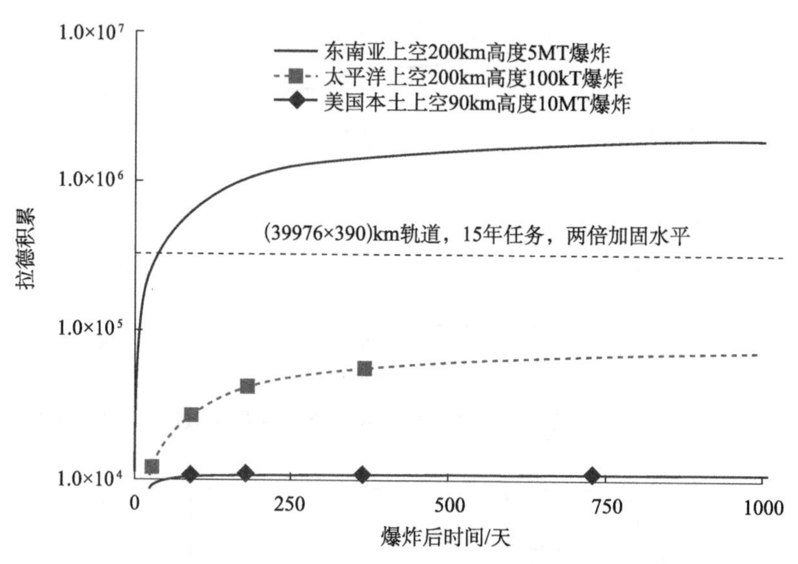

图 10-8　事件 11、17 和 21 产生的俘获辐射对 HEO 卫星影响

卫星地面站

尽管美国本土大陆上空的核爆炸不对卫星造成直接损害，但是电磁脉冲效应会影响地面测控站从而导致一些卫星失控。我们已经讨论了核武器效应对卫星的影响，没有讨论电磁脉冲对负责卫星数据上传、下传和控制的地面站的效应。如今，许多重要的卫星系统使用独特的传输协议与专用地面终端。独特的传输协议限制了互操作性，专用地面终端受损后将使系统整体功能受损，即使卫星没有受损。

通常卫星会设计为自动操作，星务状态定期下载到地面控制端，指令定期上传，一旦受损，即使维持部分功能，卫星也需要地面站进行频繁或连续的控制。因此，地面站遭受电磁脉冲损害工作失常将会导致卫星其他功能失效或直接提前退役。

对整个卫星系统降级的综合分析应该包括地面站损害，并权衡电磁脉冲加固的成本/效益。基于场景的分析揭示，个别地面站的损坏可能会形成一个额外的脆弱点。

结 果 讨 论

严格的重量限制造成卫星与生俱来的脆弱性，任何具有导弹发射能力并在关键学科具备足够技术能力的国家，都可以直接攻击和摧毁一颗卫星。这种攻击不是本研究的重点。委员会只考虑作为核武器效应的附带效应，即电磁脉冲袭击对卫星的危害。突出的附带危害是高空核爆炸产生瞬时核辐射（X射线、γ射线和中子），高能量密度的紫外光子，以及卫星轨道处环绕地球的核爆炸增强辐射带。

最恶劣的情况是卫星直接暴露在核爆炸X射线照射中，对卫星可能是致命的。对于低轨卫星来说，这种威胁绝对不容忽视，但是对于地球同步轨道卫星来说，由于核爆炸（目标是电磁脉冲袭击）距离卫星太遥远，卫星遭受直接损伤的概率极低。γ射线、中子和紫外线对不同轨道卫星的作用与上述X射线的作用相似。

核爆炸增强辐射带在地球周围的空间分布和持续时间是不同的，所以应区别对待。通常地球同步轨道处的自然俘获辐射比低轨道处更加严重，所以地球同步轨道卫星的加固水平要高于低轨卫星。当不考虑大当量（百万吨级）爆炸时，在高纬度（即高L层）处由地磁场俘获的爆炸产生的高能电子通量，一般都不够强烈和持久，不会导致地球同步轨道卫星的早期失效，除非那些卫星已经积累了足够的天然辐射照射，已经接近其服役寿命。①

不管是电磁脉冲的直接照射还是持续的辐射损伤，对低轨卫星来说都更为敏感。但是，损伤的可能性和核爆炸参数息息相关（经度和纬度、爆炸高度、当量）。

低轨研究卫星如ISS受到X射线和紫外线的直线照射时，如事件6、8、9、17、19，其太阳能电池阵列的玻璃涂层事件将遭到严重破坏。虽然这种情况并不多见，但是一旦发生，就会直接导致许多功能失灵，包括发电能力降低。

在高当量事件8、9和17中，裂变产物和自由中子产生β衰变，被俘获后形成的低能电子通量超过了长期的平均自然通量。这样的通量水平会导致NOAA和TERRA卫星在爆炸后最初几天内，在某些类型的热辐射包覆层和外部电缆中产生静电放电。

不确定性估计

卫星敏感度的不确定性源于对威胁环境认识不够精确，以及对卫星材料在环境作用下的响应不确定。长期暴露于卫星轨道环境下的材料，难以对老化效应进行特性分析，加剧了这种不确定性。

在下面的论述中，假定的武器技术是20世纪70～80年代。

---

① 我们的分析仅针对电磁脉冲袭击造成的附带损害。对任何高度的卫星的直接攻击虽然严重，但不在此分析的范围之内。

核爆炸辐射对卫星直接照射的不确定性主要来自于对攻击性武器的设计不了解，运载系统和爆炸高度信息也不清楚。这些因素决定了武器产生光子、中子和β粒子的比例，由此，才能确定它们对卫星造成损伤的类型和程度。武器设计的不同估计对紫外线危险源［辐射主要从武器弹体和运载飞行器包装发射出来（关于紫外线的更多内容见下文）］强度产生约±5%的不确定度。基于实验数据和计算结果，在千伏以上的任意X射线能谱密度都存在至少10%的不确定性因子。预测的γ射线能量密度和通量不确定度约±15%，瞬发中子也一样。总当量不确定度为±10%。

对于高度在数百千米以下的核爆炸，估计冲击波产生紫外光子的积分通量（可以达到武器动能的80%）的不确定系数为3%～10%，与武器特性相关。爆炸高度降低，不确定系数在一定程度上减小。在90km以下发生的爆炸，因为空气密度足够大，紫外光子在逃逸到太空之前大部分已被吸收。

对进攻性武器设计的不了解，也会对高空核爆炸的俘获辐射环境不确定性产生影响，附加的不确定性来源还包括放射性武器碎片扩散、β粒子被地磁场俘获的效率、俘获粒子的输运以及核爆炸增强辐射带衰减为自然背景的速度。在最好的情况下，本报告中提到的事件相关的俘获辐射强度和持续性的不确定系数至少为10，如果与过去进行的限定条件的核试验条件不同，那么不确定性将会更大。

发　　现

潜在的漏洞

在几个重要地理区域内，任何电磁脉冲袭击都将导致低轨卫星严重受损。STARFISH高空核爆炸大大增加了低轨卫星所在空间环境的高能电子，导致几个当时在轨的卫星提前结束使命。[①] 大量证据表明最近发生的由辐射导致的卫星失效仅仅是自然环境辐射所致。

鉴于上面提到的不确定性较大，由于没有足够的信息来实现具有高效费比的加固解决方案，所以可能会有一种倾向，即暂时忽视高空核爆炸对卫星的威胁。我们认为，忽视这一问题是不明智的，原因很多，包括可能会在很短时间内失去数十亿美元的低轨太空资产。

---

① Weenas，E. P.，“Spacecraft Charging Effects on Satellites Following STARFISH Event，” RE-78-2044-057，February 17，1978.

减轻威胁

任何一个拥有发射和轨道控制能力的对手都可以摧毁一颗卫星。很显然，为了避免可能遭受的威胁，对所有卫星进行抗核加固既没有好的效费比，也不可取。因此，需要根据任务优先级和威胁可信度在风险和减轻威胁之间进行权衡。我们已提出了很多威胁减缓措施，作为加固措施的替代或补充。

可以选择任何加固和减缓的组合选项，以达到所需的生存能力。替代方案必须进行探索、记录和检验，以便空间资产的管理者和用户可以对空间系统降级和/或失效造成的成本、收益和后果做出合理的评估。

卫星和地面站的加固

商业卫星为了在寿命周期内实现盈利会针对它们的轨道自然环境进行加固。为实现这一目标会在设计时进行技术上的考虑并计入其成本。商业卫星通常不会考虑对核威胁的防护，因为从商业运作的角度讲，这样做是非常不划算的。

最近 45 年以来，系统的加固成本一直是持续争论的话题。系统项目办公室倾向于高估，避免引入加固措施后使系统成本升级。可实现的成本控制是从开始设计到系统工作，处处考虑辐射加固，而不是出现问题时再去改造它。除了加固和屏蔽，还可以对受影响的卫星重新配置，以尽量减少卫星暴露于增强辐射带的时间。

服务于任何轨道卫星的地面站如果没有针对电磁脉冲进行加固，卫星的效用可能会降低，这取决于它们的自主操作能力。

建 议

◆ 每一个获得和/或使用空间系统的联邦政府组织应对空间系统（尤其是处于低轨的）的重要性进行一个全面的评估。评估信息、相关成本和风险判断等内容应通知政府高级决策者，供其考虑防护和确保系统性能时参考，保证在面临威胁时能够安全执行各项任务。

第11章 政 府

引 言

联邦政府的首要任务是保护国家免受安全威胁。电磁脉冲袭击是这种威胁的代表。事实上，它是少数能够造成社会灾难性后果的风险之一。联邦政府行政部门负责制订应对这一威胁的策略。委员会针对这一威胁推荐了一个解决方案，包括对威胁的预防，基础设施的保护和恢复。我们认为这一方案是应对电磁脉冲袭击最好的方法。

委员会提出了一系列与民用基础设施相关的建议，这些建议根据上文的解决方案进行合理的推理得来。对民用基础设施的建议包含在本报告各个章节中，这里不再重复。这些建议的执行需要美国各区域、州和地方层面相互配合，共同完成。

联邦政府不仅有责任采取适当的措施应对包括灾后恢复准备在内的各种电磁脉冲袭击威胁，还有责任保证在电磁脉冲袭击后采取有效的方式有序地治理国家，使其逐渐从灾难中恢复过来。美国公民希望各级政府部门具有这种能力和效率。为了执行电磁脉冲袭击应对方案并开展灾后重建工作，关键政府职能部门必须在电磁脉冲袭击中生存下来，行使职责。

保持政府间的沟通和协调

在电磁脉冲袭击紧急事件中，政府持续发挥职能作用非常关键。过去数年发生的事件表明，不管是灾害突发管控还是灾后有序恢复，保证政府领导和组织机构之间实时通信十分必要。确保政府持续运作的文件有以下两份，一份是政府为预防紧急情况而颁布的《行动连续性（COOP）计划》，另一份是专门确保宪法政府生存的《政府连续性（COG）计划》。美国国家安全总统行政命令51号文件（NSPD 51）和美国国土安全总统行政命令20号文件（关于“国家连续性政策”的HSPD 20，2007年5月9日白宫总结[①]中所述）中给出了这些问题

① 美国国家安全和国土安全总统指令，http://www.whitehouse.gov/news/releases/2007/05/2007050912.html.

的概述，并指导《行动连续性计划》和《政府连续性计划》实施（摘录如下）。由于这些计划可能与电磁脉冲袭击有关，委员会成员会见了美国国家安全委员会的工作人员，讨论了与《政府连续性计划》相关的问题。由于《政府连续性计划》类别很多，下述内容中仅包含了顶层概览。

建 议

◆ 美国国土安全部应当优先采取措施，确保总统和其他联邦高级官员在电磁脉冲袭击后第一时间了解情况，以提高各级政府受袭后的响应能力。

◆ 美国总统、国土安全部部长和其他高级官员在知情后必须能够以可靠的方式管理国家层面的恢复工作。当前国家能力是为冷战场景制定的，在这种情况下，总统必须保证与战略反击力量的联系。尽管这一需求仍然很重要，但是需要增加一个新的需求，即在国家领导人、各级政府、每个基础设施部门内的关键组织之间建立更广泛更稳固的联系，以保证对基础设施的状况进行可靠而全面的评估，更好地管理基础设施的恢复和重建工作。美国国土安全部（具体由美国国土安全委员会实施）应该优先保证并实现电磁脉冲袭击后恢复工作所需的最小等级的稳定通信。美国国土安全部应着重评估解决方案实施中的稳健性。

◆ 美国国土安全部应与国家有关部门和私营组织紧密合作，制订紧急情况应对措施及电磁脉冲袭击下的政府响应预案，然后通过颁发标准，部门培训和开展演习，使之成为行之有效的法律制度。

NSPD 51 / HSPD 20

主题："国家连续性政策"

2007 年 5 月 9 日

目的

（1）该报告建立了一个全面的关于联邦政府结构和业务连续性的国家政策以及一个负责联邦连续性政策制定和实施的协调部门。该政策确立了"国家基本职能"，针对所有执行部门和机构规定了具体的连续性要求，并为国家、地方、区域、部落政府以及私营部门组织提供指导，以确保实现一个全面综合的国家连续性计划，提高国家安全态势的可信度，确保国家在紧急情况下能够迅速有效地响应和灾后恢复。

定义

（2）在这一指令中：

(a)"类别"是指本报告附录 A 中所列的执行部门和机构的类别。

(b)“灾难性紧急情况”是指发生在任何地区，严重影响美国人口、基础设施、环境、经济或政府职能的大规模伤亡、损害或破坏的任何事件。

(c)“政府连续性”或“COG”是指联邦政府行政部门内部，为确保其在灾难性紧急事件期间继续行使国家基本职能的协调工作。

(d)“行动连续性”或“COOP”是指各个执行部门和机构努力确保在大规模紧急情况下能够继续履行其基本职能，其中包括局部自然灾害、事故、技术突发事件或与攻击相关的紧急情况等。

(e)“持久的宪法政府”或“ECG”是指由总统协调的联邦政府的行政、立法和司法部门之间的合作。三者之间的协调不仅需要考虑立法部门和司法部门的团结合作，还要适当尊重各分支机构之间的宪法分权，以维护灾难性紧急情况下国家的宪法框架，保证三个政府部门履行宪法的责任，保证紧急情况下各部门职能能够持续有序地工作，在需要时进行领导权力的适当转移和国家基本职能部门的协同工作。

(f)“行政部门和机构”是指在5U. S. C. 101中所列的执行部门，5U. S. C. 104①中所定义的独立机构，5 U. S. C. 103①中所定义的政府企业，以及美国邮政总局。

(g)“政府职能”是指由法律、规章、总统指令或其他法律权威所界定的行政部门和机构的首领们的集体职能，以及立法和司法部门的职能。

(h)“国家基本功能”或“NEF”是指在灾难性紧急情况期间领导和维持国家正常运转所必需的政府职能部分，其必须借助“业务连续性”和“政府连续性”提供能力支持。

(i)“主要任务基本功能”或“PMEF”是指为了使国家能够在紧急情况之前、期间和之后向灾区提供支持或执行国家基本功能所必需的政府职能。

政策

(3)保持具有全面有效的连续工作能力的政府是美国的一项基本政策，该连续性由运行连续性和方案连续性两部分组成，这一政策可以确保政府的运作模式符合宪法的规定并能够在各种情况下持续履行国家的基本职能。

实施

(4)连续性要求应纳入所有执行部门和机构的日常业务。由于威胁的不确定性，各部门可能无法获得对美国造成重大风险的紧急情况的充分警告，因此所有连续性规划都应基于不会受到此类警告的前提假设。重点应放在领导、职员、基础设施较为分散的部分，以提高生存能力并保持政府职能的连续性。应利用风险管理原则，基于发生攻击或其他紧急事件的可能性及其后果，建立适当的可操作的应对措施。

……

(10) 联邦政府“业务连续性”、“政府连续性”和“持久的宪法政府”计划和操作应适当与国家、地方、区域、部落政府、私营部门所有者、关键基础设施运营商的应急计划和能力相结合，以促进互操作性，并防止各部门权利相互冲突或发生裁员。美国国土安全部部长应酌情与国家、地方、区域、部落政府以及私营部门所有者和关键基础设施运营商协调联邦连续性计划和业务，以便在紧急事故中提供基本的服务。

(11) 对总统行政办公室（EOP)、执行部门和机构的连续性要求应包括以下内容：

(a) 在任何紧急情况下，“主要任务基本功能”必须能够持续工作达30天，或者直到恢复正常操作为止。一旦发生紧急情况，备用站点应能够确保立即切换，最多不晚于“业务连续性”计划启动后12小时。

(b) 必须根据相关法律事先进行计划并存档，确保紧急情况下权力顺延和按计划的权力移交能够顺利完成。

(c) 必须保护重要的资源、设施和记录，并保证官方在需要时能够及时获取这些重要资源。

(d) 必须制定相关规定，确保在紧急情况下的连续性业务能够获得必要的资源。

(e) 必须规定备用站点的关键通信能力的可用性和冗余性，以保证主要政府领导、内部要素、其他执行部门和机构、关键成员和公众之间的联系。

(f) 必须制定重建能力相关规定，以便从灾难性紧急状态中恢复过来，继续开展正常业务。

(g) 必须制定人员确定、培训及相关准备工作的规定，保证在紧急情况下能够派遣他们到其他基础设施继续工作，以保障“主要任务基本功能”的连续性。

……

(19) 执行部门和机构的负责人应针对本地的紧急情况执行其各部门或机构的“业务连续性”计划，并应：

(a) 在部长助理级任命一名高级问责官员，担任该部门或机构的连续性协调员。

(b) 制定部门或机构的“主要任务基本功能”清单并向国家连续性协调员提交，制定支持“国家基本功能”的连续性计划，确保在任何条件下基本功能都能实现。

(c) 为符合本报告要求的连续性能力进行规划、建设，并给出预算。

(d) 与美国国土安全部部长协商，规划并实施年度测试和培训计划，以评估计划的准备情况，确保连续性计划和通信系统充足可用。

(e) 根据在国家安全中所处的地位和责任的性质和特点，支持按类别分配的其他连续性要求。

第12章　告知民众：对人的影响

引　言

截止到目前，各种现象都表明，高空核爆炸所产生的电磁脉冲不太可能对人体造成直接的伤害。在操作电磁脉冲模拟器的工作人员当中，我们没有观察到有人身体状况受到影响。[①] 通过对暴露在电磁脉冲场环境下的人体进行医学监测，上述推断也得到了支持。[②]

然而，部分人群的日常生活需要借助于电子设备的支持，一旦这些设备损坏，他们的生活就会受到直接影响。委员会资助的一项研究表明，有些心脏起搏器可能会受到高空核爆炸电磁脉冲的干扰。[③④]

尽管电磁脉冲对人所造成的影响大多是间接的，但在一些需要快速供应的经济领域，比如地区存储的药品、婴儿食物或其他对于人体健康至关重要的物资储备都是有限的，电磁脉冲可能会造成严重的影响。在严重的电磁脉冲袭击对美国造成的物理后果中，委员会关注的主要是国家大范围内的电网损坏以及通信系统、计算机等电子设备的故障。如此大范围的故障，可能损坏各种关键基础设施，而由于大多数的城市、政府部门、商业活动、家庭和个人生活都高度依赖于纷繁交织的通信网络与电力供应，这必将阻碍日常必需品的供应。从故障中修复，往往也需要很长的时间。要评估电磁脉冲对人的影响，我们必须考虑电力、通信、电子设备在很大的范围、很长时间内都无法正常工作的情况。

在现代基础设施大范围突然无法稳定运行的情况下，人们还将产生社会和心理反应。若政府部门与民众之间无法进行顺畅的沟通，将会导致上述局面进一步恶化。

本章的分析，主要基于我们所选择的一些案例，包括美国近些年所遭受的

---

① Patrick, Eugene L., and William L. Vault, Bioelectromagnetic Effects of the Electromatnetic Pulse (EMP), Adelphi, MD: Harry Diamond Laboratories, March 1990, pp. 6 - 7.

② 同上，pp. 8 - 10.

③ EMP Commission Staff Paper, Quick Look Pacemaker Assessment, December 2003.

④ Sandia National Laboratory, EMP Commission-sponsored test.

大的停电事件、自然灾害、恐怖袭击等。这些事件可以作为类比，以评估电磁脉冲袭击事件所产生的社会和心理影响。

电磁脉冲袭击事件的影响

电磁脉冲袭击事件可以造成大范围的电力供应中断、通信故障以及其他后果，任何其他独立事件都无法与之比拟，因此我们可以将下述案例结合起来，以分析电磁脉冲袭击事件中人类的反应。

停电事件包括：

- 美国东北部（1965 年）；
- 美国纽约（1977 年）；
- 魁北克电力公司（1989 年）；
- 美国西部各州（1996 年）；
- 新西兰奥克兰（1998 年）；
- 美国东北部（2003 年）。

自然灾害事件包括：

- 雨果飓风（1989 年）；
- 安德鲁飓风（1992 年）；
- 美国中西部大洪水（1993 年）。

恐怖袭击事件包括：

- “9·11”事件（2001 年）；
- 炭疽病毒袭击（2001 年）。

停电事件

1965 年，美国东北部地区和加拿大部分地区发生了大面积停电。爱迪生公司的操作人员为了避免设备损坏，被迫关停了发电机，导致新罕布什尔州、佛蒙特州、马萨诸塞州、康涅狄格州、罗德岛、纽约州、大都市纽约以及宾夕法尼亚州的小部分地区都受到了影响。街道交通陷入混乱，有些人被困在电梯轿厢里，但停电期间基本上没有发生恶性的反社会行为。[①] 那次停电之后，人们在黑暗中度过漫漫长夜，但在此期间没有发生什么意外，民众都保持着自觉有序的状态。

---

① “The Great Northeast Blackout of 1965,” http://www.ceet.niu.edu/faculty/vanmeer/outage.htm.

《时代》杂志报道了 1977 年纽约州发生的另一次停电事件，称为“恐怖之夜”。[1] 停电期间，城市中发生了大范围骚乱，一个个街区被洗劫、焚烧，人们在街道上向汽车投掷砖石，整个城市处于混乱之中。当晚有 3776 人被捕，当然不是所有的强盗、小偷、纵火犯都被逮捕或拘留。[2] 这次停电事件后发生的反社会行为是一个生动的例子，社会学家称，反社会行为的发生是特殊的人口和历史原因造成的，当时纽约及周边地区经济严重不平等，部分人极端贫穷。参与打砸抢烧的很多人都来自于城市的贫民区，他们组成了民兵团，抢劫各种财物，号称是进行财产的重新分配。当时的种族矛盾十分激烈，在停电之后不久，纽约发生了恐怖的“山姆之子”连环杀人事件。

1989 年，一场地磁风暴（参看第 4 章）导致加拿大魁北克省发生大面积停电，超过 600 万人受到波及。这场停电范围之广远超普通的技术问题导致的停电。然而，停电只持续了 9 个小时，并且主要是在白天。[3] 地方报纸和全国报纸对这场停电事件都鲜有提及，停电也没有导致恶性犯罪事件。此次事件为北美电网运营者敲响了警钟，它显示出电力系统是何等的脆弱。

1998 年，新西兰奥克兰发生了一场大停电，长达 5 周，超过 100 万人受到影响。[4] 停电期间社会秩序良好，其原因是多方面的，主要包括：

◆ 公共卫生没有受到影响，因为水资源供应设施和排水设施都在正常运转。
◆ 为了避免出现恶性事件，城市地区部署的警力有所增加。
◆ 修复过程中，民众能够及时了解最新进展，从而相信事态可控。
◆ 几乎全国的停电应急恢复资源都集中到奥克兰，来应对此次事件。

停电期间，新西兰其他地区的电力供应正常，来自其他地区的帮助对电力恢复不仅具有现实意义，同时也具有象征意义。商业活动努力维持正常，偶有投机行为发生，比如一些企业进入了更有吸引力的领域。停电导致市政府和国家政府受到了一些指责，因为这次技术故障归因于电力供应部门的私有化。然而，这些不满情绪最终没有发酵成为暴力犯罪与社会动乱事件。

2003 年 8 月，纽约市与邻近的东北部 8 个州经历了另一次大停电事件。在这样酷热的季节里，停电带来了诸多不便，但社会秩序基本上维持正常。新闻报道称，受到停电波及的人们大都在默默地想办法应对，他们彼此之间还形成

---

① Sigwart，Charles P.，“Night of Terror，” Time，July 25，1977.

② “1977 New York Blackout，” Blackout History Project，http：//blackout. gmu. edu/events/tl1977. html.

③ Kappenman，John G.，“Geomagnetic Storms Can Threaten Electric Power Grid，” Earth in Space，Vol. 9，No. 7，March 1997，pp. 9-11. © 1997 American Geophysical Union. http：//www. agu. org/sci_soc/eiskappenman. html.

④ “Power failure brings New Zealand’s largest city to standstill，” CNN，http：//www. cnn. com/WORLD/9802/24/nzealand. blackout/index. html.

了团结友爱互帮互助的氛围，共同度过一个个停水停电的夜晚。与 1977 年停电事件不同，警察这次只在停电当晚逮捕了 850 人，其中只有 250～300 人是与停电有关的，这比夏季单日平均逮捕数量还稍有下降。[①] 尽管这次停电波及范围很广，但持续时间不长，并且没有对通信基础设施造成严重影响。

停电事件只能从一个侧面反映出电磁脉冲袭击事件之后人们的生活状态。许多停电事件都只是局限在有限的空间范围内，并且很快就能够解决。更进一步，通常情况下通信系统并不会完全瘫痪，而且如果大部分硬件基础设施都在故障区域之外，它们也可能在事件中保持完好无损。为了能够更好地分析持久而广泛的基础设施故障（包括有电网故障和没有电网故障的情况），我们需要考察自然灾害面前人们的反应。

自然灾害

1989 年的雨果飓风事件是佐治亚州和南、北卡罗莱纳州一百年来所经历的最强烈的飓风。对雨果飓风幸存者的调查结果显示，一些在飓风中遭受亲友亡故和经济损失的人，都表现出了明显的心理创伤临床症状。一些研究表明，雨果飓风所造成的精神创伤可以解释为人们预期能够获得的社会支持不断恶化。总体上讲，患“创伤后应激障碍症状”的比例较少，而在飓风所造成的物理破坏被修复以后，人们所承受的精神压力还会持续很长时间。

1992 年，安德鲁飓风从墨西哥湾袭击了美国东南部地区，造成了 265 亿美元的经济损失。安德鲁飓风造成 25 万户家庭失去住所，140 万家庭在飓风发生后短时间内断电。在这一轮严重的破坏和故障之后，1/3 的受访者在飓风 4 个月之后达到了“创伤后应激障碍症状”的水准，这大概也是意料之内的事情。[②]

心理学家发现在雨果飓风和安德鲁飓风这两个自然灾害中，社会支持程度下降越多，对人造成的精神影响的症状也越严重，在安德鲁飓风事件中，破坏更严重，恢复过程更缓慢。在漫长的恢复期中，佛罗里达州的民众遭受了劫掠、投机主义行为以及平民起义。媒体对安德鲁飓风的报道表明，在一场横跨多个州的灾难面前，人们期待得到支援，包括联邦政府的支援，州政府和地方政府的支援。

1993 年发生在美国中西部的洪水导致 25 人死亡，超过 800 万英亩的土地受灾，财产损失数十亿美元，以及价值超过 20 亿美元的农作物受害。洪水深度最

---

① Adler, Jerry, et al, “The Day the Lights Went Out,” Newsweek; August 25, 2003, Vol. 142, Issue 8, p. 44.

② Norris, et al, “60000 Disaster Victims Speak: Part 1. An Empirical Review of the Empirical Literature, 1981-2001,” Psychiatry, Fall 2002, 65, 3, Health Module.

浅是在明尼阿波利斯市，达到11英尺，最深是在圣路易斯市，达到43英尺。电力恢复方面，最长用了3天时间，在得梅因市区用了23个小时。洪水摧毁了住宅、商业设施、个人财产。受灾民众在洪水中几乎失去了一切，在灾后重建时也茫然无助。数千人自发协助救灾工作，包括搬运沙袋、运送补给等。[①] 许多人来自未受灾的地区，前来帮助那些急需帮助的人们。这场洪水是一个多种基础设施遭受大范围、长时间破坏的例子，地区应对灾害的经验可能在灾后重建过程中起到重大作用。

停电事件和自然灾害事件只能近似反映电磁脉冲袭击事件之后恢复过程的状况。关键的一点是人们在这些灾害过后与遭受电磁脉冲袭击后可能产生的恐惧有什么不同。为了将这一点考虑在内，我们有必要考察美国近年来遭受到的恐怖袭击事件，以此评估民众的恐惧心理。恐怖袭击的目标往往是随机的，没有明显的针对性，因此会在民众当中引起强烈的不安和无助感，这会使得人们对于现代文明社会的稳固性以及公平公正的信念发生动摇。

恐怖袭击事件

发生在纽约世贸大楼的“9·11”事件是一次典型的无明确针对性随机发生的事件。此次袭击造成近3000人死亡，事发地点附近的人也表现出相当大的心理创伤和伤害。经历过此次事件的人，有些在日后的生活中丧失了处理问题和控制结果的自信。不过，总体上看，“9·11”事件的幸存者表现出强大的抵抗力和坚韧的意志，他们有能力面对这场突如其来的暴力袭击。[②]

2001年10月，“9·11”事件后一个月，美国民众又遭受夹带在信件中的炭疽病毒的威胁。这次恐怖袭击造成的死亡人数较少（5人），但公众对此反响十分强烈。这段时间里，公众对于恶意的恐怖威胁的反应，恰恰扰乱了基础设施的正常运转。公众强烈要求相关部门能够控制局面，做好充分的准备并及时发布信息。例如，尽管每个人受感染的概率极低，许多美国人却都采取了抵御炭疽病毒的措施。媒体报道中充斥着关于炭疽病毒的信息，包括疑似感染的症状、炭疽病毒的基本信息、如何应对感染等。虽然最终并没有逮捕嫌犯，但此次恐怖袭击事件自然终止，邮件通信逐渐恢复正常。

启示

尽管美国没有遭受过足以与电磁脉冲袭击事件相比拟的大范围基础设施故

---

① Barnes，Harper，“The Flood of 1993，” St. Louis Post-Dispatch，July 25，1993.

② Kendra，James，and Tricia Wachtendorf，“Elements of Resilience in the World Trade Center Attack，” Disaster Research Center，2001.

障，但上述案例分析还是能够提供一些关于民众预期行为的实用性指导。例如，人们在这样的灾难事件中所经历的惊慌、无措，可能在更大范围的电磁脉冲袭击事件中被进一步放大。尤其是政府援助部门，例如，法律保障部门、应急救援部门，一旦陷入瘫痪，就会使事态进一步恶化。大多数情况下，社会动荡并不严重，因为民众知道政府部门正在掌控全局。在没有外部资源援助的情况下，人们倾向于向最近的邻居或其他社区成员寻求信息和帮助。

在导致基础设施故障的灾难发生之后，每个人最需要的东西之一就是信息。一般情况下，人们最先关注的就是他们的家人和朋友的下落和安全情况。另一项重要信息就是对事态的知晓，包括究竟发生了什么，什么人、什么东西受到了影响，事件发生的原因等。还有一个与此相关的信息，就是确信问题可以解决，不管是在小规模事件中根据常识和经验来判断，还是在大范围灾难事件中由地方或联邦政府介入来解决。心理学家指出，重大事件会让人们重新思考他们对这个世界的理解，并且幸存者必须能够在尚未完全从事件阴影中走出的情况下处理各种事务。这种事务处理过程将会导致幸存者的心理状态在具有攻击性与逃避之间来回变换，这样的行为恰恰就是“创伤后应激障碍症状”的表现。①

自然灾害之后往往会发生很多或一系列亲社会的行为，如合作、社会团结、无私帮助等。然而在电磁脉冲袭击之类的人为灾难之后，这种鼓舞人心的行为可能不会大范围出现。

我们有必要指出自然灾害与技术灾害之间的一些区别，尤其是那些人为故意的行为。自然灾害之初，“全社会都会形成关于资源分配轻重缓急的普遍共识”，② 这也就解释了为什么 1993 年的大洪水中有那么多志愿者协助救灾。与无目的性的随机自然灾害不同，“人为因素导致的混乱和基础设施故障背后往往有某种社会目的”。②电磁脉冲袭击事件应该属于后者，其中的敌对势力可能是某个恐怖组织或国家。

上面选择的案例只能够近似反映电磁脉冲袭击事件带来的后果。例如，一旦民众了解到我们所遭受的基础设施故障来自于其他国家的攻击，将会产生怎样的社会效应，仍然未知。很多证据表明，人们有可能会在灾难发生之后表现出强烈的意志力。然而，电磁脉冲袭击事件之后可能要经历漫长的灾后恢复阶段，其范围之广、时间之长，可能对民众产生的心理影响不可低估。

---

① Norris，et al，“60000 Disaster Victims Speak：Part II. Summary and Implications of the Disaster Mental Health Research，” Psychiatry，Fall 2002，65，3，Health Module.

② Warheit，G. J.，“A note on natural disasters and civil disturbances：Similarities and differences.” Mass Emergencies，1，1976，pp. 131-137.

看来，要想避免社会动荡，最关键的一点就是要在电磁脉冲袭击事件之后建立起不依赖于电力的通信渠道。如果没有备用的通信渠道，国家就无法将救灾物资和应急行动的信息传递给灾民。此外，很显然人们对于电磁脉冲袭击的性质以及事件发生后可能采取的用于减轻事件影响的措施了解得越多，情况就越容易朝好的方向发展。据此，我们提出以下建议。

建　议

◆ 应当建立紧急情况下总统与民众进行有效沟通的渠道。

◆ 由于许多人会在长达数日乃至更久的时间里面临没有电力供应、通信服务或其他服务的情况，因此十分有必要建立一个可靠的通信渠道，让人们了解发生了什么、事态进展、可获得的支援、政府的行动等，以及对其他一些重要问题进行答复，以免对个人、社区乃至整个国家造成更大的不稳定和损失。以下几点尤为重要：

(1) 美国国土安全部应该牵头宣传我们在电磁脉冲袭击事件中将会采取的应对措施。

(2) 美国国土安全部应该在其网站（如 www.ready.gov）上发布关于电磁脉冲袭击事件、地磁风暴事件可能造成的影响的简要信息，总结出民众应该采取怎样的应对措施，并提供应急通信渠道。

(3) 美国国土安全部应该与各州国土安全机构合作，开发并建造通信网络，连接到各个社区正常运营的组织。

附录 A　委员会及其章程

美国国会通过 106-398 系列公共法案第十四号设立了电磁脉冲袭击对美威胁评估委员会。展望 15 年，委员会的任务是评估：

(1) 在未来 15 年内，来自所有已获得或可能获得核武器和弹道导弹的潜在敌对国家或非国家行为者的高空电磁脉冲袭击对美国潜在威胁的性质和程度。

(2) 美国军事和民用系统受电磁脉冲袭击的脆弱性，尤其是作为应急准备的民用基础设施的脆弱性。

(3) 军事和民用系统在遭受电磁脉冲袭击后，美国对其所遭受的损害进行修复和恢复的能力。

(4) 特定的军事和民用系统进行加固，抵抗电磁脉冲袭击的可行性及成本。

委员会还负责向美国政府提出如何更好地保护其军事和民事系统免受电磁脉冲袭击的相关建议。

根据其章程，委员会侧重于高空核武器爆炸产生的电磁脉冲，而不是其他类型的核和非核电磁脉冲现象。除非明确说明，否则所有提及的电磁脉冲都指由高空核爆炸产生的电磁脉冲。

本报告给出了委员们的一致结论和建议。

委员会组织架构

委员由国防部长和联邦紧急事务管理局局长提名[①]：

- William R. Graham 博士（主席）
- John S. Foster，Jr. 博士
- Earl Gjelde 先生
- Robert J. Hermann 博士
- Henry（Hank）M. Kluepfel 先生
- Richard L. Lawson 美国空军将军（退役）
- Gordon K. Soper 博士
- Lowell L. Wood，Jr. 博士

---

① 委员会成立时，联邦紧急事务管理局是一个独立机构，现在已并入美国国土安全部。

◆ Joan B. Woodard 博士

为完成此项任务，委员会搜集了大量的专业知识，包括作为总统顾问的工作经历；民事和军事机构、国家实验室和合作机构的高级管理者的经验知识；国家基础设施管理和运行知识，以及核武器设计和抗核武器效应系统加固等方面的专业知识。委员们的简历见附录B。

Michael J. Frankel 博士担任委员会的执行董事。他还负责监督美国和外国组织对委员会提供的技术支持。国防分析研究所在 Rob Mahoney 博士的领导下为委员会提供了工作人员和工作设施。Peter 博士负责与国会的联络。委员会也受益于国外机构对电磁脉冲的分析。有数个政府机构、非营利组织和商业组织为委员会工作和报告撰写提供支持。

方　法

委员会采用基于能力的方法来评估在未来15年美国可能遭遇的高空电磁脉冲威胁。[①] 为此，委员会与目前的情报部门合作，购买新的测试数据，并进行分析研究，作为委员会制定的独立评估体系的输入。十五年非常长，各种发展都有可能，美国和其他国家以各种方式塑造未来，我们试图不断对其进行概括。在委员会成立时，伊拉克是潜在的核扩散和电磁脉冲袭击者，但是由于联盟采取行动，伊拉克已不再是一个潜在的威胁国。

> ……我们的计划有将“不熟悉”与“不可能”混淆的倾向。我们没有考虑到的意外事件看起来很奇怪；看起来奇怪的事是不大可能的；看起来不可能的事不需要认真考虑。
>
> —Thomas C. Schelling，in Roberta Wohlstetter，*Pearl Harbor*：*Warning and Decision*. Stanford University Press，1962，p. vii

委员会没有试图预测其他大规模杀伤性武器威胁情景的可能性。相反，委员会资助的研究工作和对已有评估的回顾的目的是确定潜在威胁组织可能具备的能力，尤其是电磁脉冲袭击所需的弹道导弹和核武器拥有情况。

委员会的章程中包括了所有类型的高空电磁脉冲威胁。委员会决定将其主要精力集中于这些威胁中最有可能的威胁，电磁脉冲威胁涉及一种或几种武器，能够对美国社会造成严重损害或在区域性事故中破坏国家对军队的支持。

① 该方法在委员会工作人员的一篇论文中有所阐述——Rob Mahoney，Capabilities-Based Methodology for Assessing Potential Adversary Capabilities，March 2004.

活　　动

委员会得到了情报界的大力支持，特别是美国中央情报局、美国国防情报局、美国国家安全局和美国能源部情报办公室。美国国家核安全管理局下属实验室（劳伦斯利弗莫尔、洛斯阿拉莫斯和桑迪亚），海军和国防减灾局为委员会的分析提供了极好的技术支持。虽然委员会得到了这些支持，但委员会制定了独立的评估方法，并对其研究内容、结论和建议唯一负责。

委员会还调研了国外的相关研究和方案，并评估了国外对电磁脉冲袭击的看法。

在考虑电磁脉冲时，委员会还研究了产生电磁脉冲的高空核爆炸其他核效应，例如，可能会干扰（或损坏）地球周围一系列轨道上的卫星。

除了调查潜在的威胁，委员会还负责评估美国基础设施（民用和军用）对电磁脉冲的敏感性，并推荐应对电磁脉冲威胁时采取的措施。为此，委员会调研了美国和其他国家的研究成果和最佳做法。

在调研的早期，现代电子系统和组件仅有很少一部分完成了电磁脉冲敏感性测试。为了弥补这个问题，委员会还资助了对当前系统和基础设施部件进行说明性测试的研究。

附录B 委员会成员简历

格雷厄姆（William R. Graham）博士是电磁脉冲袭击对美威胁评估委员会主席。他曾是美国国家安全研究公司（NSR）董事会的主席和首席执行官，现已退休。美国国家安全研究公司位于华盛顿，开展与美国国家安全相关的技术研究、操作实践与政策分析。他目前是美国国防部国防科学委员会和美国科学院陆军科学技术委员会的成员。近年来，他担任了几个高级研究组的成员，包括美国国防部改革研究小组，美国国家安全空间管控评估委员会，以及弹道导弹威胁评估委员会。从1986～1989年，格雷厄姆博士是白宫科技政策办公室主任，同时兼任里根总统的科学顾问，联邦联合电信资源委员会主席，也是总统军备控制专家组成员。

福斯特（John S. Foster，Jr.）博士是英国吉凯恩集团（GKN）航空航天透明系统董事会主席，并担任诺斯洛普·格鲁门公司、技术战略与联盟、西科尔斯基飞机公司、高智发明公司、劳伦斯利弗莫尔国家实验室，Ninesigma和国防部的顾问。他于1988年从汤普森-拉莫-伍尔德里奇公司（TRW）退休，退休前在该公司担任科学和技术副总裁，1988～1994年仍是TRW董事会成员。1965～1973年，福斯特博士担任美国国防部国防研究与工程研究室主任，为民主党和共和党的管理层服务。此外，福斯特博士曾在空军科学咨询委员会、陆军科学咨询小组、弹道导弹防御咨询委员会、高级研究项目局任职。1965年之前，他担任总统科学顾问委员会的小组顾问，1973～1990年，是总统外国情报顾问委员会成员。他还是国防科学委员会成员，于1990年1月至1993年6月担任主席。1952～1962年，福斯特博士在劳伦斯利弗莫尔国家实验室担任实验物理学的部门领导，于1958年担任副主任，1961年担任劳伦斯利弗莫尔国家实验室主任及劳伦斯伯克利国家实验室副主任。

伊尔（Earl Gjelde）先生是Summit Power集团公司及其几家附属公司的总裁兼首席执行官，主要参与开发5000MW以上天然气发电厂和风力发电厂。他曾在电力研究所和美国能源协会的董事会任职，曾担任多个美国政府职位，包括美国总统乔治·赫伯特·沃克·布什的下（现称为副）秘书和内政部首席运营官（1989年），罗纳德·里根总统的下秘书和内政部首席运营官（1985～1988年），美国能源部秘书顾问兼首席运营官（1982～1985年）；同时他也曾任邦纳维尔电力管理局副局长、电力经理和首席运营官（1980～1982 年）。在里根政府期间，他曾同时担任中国特使（1987 年），美日科学技术条约代表团副主任（1987～1988 年）和国家关键材料理事会主任政策顾问（1986～1988 年）。1980 年以前，他是邦纳维尔电力管理局的一名主要官员。

赫尔曼（Robert J. Hermann）博士是全球技术合作伙伴有限责任公司的高级合伙人，这是一家咨询公司，专注于世界范围内的国防航空技术等相关业务。1998 年，Hermann 博士从联合技术公司（UTC）退休，在那里他是科学和技术高级副总裁。在 1982 年加入联合技术公司之前，赫尔曼博士曾在美国国家安全局工作了 20 年，负责研发、运营和与北约（NATO）有关的工作。1977 年，他被任命为通信指挥控制情报局副局长首席代表。1979 年，他被任命为空军研究发展后勤部部长助理，同时担任国家侦察办公室主任。

克吕浦菲尔（Henry（Hank）M. Kluepfel）先生是科学应用国际发展公司副总裁，是美国国家安全电信咨询委员会和网络可靠性和互操作性委员会的首席网络空间安全顾问。克吕浦菲尔先生在安全技术研究、设计、工具、取证、风险防范、教育和认知等方面拥有 30 多年的丰富经验，因此被广泛认可。他还是连接和控制世界公共电信网络的 7 号（SS7）网络行业标准安全基础指南的作者。在过去与 Telcordia Technologies（前身为 Bellcore），AT&T，贝尔南方公司和贝尔实验室的合作中，在电子和物理入侵的保护、检测、控制和缓解方面引领了行业发展，并在应对当时新兴的黑客威胁时，引导行业了解技术、法律和基于策略的对抗之间平衡的重要性。他是美国工业安全协会认证的保护专家，是电气和电子工程师协会（IEEE）高级会员。

劳森（Richard L. Lawson，美国空军（退役））将军，是能源环境和安全集团有限公司的主席，美国国家矿业协会前总裁兼首席执行官。他还是美国大西洋理事会副主席，美国能源协会能源政策委员会主席；美国出席世界矿业大会代表团团长，并担任国际煤炭研究委员会主席。现任职务包括总统军事助理、第八空军指挥官、欧洲盟军最高司令部总参谋长、参谋长联席会议计划与政策主任、美国空军司令部作战部副主任和美国欧洲司令部副总司令。

索珀（Gordon K. Soper）博士受雇于美国国防集团公司。他曾在那里担任过多个高级职位，负责多个公司业务，包括在打击大规模杀伤性武器扩散方面为政府客户提供支持，在核武器效应、新业务领域的发展、技术人员成长方面提供支持。他在多个领域向美国国防威胁降低局（DTRA）、美国国防部长办公室、白宫军事办公室的一系列特别方案提供高级技术支持。索珀博士曾是负责核化生防御计划（NCB）的美国国防部部长助理（ATSD）的首席代表，美国国防部长助理办公室战略与战区核力量指挥、控制和通信（C3）办公室主任，美国国防通信局（现为国防信息系统局 DISA）的首席科学家/工程和技术副主任，并在美国国防核事务局（现为 DTRA）担任过各种领导职务。

伍德（Lowell L. Wood，Jr.）博士是一位科学家和技术专家，他为美国国防技术领域做出了贡献，特别是导弹防御方面以及受控的热核聚变、激光科学与应用、光和水下通信、超高性能计算和基于数字计算机的物理建模、超高功率电磁系统、空间探索和气候稳定地球物理学方面。伍德于 1962 年在加州大学洛杉矶分校获得化学和数学学士学位，1965 年在加州大学洛杉矶分校获得天体物理学和行星及空间物理学博士学位。他在加利福尼亚大学任教授和专业研究人员（2006 年退休，共任职四十多年），是斯坦福大学胡佛研究所的研究员。他向美国政府提供了很多建议，并获得了政府和专业机构的一些奖项和荣誉。伍德是 200 多个未分类技术论文和书籍、300 多个分类出版物的作者、共同作者或编辑，也是 200 多项授权专利和申请专利的发明人。

伍达德（Joan B. Woodard）博士是桑迪亚国家实验室的执行副总裁及核武器实验室副主任。桑迪亚国家实验室的职责是为国家核武库提供设计和工程支持，为客户提供研究、开发和测试服务，为国防和安全应用部门制造专门的非核产品和组件。实验室通过科学工程和卓越管理实现了安全可靠的核威慑。在担任当前职务之前，伍达德博士曾担任执行副总裁和副主任，负责桑迪亚国家实验室的计划、运营、人员和设施，负责制定政策和实施政策，还负责进行战略规划。她于 1974 年进入桑迪亚国家实验室，经过不断努力，成为环境工程中心主任和产品实现武器零部件中心主任、能源和环境部副总裁以及能源信息和基础设施技术部副总裁。伍达德入选了 Phi Kappa Phi 荣誉协会，曾在众多专家组和委员会任职，包括美国空军科学顾问委员会、美国科学院反恐科学与技术研究组、美国核能能源研究咨询委员会、本委员会和智能科学委员会。伍达德获得了很多荣誉，包括来自女工程师协会的进步奖，并被阿尔伯克基杂志评为“新千年最受瞩目的二十名女性之一”。她还获得了国家犹太医院的精神成就奖。

弗兰克尔（Michael J. Frankel）博士是本委员会的执行董事和核武器效应国家领衔专家之一。他曾担任美国国防部副部长办公室高级能源与核武器部门副主任，美国国防减灾局核现象学科首席科学家，美国参议院国会议员，主动战略防御组织杀伤力项目首席科学家，以及白橡木海军水面作战中心物理学家。在以前的政府服务中，弗兰克尔博士指导了核心国家核武器现象学计划的重要组成部分以及美国国防核事务局的主要大规模杀伤性武器，定向能源和空间系统技术计划，同时协调美国军事服务部门、美国国家实验室和行业科技组织之间的活动以满足战略防御技术需求。他一直积极参与国际科学交流，担任 1958 年“原子能条约”下成立的美英联合工作组执行秘书，并担任与英国、澳大利亚、加拿大和新西兰签订的技术转让控制计划（TTCP）协议下的新能源工作组和硬目标打击工作组的主席。他还主讲过大量讲座，主持国家和国际技术研讨会，并在专业科学文献中发表了大量文章。他拥有纽约大学的理论物理学博士学位。

缩　写　词

缩写词	英文名称	中文名称
AC	alternating current	交流电
ACH	automated clearing house	自动清算所
ACN	alerting and coordination network	警报和协调网络
AGA	American Gas Association	美国煤气协会
AM	amplitude modulation	调幅
ANSI	American National Standards Institute	美国国家标准学会
API	American Petroleum Institute	美国石油学会
ARTCC	air route traffic control centers	空中交通管制中心
ATM	automated teller machines	自助存取款机
ATSD	Assistant to the Secretary of Defense	国防部部长助理
AT&T	American Telephone and Telegraph Company	美国电话电报公司
BITS	background intelligent transfer service	后台智能传输服务
BPA	Bonneville Power Administration	邦纳维尔电力局
C3	Command, Control and Communications	指挥、控制和通信
CEV	Controlled Environmental Vaults	受控环境室
CFR	Code of Federal Regulations	美国联邦法规
CHIPS	Clearing House Interbank Payments System	清算所银行同业支付系统
CIPP	Center for Infrastructure Protection Programs	基础设施保护项目中心
CMTS	cable modem terminal systems	电缆调制解调器终端系统
CO	Central Office	（美国）中央办公室
COG	Continuity of Government	政府连续性
COOP	Continuity of Operations	行动连续性
COTS	commercial off-the-shelf	商用现货
CPE	customer premises equipment	客户端设备
CSXT	CSX Transportation	铁路运输公司
CWG	Convergence Working Group	政府跨部门协调工作组
CWI	continuous wave immersion	连续波浸没
DCS	digital control systems	数字控制系统
DHS	Department of Homeland Security	（美国）国土安全部
DISA	Defense Information Systems Agency	美国国防信息系统局
DMSP	Defense Meteorological Satellite Program	国防气象卫星计划
DOE	Department of Energy	能源部
DTCC	Depository Trust and Clearing Corporation	存款信托及结算机构

DTRA	Defense Threat Reduction Agency	国防威胁降低局
EAS	Emergency Alert System	应急警报系统
ECG	Enduring Constitutional Government	持久的宪法政府
EFT	electrical fast transient	电快速瞬变脉冲群
EMC	electromagnetic compatibility	电磁兼容性
EMP	electromagnetic pulse	电磁脉冲
EOC	Emergency Operations Center	应急指挥中心
EOP	Executive Office of the President	总统行政办公室
ERCOT	Electric Reliability Council of Texas	得州电力可靠性委员会
FAA	Federal Aviation Administration	美国联邦航空管理局
FCC	Federal Communications Commission	联邦通信委员会
FCC	fluid catalytic cracking	流化催化裂化
FEC	First Energy Corporation	第一能源公司
FEDNET	Federal Reserve System Network	美联储网
FERC	Federal Energy Regulatory Commission	联邦能源管理委员会
FM	frequency modulation	调频
FRB	Federal Reserve Board	美国联邦储备委员会
GEO	geosynchronous orbits	地球同步轨道
GETS	Government Emergency Telecommunications Service	政府应急电信服务
GKN	Guest, Keen & Nettlefolds Ltd	吉凯恩集团
GTI	Gas Technology Institute	美国天然气技术学会
HEO	highly elliptical orbits	高椭圆轨道
HLR	home location register	归属位置寄存器
ICTF	Intermodal Container Transfer Facility	联运集装箱转运设施
IEC	International Electrotechnical Commission	国际电工委员会
IEEE	Institute of Electrical and Electronic Engineers	电气与电子工程师协会
INGAA	Interstate Natural Gas Association of America	美国州际天然气协会
INL	Idaho National Laboratory	爱达荷国家实验室
ISAC	Information Sharing and Analysis Center	信息共享和分析中心
ISS	International Space Station	国际空间站
LEO	low earth orbits	低地球轨道
LINCS	Leased Interfacility National Air Space Communications System	租用设施之间航空通信系统
LLNL	Lawrence Livermore National Laboratory	劳伦斯利弗莫尔国家实验室
LNG	liquefied natural gas	液化天然气
MCI	media control interface	媒体控制接口
MTU	master terminal unit	主控终端
NASDAQ	National Association of Securities Dealers' Automated Quotation System	美国证券交易商协会自动报价系统（纳斯达克）
NAS	National Academy of Sciences	美国科学院

NATO	North Atlantic Treaty Organization	北大西洋公约组织
NCB	Nuclear, Chemical and Biological Defense Programs	核化生防御计划
NCC	National Coordinating Center for Telecommunications	国家电信协调中心
NCS	National Communications System	国家通信系统
NEF	National Essential Functions	国家基本功能
NERC	North American Electric Reliability Corporation	北美电力可靠性协会
NIAC	National Infrastructures Analysis Center	国家基础设施分析中心
NISAC	National Infrastructure Simulation and Analysis Center	国家基础设施仿真与分析中心
NIT	Norfolk International Terminal	诺福克国际码头
NOAA	National Oceanic and Atmospheric Administration	国家海洋和大气管理
NRIC	Network Reliability and Interoperability Council	网络可靠性和兼容性委员会
NS/EP	National Security and Emergency Preparedness	国家安全和应急准备
NSTAC	National Security Telecommunications Advisory Committee	美国国家安全电信咨询委员会
NVMC	National Vessel Movement Center	国家船舶调度中心
NYMEX	New York Mercantile Exchange	纽约商业交易所
NYSE	New York Stock Exchange	纽约证券交易所
OCC	Office of the Comptroller of the Currency	美国通货监理署
OPS	Office of Pipeline Safety	管道安全办公室
PCI	pulse current injection	脉冲电流注入
PDNs	public data networks	公用数据网络
PLC	programmable logic controllers	可编程逻辑控制器
PMEF	primary mission essential functions	主要任务基本功能
PSAP	Public Safety Answering Point	公共安全应答点
PTN	Public Telecommunications Network	公共电信网络
RTG	rubber tire gantries	龙门起重机
RTU	remote terminal unit	远程终端设备
SCADA	supervisory control and data acquisition	数据采集与监控系统
SEC	Securities and Exchange Commission	证券交易委员会
SIAC	Securities Industry Automation Corporation	证券产业自动化公司
SRAS	Special Routing Arrangement Service	特殊布线服务
SVC	static voltage-amps reactive compensators	静态电压-电流无功补偿器
SWIFT	Society for Worldwide Interbank Financial Telecommunications	环球银行金融电信协会
TEDE	telecommunications electromagnetic disruptive effects	电信电磁干扰效应
TESP	telecommunications electric service priority	电信电力服务优先
TOC	total organic carbon	总有机碳

TOC	Traffic Operations Centers	交通运营中心
TRACON	Terminal Radar Approach Control	终端雷达进近管制
TRW	Thompson, Ramo, Woodridge Inc	汤普森-拉莫-伍尔德里奇公司
TSP	Telecommunications Service Priority	电信业务优先
TTCP	Technology Transfer Control Plan	技术转让控制计划
TVA	Tennessee Valley Authority	田纳西河流域管理局
USCG	U. S. Coast Guard	美国海岸警卫队
USDA	U. S. Department of Agriculture	美国农业部
UTC	United Technologies Corporation	联合技术公司
VAR	voltage-amps reactive	电压-电流无功
VHF	very high frequency	甚高频
VLR	visiting location registers	访问位置寄存器
WPS	wireless priority service	无线优先服务
WSCC	Western States Coordinating Council	美国西部协调委员会

彩　图

图 1-1　典型的 SCADA 架构

图 1-3　PLC 开关执行器

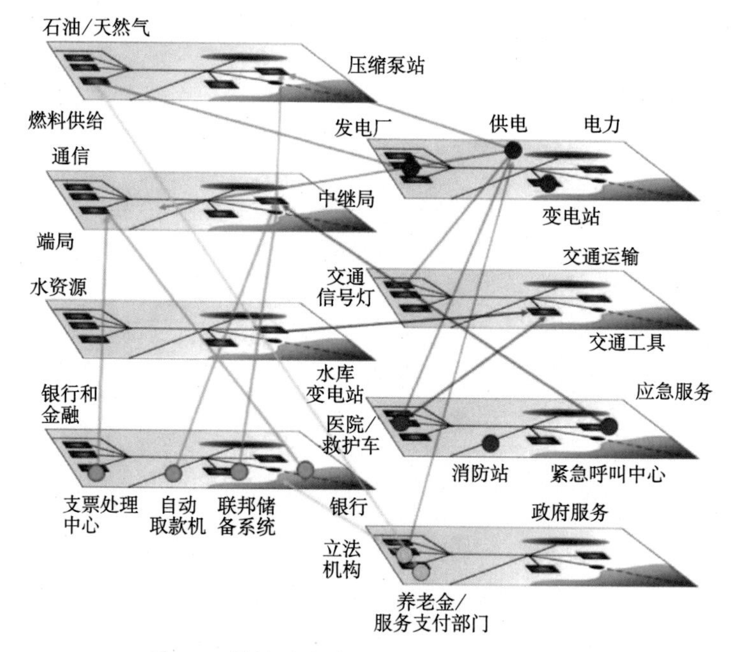

图 1-7　关键基础设施各部门互联关系示意图

部分关联未画出（图片来自桑迪亚国家实验室）

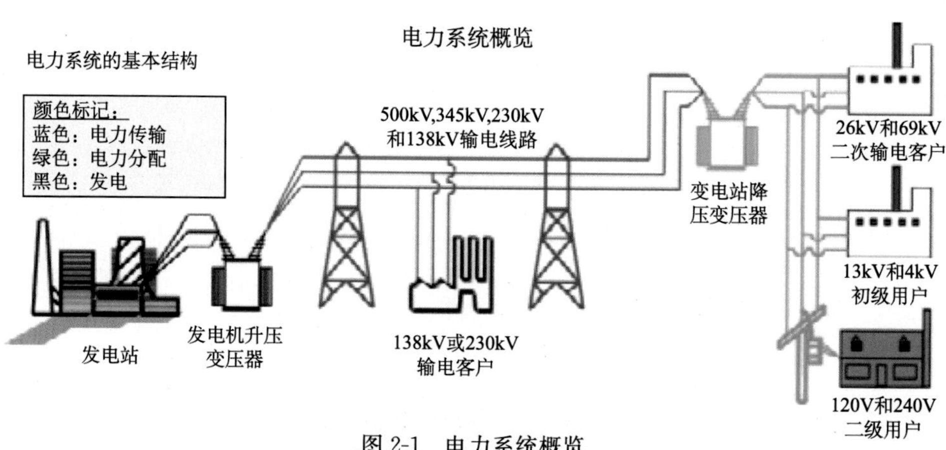

图 2-1　电力系统概览

图 2-6　注入脉冲实验时观察到的闪络

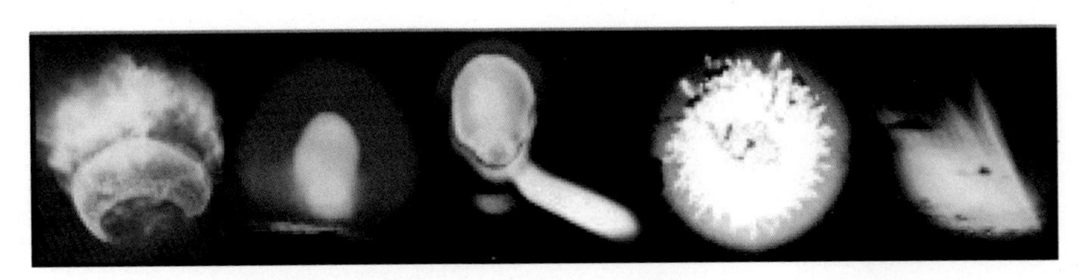

图 10-1　1958 年和 1962 年美国在中太平洋约翰斯顿岛进行的高空核试验
从左至右代号分别为 ORANGE、TEAK、KINGFISH、CHECKMATE、STARFISH 每次爆炸的环境都不一样，产生了截然不同的景象和不同的增强辐射带

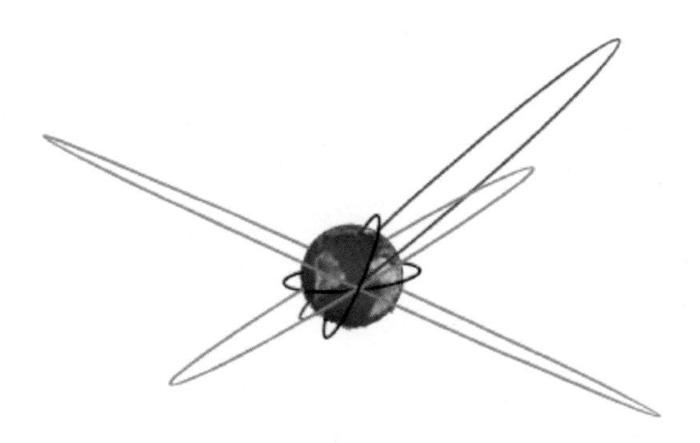

图 10-2　卫星轨道示意图
地球同步轨道（绿色）位于地球赤道上方约 36000km；低地球轨道（黑色）位于与赤道平面倾角为 30°～60°的任意平面；蓝色是一个倾角 45°，高度约 20000km 轨道；红色为高椭圆轨道

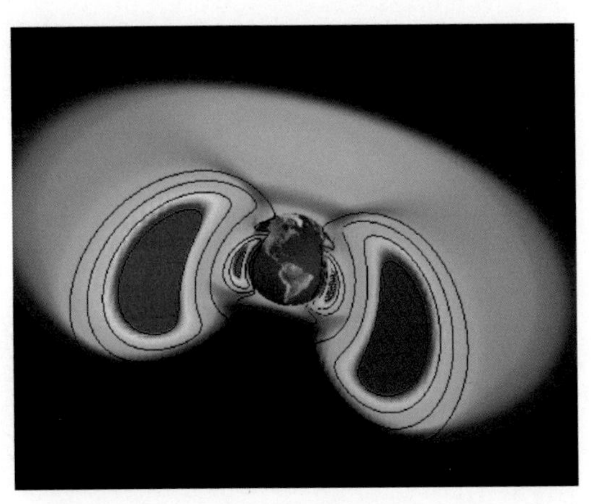

图 10-4　地磁场持续俘获高能粒子产生的天然辐射带（范艾伦辐射带）

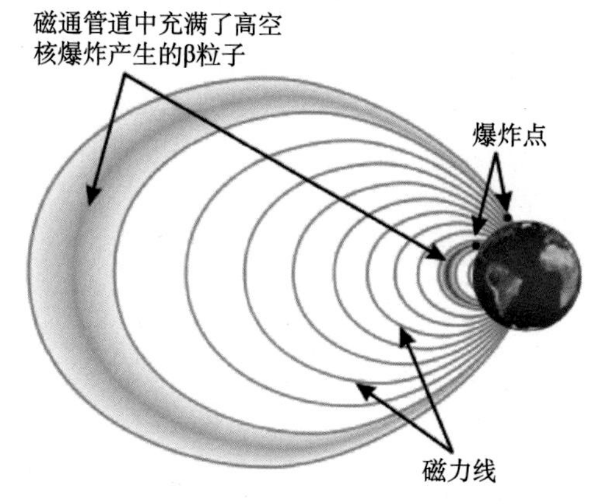

图 10-5　图示为两次相同高度核爆炸产生的不同俘获通量强度比较

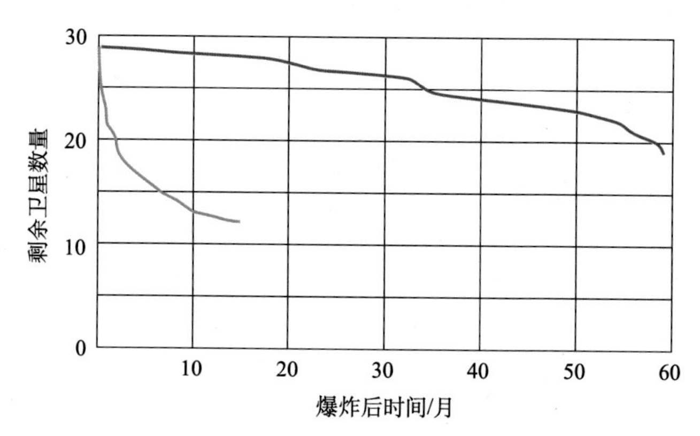

图 10-6　苏必利尔湖上空 10MT 当量核爆炸后卫星剩余数量

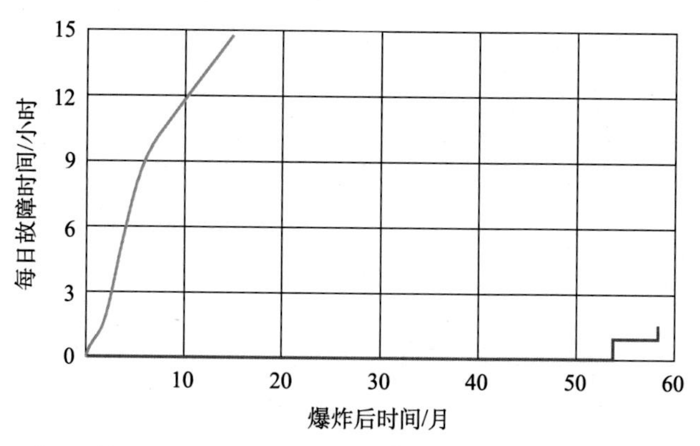

图 10-7　苏必利尔湖上空 10MT 当量核爆炸后地面卫星接收设备的断电时间